变压器油中溶解气体在线监测技术

钱艺华　赵耀洪　袁　帅
连鸿松　张洪波　陈前臣　等｜编著

中国电力出版社
CHINA ELECTRIC POWER PRESS

内 容 提 要

本书共分为九章，系统地介绍了变压器油中溶解气体及故障诊断、油中溶解气体监测装置的原理及结构组成、脱气技术和检测器、通信技术方案、技术规范和检验技术、安装和运维技术，以及油中溶解气体在线监测的前沿技术等，同时提供了一些装置运维缺陷的典型案例，以供读者参考。

本书可供电力行业从事变压器运维管理、科技研发、状态监测等工作的人员，油中溶解气体在线监测装置厂家从事研发、设计、生产等工作的人员，以及高等院校相关专业师生阅读、使用和参考。

图书在版编目（CIP）数据

变压器油中溶解气体在线监测技术 / 钱艺华等编著 .
北京：中国电力出版社，2025. 3. -- ISBN 978-7-5198-9972-1

Ⅰ. TE626.3

中国国家版本馆 CIP 数据核字第 20257Y0S53 号

出版发行：中国电力出版社
地　　址：北京市东城区北京站西街 19 号（邮政编码 100005）
网　　址：http://www.cepp.sgcc.com.cn
责任编辑：赵鸣志（010-63412385）
责任校对：黄　蓓　郝军燕
装帧设计：郝晓燕
责任印制：吴　迪

印　　刷：三河市万龙印装有限公司
版　　次：2025 年 3 月第一版
印　　次：2025 年 3 月北京第一次印刷
开　　本：787 毫米 1092 毫米　16 开本
印　　张：17
字　　数：356 千字
印　　数：0001—1000 册
定　　价：80.00 元

本书编委会

主　　编　钱艺华

副 主 编　赵耀洪　袁　帅

编写人员　连鸿松　张洪波　陈前臣

　　　　　王　青　李　智　位自英

　　　　　王广真　马　锋　江俊飞

　　　　　王立华　林木松　彭　磊

前　言

变压器作为电力系统的核心设备，其安全、稳定与高效运行对于整个电网的可靠供电至关重要。当变压器内部出现诸如过热、局部放电、电弧故障等问题时，变压器油中溶解气体的浓度会随之发生变化，而这些变化往往在故障现象显现之前就已出现。因此，通过对油中溶解气体的实时监测与分析，能够实现对变压器故障的早期预警和定位，为维修决策提供科学依据，是避免变压器发生故障最灵敏有效的手段。近年来，随着传感、物联网、大数据、人工智能等技术的快速发展，变压器油中溶解气体的在线监测技术取得长足的进步，监测精度与智能化水平不断提高，为电力系统的智能化运维提供了有力支持。

然而，国内仍然缺少系统全面的变压器油中溶解气体在线监测技术的专著。正是在这样的背景下，本书作者编写了《变压器油中溶解气体在线监测技术》一书，旨在全面、系统地介绍变压器油中溶解气体在线监测装置的原理、结构、运维、案例及前沿技术等内容。本书共包含九章。第一章介绍了变压器油中溶解气体的来源，以及如何根据溶解气体的含量变化判断变压器的故障类型，让读者掌握基本的溶解气体分析原理以及使用溶解气体分析技术开展变压器状态的技能。第二章概述油中溶解气体监测装置原理及结构组成，详细介绍了目前市场主流的气相色谱法、光声光谱法和红外吸收光谱法的原理特征，同时介绍了拉曼光谱法和原位监测等技术，以求读者对当前油中溶解气体监测技术方向有全面的认识。第三～第五章详述了油中溶解气体监测装置核心的部件及模块，包括脱气模块、检测器和通信，详细讲解了部件的结构、特点和发展方向。第六章从标准规范层面介绍油中溶解气体在线监测装置的技术规范和检验技术，读者可从中知晓装置的选用原则和质量评价。第七章涉及溶解气体在线监测装置的安装和运维，包括安装前现场勘测、现场安装和日常运维。第八章提供了装置运维缺陷典型案例，以期为设备运维人员开展装置的日常运维及缺陷诊断提供参考。第九章对油中溶解气体在线监测前沿技术进行了阐述，为各厂家和科研人员的产品开发和技术研发提供新思路。

本书编写组汇聚了长期从事在线监测装置设计与研发的技术专家，以及在电力行业经验丰富的运维工作者，他们不仅拥有扎实深厚的理论知识基础，更具备丰富宝贵的实践经验。在本书编写过程中，作者们查阅、参考了许多文献资料，走访了诸多油中溶解气体在线监测装置制造厂家，同时得到了广东电网有限责任公司电力科学研究院、中国电力科学研究院有限公司、国网福建省电力有限公司电力科学研究院、河南中分仪器股份有限公司、武汉市豪迈电力自动化技术有限责任公司等单位的大力支持，在此一并向相关专家学者、企业单位表示衷心的感谢。希望本书能为推动变压器在线监测技术的发展与应用贡献一分力量，为电力系统的智能化运维提供有力的技术支持与保障。

由于变压器油中溶解气体在线监测技术涉及的专业知识面广而深，本书中的某些内容与观点有待进一步研究和完善，若有不足之处，敬请读者谅解指正。

作者
2024 年 12 月

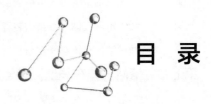

目　录

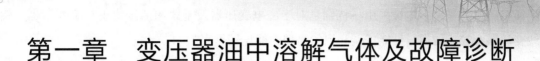

第一章 变压器油中溶解气体及故障诊断

第一节 变压器与变压器内部材料构成

变压器是两个或多个相互耦合的绕组所组成的没有运动功能部件的电气设备,它根据电磁感应原理在同样频率的回路之间靠不断改变磁场来传输功率。除了常见的变压器,还有一种特殊的变压器——换流变压器。换流变压器是一种用于实现交流与直流相互转换的关键设备,其主要功能是在换流过程中提供整流电源,并实现两个系统的电气隔离。变压器由一次绕组、二次绕组、铁芯三个基本部件和绝缘系统组成。此外,其他重要部件还有以下三种。

(1)油箱。油箱内装变压器芯体和冷却液(油)。同时,它又将热量散发至周围空间的冷却表面。

(2)套管。即带有支座的从绕组出来的引线或抽头,其作用是将一次或二次绕组对油箱绝缘。

(3)冷却剂或冷却装置。空气、其他气体、矿物油或合成液体都可使用。

一、变压器的主要部件

(一)铁芯

现代变压器仍以薄而平的软铁叠片作为铁芯材料。经过近百年的探索,为了减少铁损,现代变压器中只使用高纯度的加有 3% 硅的冷轧定向结晶硅钢片,此种材料厚度一般为 0.3mm 左右,总铁损约为 0.40W/kg。为减少铁芯材料中的涡流损耗,往往在每片铁芯叠片上涂刷一层绝缘涂料。

(二)绕组

绕组材料包括导体材料和绝缘材料。

1. 导体材料

目前普遍应用的绕组的导体材料为铜和铝。虽然铜的电阻率低，但其价格较高，因而促使铝导线越来越多地被采用，特别是对于配电变压器及干式和油浸式小功率变压器，铝线变压器有较好的运行性能。铜和铝的物理性能比较见表 1 − 1。

表 1 − 1 　　　　　　　　　　　　铜和铝的物理性能比较

性能	铝	铜
20℃时电导率（退火后,% IACS）	62	100
20℃时的密度（g/cm³）	2.702	8.920
比热容 [J/(kg·K)]	0.21	0.003
熔点（℃）	660	1083
20℃时导热系数 [cal/(cm·s·℃)]	0.57	0.941
机械强度（退火后，kg/cm²）	914	2250

采用铜线绕组的主要优点是：

（1）机械强度高。

（2）导电性能好，绕组体积可缩小。

采用铝线绕组的优点是：

（1）价格相对比较便宜。

（2）质量减轻。

2. 绝缘材料

绕组的匝间和层间必须绝缘。牛皮纸和纸板是两种主要的绝缘材料，另外还有足够强度的绝缘漆。不论采用怎样的绕组形式，纸板和木垫块都是用来形成油道，便于绝缘油的循环，起到冷却和绝缘的作用。

二、变压器的附件

变压器包含一些辅助设备和附件，其中较为重要的有变压器油箱、套管和分头切换开关装置等。

（一）油箱

油箱为钢制结构。它除了为铁芯和绕组提供机械保护以外，还可作为冷却和绝缘功能的变压器油的容器，能保护绝缘油免受空气、水分和杂质的侵入，同时留有绝缘油的膨胀空间。一般变压器油箱有下列几种：

（1）自由呼吸型或敞开型。这是一种老式的非密封结构，油面上部空间的空气与大气相通，随着温度和压力的改变而自由进出。这种结构的变压器一般配有敞开的、单方向的吸湿呼吸器。吸湿呼吸器靠吸收空气中的水蒸气来限制潮气的侵入。

（2）储油柜型或油膨胀箱型。许多中型或大型变压器，在主油箱的上方带有辅助油箱（膨胀油箱），其容量为主油箱的3%～10%，变压器油充满主油箱和储油柜的下半部。油箱的油是与大气隔绝的，整个变压器通过储油柜上部的吸湿呼吸器与大气连通，以减少变压器油对氧气和潮气的吸收，延长油的老化寿命。目前此类变压器的储油柜内均装有合成胶袋（隔膜），就是通常所说的隔膜密封变压器。

（3）充氮密封型。在变压器的油面上部空间充以带正压的氮气，用以防止油面直接与大气接触，以延缓油的老化。氮气是由装在变压器旁的气瓶供给的，其阀门的开闭由自动压力调节器控制。这类变压器运行费用较高且维护工作量大因此使用得越来越少了。

（二）套管

为了安全地引出变压器的绕组导线，必须将导线用端部保护装置引出，使一次和二次绕组对油箱绝缘。套管便是具有这种功能的装置。套管必须具有良好的密封性能，不漏气、漏水、漏油。

套管的级别按其使用的电压来划分。套管必须具有耐受高电压的绝缘能力，特别是在穿过变压器油箱盖的地方。在套管的外部，可以设置伞裙来提高爬距，以减少由潮湿和灰尘污秽而引起的闪络。

（三）分头切换装置（开关）

大多数变压器通常在高压绕组上设置分头切换器，其目的是通过改变绕组分头，即改变匝比，从而达到改变电压，以允许在小范围内改变电压比（当一侧电压不变时，改变另一侧电压）。分头切换装置分为无载切换（停电切换）和有载切换（带负荷切换）两种，它们一般装设在变压器主油箱上或单独与主油箱相连。

三、变压器的绝缘系统

绝缘系统是将变压器各绕组之间以及各绕组对地之间隔离起来，也就是将变压器的导电部分与铁芯和钢结构部件相互绝缘隔离开来。因此，可以说电气设备的可用程度取决于绝缘系统的完整性。

（一）绝缘材料

现代变压器是由许多种材料组成的一个完整的绝缘系统，从总的方面来看，变压器绝缘系统广泛采用三类基本绝缘材料——液体绝缘材料（矿物变压器油、植物变压器油、合成绝缘液等），固体绝缘材料（牛皮纸、层压纸板、木材等纤维制品以及油漆涂料）和绝缘气体（六氟化硫）。

1. 绝缘材料的功能

（1）绝缘液体和气体的功能。

1）提供绝缘。

2）提供有效的冷却散热。

3）提供对绝缘系统的保护。

（2）固体绝缘材料的功能。

1）具有耐受正常运行中遇到较高电压的介质强度的能力，这些电压包括冲击波和暂态波。

2）具有耐受由短路产生的机械应力和热应力的能力。

3）具有防止热的过度累积的传热能力。

4）具有在适当维护条件下和在可接受的运行寿命期内，能保持所希望的绝缘和机械强度的能力。

当绝缘材料大部分丧失了原来的绝缘、抗机械的或抗冲击的强度时，说明绝缘（材料）老化了。如果继续下去，将不可避免地导致机械的和电气的故障。

2. 液体绝缘材料

绝缘油是电力系统中重要的液体绝缘介质，广泛应用于变压器、断路器、互感器、套管等设备，通过油浸和填充以消除设备内绝缘中的气隙，起到绝缘、散热冷却和熄灭电弧的作用。常见的绝缘油有矿物绝缘油、合成绝缘油（如硅油、α油、β油、合成酯等）、天然酯绝缘油等。

目前在各国电力系统中广泛使用的绝缘油是矿物绝缘油（也称变压器油），是从石油中提炼精制的液体绝缘材料。石油是黏稠状的可燃液体，化学组成复杂，主要成分是碳氢化合物，即烃类。烃类的组分对石油产品的物理、化学性质有很大影响，是炼制绝缘油的关键。石油产品中的烃类主要是烷烃、环烷烃和芳香烃，一般不含不饱和烃类。根据烃类成分的不同，原油可分为石蜡基石油、环烷基石油和中间基石油三类。石蜡基石油含烷烃较多，环烷基石油含环烷烃、芳香烃较多，中间基石油介于二者之间。

烷烃又称石蜡烃，分子通式为C_nH_{2n+2}，包括直链烷烃和异构烷烃。直链烷烃的倾点高，高压作用下易分解产生氢气，因此很少使用。异构烷烃则有许多优良的理化性质，如闪点较高（$>170℃$）、倾点低（$<-45℃$）、酸值低（$<0.01mg\ KOH/g$）、氧化安定性好及界面张力高等，是变压器油的理想组分。

环烷烃的分子通式为C_nH_{2n}、C_nH_{2n-2}、C_nH_{n-4}等，结构较复杂，有单环、双环和多环，并带有烷基侧链。环烷烃的抗爆性、热稳定性和氧化安定性好，倾点低，析气性适中，但是闪点低。环烷烃也是炼制绝缘油的理想组分。

芳香烃的分子通式为 C_nH_{2n-6}、C_nH_{2n-12} 等，按结构可分为单环、多环和稠环，后两种芳香烃氧化安定性较差，是生成油泥的主要物质，是精炼过程中应去除的成分。单环芳香烃具有良好析气性，可用于超高压变压器油。芳香烃的最大缺点是对人体健康有一定的影响。

矿物绝缘油是取原油中 250~400℃ 的轻质润滑油馏分，经酸碱精制、水洗、干燥、白土吸附、加抗氧剂等工序制得。用石蜡基原油时还应脱蜡。为降低绝缘油的倾点，可加入适量的降凝剂。取原油中不同馏分油，并控制精制中硫酸的浓度、用量、作用时间及其他有关工艺，可得到用途不同的变压器油、电容器油、电缆油、开关油等。

3. 固体绝缘材料

众所周知，温度对绝缘材料的影响是相当大的。一般认为，变压器运行的热点温度决定纤维质材料的寿命，因此固体绝缘材料的热特性成为划分绝缘材料等级的基础。固体绝缘材料按热性能分类见表 1-2。

表 1-2　　　　　　　　　　固体绝缘材料按热性能分类（IEC）

等级标识	允许最高温度（℃）	典型材料
90 级（Y 或 0 级）	90	非浸渍纤维、棉、绸
105 级（A 级）	105	浸渍纤维、棉或绸；酚醛树脂
120 级（B 级）	120	醋酸纤维素
130 级	130	含有机黏结剂的云母、玻璃纤维石棉
155 级（F 级）	155	含有合适黏结剂的 120 级材料
185 级（H 级）	185	含有硅黏结剂的 120 级材料
220 级	220	同 185 级材料
220 级以上（C 级）	220 以上	云母、瓷、玻璃石英和类似无机材料

绝缘材料分级的温度不应与材料可能在特定环境（空气、油或气体）中使用的温度混淆，也不应与设备规范中作为规定温升的基准温度相混淆。温度分级仅仅涉及绝缘材本身的热特性评定。例如，某些绝缘材料在空气中适合于在一种温度下运行，而在惰性体中或油中则可以在较高温度下运行。同样，某些材料在液体介质中工作时可能比在气中有较高或较低的耐热性。

4. 油浸纤维材料

电力变压器所用的油浸纤维材料全是各种形式的纸（牛皮纸、马尼拉纸等）、纸板或纸压成形件，这些纤维材料的突出优点是：①具有可用性且价格低；②使用和加工方便；

③在成型时要求温度不高，并且工艺简单灵活；④质量轻、强度适中；⑤容易吸收浸渍材料（渍剂）。浸渍的目的是使纤维保持湿润，使之具有较高的绝缘和化学稳定性；使纤维材料密封，防止吸收水分；用以填充纤维的孔隙，避免导致绝缘击穿的气泡；阻止纤维材料与氧接触以提高化学稳定性。此外，纤维的吸收特性能使气泡破裂并被吸收，这是塑料和其他合成材料望尘莫及的。浸渍过程中在绕组中产生的大气泡会导致绝缘闪络，形成短路。只有使用纤维材料才能有助于防止发生上述问题。

（二）绝缘系统的结构

变压器中的固体绝缘一般按过电压选择，并且留有一定的安全裕度，以补偿正常运行时部分绝缘的老化。绝缘系统中各部件应相互协调，以达到"绝缘配合"的目的。

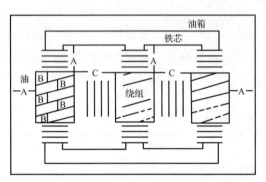

图1-1　变压器三种基本绝缘系统

A—主绝缘；B—匝间绝缘；C—相间绝缘

1. 绝缘部件

变压器绝缘可分为以下三类，如图1-1所示。

（1）主绝缘。主绝缘是变压器绝缘的中心部分，包括同相高、低压绕组之间的绝缘和绕组对地的绝缘，一般用牛皮圆筒和纸板，或用合成树脂黏结的高密度有机绝缘条。

（2）匝间绝缘。指同一绕组中匝间和不同绕组段之间的绝缘，如层压纸板垫块、纸带和合成漆包导线。

（3）相间绝缘。指不同绕组之间的绝缘，如高密度牛皮纸或层压纸板。

2. 牛皮纸

电工牛皮纸或改进了的牛皮纸是应用最广泛的固体绝缘材料，它一般是做成纸板或纸带。牛皮纸比马尼拉纸或麻类材料具有更高的热稳定性，水分对它的影响相对较小。

3. 漆包导线

漆包导线具有极高的空间系数，适用于那些要求空间利用率很高的变压器。

（三）纤维素的化学结构

纤维素是由很多葡萄糖单体组成的长链状聚合有机物，纤维素的分子式为$(C_6H_{10}O_5)_n$，n表示形成分子式的葡萄糖单体的数目，即纤维素的聚合度。纤维素聚合度随材料的来源和制造方法的不同而广泛地变化。大多数绝缘材料的纤维素分子是由许多复杂交连着的原子组成的。典型的纤维素分子是由1200个葡萄糖单体组成的长链。

纤维素由碳、氢和氧组成，而变压器油仅由碳和氢组成。进一步观察纤维素的结构，可以看出在每一个葡萄单元中有三个羟基，其立体结构式如图1－2所示，由图可看出，其中一个是 α 羟基，还有两个 β 羟基。正是由于这两个 β 羟基的存在，就有形成水的可能，同时这些羟基可以被各种极性分子（如酸、水等）包围，以氢键的形式与这些极性分子相结合，从而使纤维易受破坏。

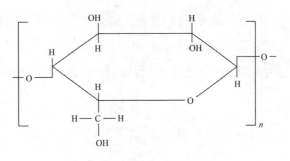

图1－2 纤维素葡萄糖的结构

（四）纤维素劣化

老化和逐渐裂解是变压器内部一些化学反应的结果。固体绝缘具有不可逆的老化特性，因此，可以说变压器的寿命就是纤维素纸的寿命。纤维素纸劣化的表现方式如下。

1. 纤维素材料断裂

由于纤维素的氢键结构使其具有较强的吸收水分的能力，当水分从纸张转入绝缘油中时，尽管变压器仍可以保持足够的击穿强度，但是水分长期作用会使纤维素纸张发生脆化，并且由于振动、短路或操作波的作用产生机械变形，最终导致纤维素材料的断裂剥落。

2. 纤维素材料机械强度的下降

纤维素材料的机械强度随加热时间的延长而下降。当变压器过热时（水分从纸张中排入油中），纤维素的聚合度会发生降解，当降解达到一定程度时，纤维素纸就无法承受6倍于额定值的短路电流的冲击负荷。

3. 纤维素材料的收缩

加热会使纤维素材料脆化并收缩。这种劣化使线圈在整个运行期间逐渐松动，不再是紧凑的严实单元，进而导致压紧结构的螺栓松动。当冲击波发生时，由于纤维材料的收缩，线圈可能会发生额外的移动，从而引起设备事故。

第二节　变压器油中溶解气体来源

一、变压器油的分解

变压器油是由许多不同烃类组成的混合物。变压器在运行过程中，由于温度升高、电

场作用以及与 O_2 的接触，油会发生一系列化学反应。这些反应主要包括热分解、氧化分解和电弧放电分解等。这些化学反应不仅会改变油的化学结构，还会引发有害气体的生成，影响变压器的绝缘性能和运行安全。以下将详细分类描述变压器油在不同条件下的分解过程。

（一）热分解

在高温环境下，变压器油的分子会发生一系列的裂解反应。在高温下，变压器油中的烷烃（如十六烷、十八烷等）分子会因为热裂解而断裂，产生自由基，如烷基自由基和烯基自由基等。自由基是一种具有不配对电子的分子，它们具有高度的反应性，容易与其他分子发生进一步的反应，生成新的化合物。例如，烷基自由基可能与 O_2 反应，生成酮类和醇类等氧化产物；烯基自由基则可能与其他烷烃分子或芳香烃反应，生成聚合物、环状结构或氧化产物。此外，高温还可能导致油中的芳香烃分子发生脱氢和芳香烃结构的重新排列等反应。

（二）氧化分解

在变压器的运行过程中，绝缘油在高温、O_2 及金属表面的催化作用下发生氧化反应是不可避免的。尤其是当变压器油与空气中的 O_2 接触时，油中的有机物质会首先发生氧化反应，生成自由基。这些自由基具有很高的活性，能够攻击油分子，进而引发油分子的分解和重组反应。与此同时，这些自由基还会继续与油中的有机物质发生反应，不断生成更多的自由基和过氧化物（如过氧化烃、过氧化脂肪酸等）。这一系列反应会启动链传递过程，促使氧化反应不断加速，持续生成新的氧化产物。在油的氧化过程中，还可能会生成少量的 CO 和 CO_2。随着时间的推移，这些物质的生成量可能会不断累积，可能会显著增加。整个氧化过程可能导致油中产生酸性物质和酚酞等氧化产物。

（三）电弧放电分解

在变压器或电气设备中发生电弧放电时，变压器油的化学变化会变得更加剧烈，尤其是在高能量放电的条件下。在发生电弧放电或电气故障时，油中的有机分子（如烷烃、芳香烃等）受到强烈的热能和电能激发，导致化学键的断裂，如 C—H 键和 C—C 键的部分断裂，伴随产生活性氢原子和不稳定的碳氢化合物自由基。这些氢原子或自由基通过复杂的化学反应迅速重新结合，生成 H_2 和低分子烃类气体，如 CH_4、C_2H_6、C_2H_4、C_2H_2 等，同时还可能生成碳的固体颗粒和碳氢聚合物。

(四) 外部污染物的影响

外部污染物的进入可能会加速油的分解过程。不同污染物的存在会引发不同类型的化学反应，进而导致油的劣化、酸性物质的生成以及气体的释放。例如，水与油中的某些有机化学物质（如烃类）发生水解反应，生成酸性物质（如有机酸）和气体（如 H_2）。变压器油中的有机物（尤其是烃类）与硫化物（如 H_2S）发生反应，会生成有害的硫化物，产生腐蚀性气体。氯化物与变压器油中的有机物发生反应，生成氯化有机物（如氯代烃）和 HCl 等。

二、固体绝缘材料的分解

固体绝缘材料指的是纸、层压纸板和木块等，属于纤维素绝缘材料。在变压器运行过程中，固体绝缘材料在经受高温及强电场环境时，其分子结构可能分解。固体绝缘材料的热电场条件下分解机理如下。

(一) 热分解

高温环境下，固体绝缘材料的分子结构可能遭受破坏。热分解过程涉及化学键断裂和分子内部重排。此类材料包括纸、层压纸板及木块等纤维素绝缘材料，纤维素为长链高聚合碳氢化合物，其 C—O 键及葡萄糖甙键热稳定性较 C—H 键弱。当温度升至105℃以上，聚合物开始裂解；达到300℃以上则完全裂解并碳化。此过程中生成水、大量 CO 和 CO_2、少量低分子烃气体及糠醛等化合物。

(二) 电场助热分解

强电场环境下，绝缘材料中的分子会受到电场力的作用，引发运动与振动，分子间的这种振动会导致其内部能量的不断积累。当能量达到某个临界值时，分子可能会发生断裂或重排，最终引发分子结构的不稳定和分解现象。另外，电场助力效应可能加速热分解。

(三) 电解分解

在强电场条件下，固体绝缘材料中的离子可能遭受电解分解，涉及离子电离和电子释放。此现象可能导致电解产物（如气体、酸性物质）的形成。

(四) 氧化分解

在高温及强电场环境下，固体绝缘材料可能与 O_2 发生氧化反应，导致分子结构变化，生成氧化产物（如酸性物质、酞酸等）。

固体绝缘材料的分解可能影响其绝缘性能，甚至导致故障。因此，在变压器设计和运行时，需重视绝缘材料的热稳定性和耐电场性。

三、油中的杂散气体

变压器油的杂散气体通常指的是在变压器运行过程中，由于油的热氧化、局部放电或电气故障等因素，油中产生的一些气体成分。这些气体通常不直接与故障或损坏相关，但它们的存在可以提供有关设备运行状况的有价值信息。

国际大电网会议（CIGRE）将油的杂散气体定义为在加热至中等温度（＜200℃）的油中形成的气体。在加热至中等温度时，变压器油中的一些成分（如 H_2、CH_4、C_2H_6 等）会开始生成，这些气体的形成与油的化学结构、氧化程度以及变压器的工作环境密切相关。杂散气体的产生一般是无损伤故障的表现，但也可以作为检测潜在问题的指标。

通过监测这些杂散气体的类型和浓度，可以评估变压器的健康状态。例如，气体中的 H_2 和 CH_4 浓度变化可以反映油温过高、局部放电或其他类型的运行异常。针对这些气体的分析方法可以参考相关文献，如 CIGRE 标准等。在某些情况下观察到，油中的金属钝化剂或其他添加剂也会增多油中的杂散气体。

四、气体的其他来源

在某些情况下，气体可能不是由设备故障产生的，而是通过腐蚀或其他涉及钢、未涂覆表面或防护涂料的化学反应产生的。

在变压器油中，水分与铁元素的反应可产生 H_2。在温度较高、油中有溶解 O_2 时，设备中某些油漆（如醇酸树脂）在特定不锈钢的催化作用下，可能产生大量的 H_2。此外，不锈钢与油的催化反应也可能导致大量 H_2 的生成。新加工的不锈钢在制造过程中可能吸附 H_2，或在焊接过程中产生 H_2。特定改性的聚酰亚胺型绝缘材料与油接触时，也可生成特征性气体。阳光照射下的油也可能产生某些特征性气体。

气体来源还包括注入变压器的油本身含有的某些气体；设备故障排除后，变压器内壁吸附的气体若未被彻底脱除，则可能缓慢释放至油中。在有载调压变压器切换开关操作时（如极性转换），油室的油向主油箱渗漏，形成的电火花可能在油中产生 C_2H_2。冷却系统附属设备（如潜油泵）的故障所产生的气体也可能进入变压器油中；设备油箱的带油补焊操作可能导致油的分解和气体生成。

第三节 变压器故障分析诊断

一、变压器油在故障下的产气特征

电力变压器在输电和配电系统中扮演着至关重要的角色，对电力网络的稳定运行具有不可或缺的作用。因此，确保这些设备得到恰当的管理、控制和维护显得尤为重要，以保障其长期可靠运行。此外，及早检测变压器的潜在故障对于防止服务中断、异常操作条件以及不必要的损失至关重要。故障发生时，如发生过热、局部放电（电晕）或电弧放电（电弧）等情况，绝缘介质暴露于异常的电场或热场应力之下，从而导致绝缘介质的击穿。这种情况下，变压器将自动断电并隔离受影响的绕组。2009 年，电气电子工程师学会（Institute of Electrical and Electronics Engineers，IEEE）研究发现，这些故障通常是由变压器内部电弧引发，导致大量分解气体的产生，影响动态压力和静态超压波，超出了变压器油箱的机械强度，从而引发了油箱的爆炸或变形。这些故障还会导致绝缘介质的退化，释放出气体副产品，如甲烷（CH_4）、乙炔（C_2H_2）、乙烯（C_2H_4）、乙烷（C_2H_6）、氧气（O_2）、二氧化碳（CO_2）、一氧化碳（CO）、氢气（H_2）和氮气（N_2）。这些副产品气体的组成可以用于区分各种类型的故障，如内部故障释放出 H_2、CH_4、C_2H_6、C_2H_4、C_2H_2、CO、CO_2 等气体，而纤维素故障则释放出 CH_4、H_2、CO 和 CO_2 等气体。这些特定的气体成分可以根据国家标准确定充油电气设备内部故障类型。

在变压器内部，故障主要分为热性故障、电性故障及机械性故障，其中后者通常是前两者的形式显现。研究和实验表明，在热性或电性故障发生时，变压器油中的某些 C—H 或 C—C 化学键，绝缘纸纤维素分子的 C—H、C—C 和 C—O 键因能量差异，可能在故障提供的能量影响下断裂。这一过程产生不稳定的单氢自由基（H·）、碳氢化合物自由基（如 CH_3·、CH_2·、CH· 等）。这些自由基遵循特定规则重新组合，生成变压器油中的溶解气体，包括 H_2、CH_4、C_2H_6、C_2H_4、C_2H_2，CO、CO_2 等。

表 1-3 所示为油纸绝缘材料在不同性质故障下产生的气体。大量试验研究和运行经验显示，变压器故障导致的气体组分及浓度与故障的类型、严重程度、位置密切相关，称为油中溶解故障特征气体。油中溶解气体分析（dissolved gas-in-oil analysis，DGA）法是基于油中主要故障特征气体（C_2H_2、CH_4、C_2H_4、C_2H_6、CO、CO_2 和 H_2）的成分、含量和产气规律来判断变压器绝缘状态以及预测潜在故障类型、严重程度和发展趋势的方法。

表 1-3　　　　　　　　　　　油纸绝缘材料在不同性质故障下产生的气体

故障类型	主要气体组分	次要气体组分
油过热	CH_4，C_2H_4	C_2H_6
油和纸过热	CH_4，C_2H_4，CO，CO_2	C_2H_6，H_2
油纸绝缘中局部放电	CH_4，CO，H_2	C_2H_2，C_2H_6，CO_2
油中火花放电	C_2H_2，H_2	—
油中电弧放电	C_2H_2，H_2	CH_4，C_2H_4，C_2H_6
油纸绝缘中电弧放电	C_2H_2，CO，CO_2，H_2	—

在变压器油处于热电场环境下时，可能产生气体提供了变压器运行状态和绝缘材料健康状况的重要信息。变压器油在热电场环境下产生气体的详细信息如下。

（一）氢气（H_2）

H_2 常作为变压器内部故障的指示物，是油中主要生成气体之一。局部放电、电弧或过热等故障导致 H_2 的生成，这些现象多发生于高电场强度区域，如绕组和绝缘油中的气泡区。H_2 浓度是评价电弧放电及绝缘材料老化的关键指标。高浓度 H_2 可能指示电弧放电或绝缘材料严重老化，增加故障风险，需进一步检修。H_2 的可燃性和爆炸性使其浓度监测对变压器安全运行至关重要。变压器油中 H_2 的生成与高温环境紧密相关。油温升高，H_2 生成率增加，油中气体溶解度降低，形成气泡或空腔，成为电弧和电晕放电的发生地。

（二）甲烷（CH_4）

CH_4 作为变压器油中常见气体，指示局部放电或过热故障。CH_4 浓度过高可能引发火灾、爆炸、绝缘性能降低及油老化。CH_4 通常与绝缘材料老化或受电弧放电等故障影响有关。高温加速绝缘油中有机物质分解，促成 CH_4 生成。CH_4 浓度可评估绝缘材料老化和油氧化程度。综合考虑变压器负载状况、绝缘材料类型和油中水分等因素，进行 CH_4 分析。

（三）乙烯（C_2H_4）

C_2H_4 指示变压器内绝缘材料老化、分解或电弧故障。高温和电场下，变压器油中芳香烃脱氢生成 C_2H_4。C_2H_4 是绝缘材料老化产物，与热分解关联。C_2H_4 浓度反映绝缘材料老化程度。

（四）乙炔（C_2H_2）

在变压器内部，C_2H_2 的生成被视为局部放电、电弧或过热等故障的显著指标。此类故障导致的高温和电场环境促使变压器油中芳香烃分子（如二苯）发生脱氢反应，从而生成 C_2H_2。此过程中，芳香烃分子失去两个 H 原子，形成 C_2H_2。一般而言，C_2H_2 的生成需要超过 200℃ 的高温环境。C_2H_2 浓度的变化可作为评估绝缘材料老化程度的重要参数。当绝缘材料受到高温和电场影响时，热分解和氧化反应的发生可能产生 C_2H_2。变压器油中 C_2H_2 含量的分析可用于判定变压器的故障状况。

（五）二氧化碳（CO_2）

在变压器内部，CO_2 的产生通常与局部放电或过热等故障现象相关联。这些故障引发的高温和电场环境促使变压器油中的有机分子发生氧化反应，其中部分 C 原子与 O 反应，形成 CO_2。高温环境及电场的作用加速此反应，通常在超过 200℃ 的条件下产生 CO_2。此气体主要源于变压器油中碳酸物质的分解。变压器油中 CO_2 的浓度分析有助于判断油的氧化程度和绝缘材料的老化状况，从而评估变压器是否存在故障。

（六）一氧化碳（CO）

CO 的存在一般与变压器内部的局部放电或过热等故障现象相关。此气体是由油中有机物质在高温和电场影响下不完全氧化而生成。高浓度 CO 可能暗示着油的氧化和变质。此外，CO 浓度的测定可用于评估绝缘材料的老化程度和油的氧化状态。作为有毒气体，CO 的存在超过特定浓度可能会影响变压器的绝缘性能。在变压器油中检测到 CO 通常指示异常工况或故障，可能原因包括绝缘材料的异常燃烧或内部存在其他异常燃烧源。

（七）氮气（N_2）

N_2 在变压器内部通常通过孔隙、裂缝或泄漏处进入，其存在可能致使油封失效或绝缘材料的老化。

（八）氧气（O_2）

变压器内部 O_2 的存在通常是由于直接接触大气，可能因油封失效或油箱通风不良引起，O_2 表明可能存在绝缘材料老化或局部过热等异常情况。O_2 对变压器油老化和绝缘材料分解可能有加速作用。

综上所述，产气特征的分析需考虑变压器的设计、运行条件、油质量及绝缘材料类型等多种因素。因此，产气特征分析时应综合考虑具体变压器情况和历史数据，以准确评估变压器健康状况。通过分析变压器油中气体特征，可以进行故障诊断，制定维护策略和预防措施，确保变压器正常运行。根据气体浓度和变化趋势，可评估变压器健康状况和绝缘材料老化程度，制订相应的维护计划。定期监测变压器油中的气体有助于提前发现潜在故障，采取预防性维护措施，避免意外故障。面对潜在故障，可采取更换变压器油、修复绝缘材料或进行局部放电检测等措施。

二、变压器故障诊断方法

绝缘油中气体的形成主要源于热故障和电气故障。热故障导致低分子质量气体（如 H_2、CH_4）的产生，以及在 150～500℃ 的温度下释放的高分子质量气体（如 C_2H_6、C_2H_4）。超过 500℃ 的矿物油分解则释放大量 C_2H_2。同时，热分解的纸质绝缘或其他固体绝缘介质会释放 CO_2 和 CO 气体。电气故障，如局部放电和电弧，其本质是由耗散能量决定的。电弧，一种高能放电现象，发生在电流通过非导电介质（如空气）时，造成气体绝缘失效，产生连续等离子体放电。电弧故障与只产生 H_2 和 CH_4 的轻微局部放电相比，释放大量 C_2H_2，是最严重的故障类型。

绝缘油中的气体由油和纸绝缘材料分解产生，通过对流和扩散不断溶解于油中。当气体产生速率超过溶解速率时，部分气体会聚集形成游离气体，进入气体继电器或储油柜。气体继电器或储油柜中的气体积聚提示可能的故障或异常情况，因此其监测对于提前发现潜在问题至关重要。通过对这些气体进行检测，可以采取必要的维护和修复措施，确保电力设备的可靠运行。

油中溶解气体分析（DGA）在电力系统早期故障诊断中被广泛认为是最重要和常用的方法之一。DGA 通过分析变压器绝缘油中的气体，根据特定气体的浓度比率、产生率及总可燃气体，提供可靠的诊断信息。这种非侵入性的方法具有高灵敏度，成为实时监测变压器内部状况的有效工具。DGA 的优势在于能够提前发现潜在问题，并通过区分不同故障模式为精准的维护和修复提供指导。在现代电力系统的维护和监测中，DGA 发挥着不可替代的重要作用。

DGA 技术的步骤包括从装置中采集油样、进行油气分离及气体分离、进入检测器检测、应用不同诊断方法分析数据、应用不同诊断方法分析数据，以及评估每种方法的准确性和可靠性，使 DGA 能够高效识别并区分各种故障类型。下面对 DGA 涉及的不同方法做简要介绍。

（一）特征气体法（key gases method）

特征气体法将变压器绝缘油中溶解的特征气体与特定故障类型相关联，包括油过热、纤维素过热、电晕（局部放电）和电弧。该方法基于关键气体（如 C_2H_4、CO、H_2、C_2H_2）的浓度确定故障类型，以 μL/L（百万分之一体积比）计量。

研究表明，C_2H_4 通常由绝缘油的低温过热产生，伴随少量 CH_4、C_2H_6 和 H_2 气体。极高温度下，C_2H_2 也可能出现。纤维素过热故障期间，CO 是最常见的气体，同时伴有一些碳氢化合物。局部放电引起的高温加热中，H_2 是主要关注的气体，可能伴有少量 CH_4、C_2H_6 和 C_2H_4。电弧故障在极高温度下以产生 C_2H_2 和 H_2 为主，也可能有 CH_4、C_2H_6 和 C_2H_4。若电弧发生于纤维素绝缘层内，仅产生 CO。表1-4 提供了基于特征气体法判断的故障类型。特征气体法在电力变压器的故障诊断中发挥着关键作用，为维护和修复提供了科学依据，有助于提高电力系统的可靠性和安全性。

表1-4 　　　　　　　　　　基于特征气体判断的故障类型

关键气体	故障类型	关键气体	故障类型
CH_4、C_2H_6	绝缘油低温过热	H_2	局部放电
C_2H_4	绝缘油高温过热	C_2H_2	电弧故障
CO、CO_2	纤维素绝缘过热	O_2、N_2	无故障

基于表1-4，下面再对几种常见故障产生的气体进一步说明。针对常见的变压器故障类型，特征气体法提供了一种有效的分析手段。此法基于绝缘油过热、纸绝缘过热、局部放电、火花放电和电弧故障等情况下所产生的气体特征进行故障类型判断。

绝缘油过热时，主要释放 CH_4 和 C_2H_4，而在中低温过热（低于700℃）时 CH_4 和 C_2H_6 含量较多，C_2H_4 较少。在高温过热（超过700℃）时，C_2H_4 含量显著增加。固体绝缘材料过热时，主要产生大量的 CO 和 CO_2 气体。在纤维素开始碳化的过程中，伴随 CH_4、C_2H_6 和 C_2H_4 的增加。局部放电故障主要释放 H_2 和 CH_4，而涉及固体绝缘材料时，则会产生 CO。该类故障的特点是几乎不产生或极少产生 C_2H_4。火花放电故障表现为 C_2H_2 含量的快速增长，但总烃浓度并不高，以 H_2 和 C_2H_2 为主要特征气体。电弧引起的故障，由于高能量放电现象，产生大量的 H_2 和 C_2H_2，以及 CH_4 和 C_2H_4。当涉及固体绝缘材料时，CO 浓度显著增加，可能导致纸和油的碳化，表明电弧故障具有高能量释放和显著的热效应。通过分析不同故障类型所产生的特征气体，可以准确判断变压器的故障状态，这对于确保电力变压器的稳定运行和及时维护至关重要。

（二）气体含量比值法（gas ratio method）

1978年，国际电工委员会（IEC）出版了 IEC 599（1999年修订为 IEC 60599），其中对所有气体比值法进行了整合。这一整合基于热动力学和实际经验，提出了三比值法作为变压器故障类型的诊断方法。该方法利用五种气体（CH_4、C_2H_4、C_2H_6、C_2H_2、H_2）的三对比值（C_2H_2/C_2H_4、CH_4/H_2、C_2H_4/C_2H_6）的编码组合。仅当特征气体含量超过预设的警戒值时，该方法才启用。三比值法提出后，迅速被全球电力设备的日常维护和维修工作广泛采用，为准确及时地进行故障诊断提供了一种高效手段。这种方法不仅实用，而且提供了一种科学依据，用于电力设备的状态监测和维护。为进一步精细化该方法，表1-5 和

表 1-6 基于 IEC 60599—2022 推荐的三比值法和国内的实践经验，展示了对编码组合和故障类型判断的细化规则。这些调整使得三比值法更加适应国内的电力系统环境和具体实践，从而提高了故障诊断的准确性和效率。

表 1-5　　　　　　　　　　　　　　三比值法编码规则

气体比值范围	比值范围的编码		
	C_2H_2/C_2H_4	CH_4/H_2	C_2H_4/C_2H_6
<0.1	0	1	0
[0.1, 1)	1	0	0
[1, 3)	1	2	1
≥3	2	2	2

表 1-6　　　　　　　　　　　　　　故障类型判断方法

编码组合			故障类型判断	典型故障（参考）
C_2H_2/C_2H_4	CH_4/H_2	C_2H_4/C_2H_6		
0	0	0	低温过热（低于 150℃）	纸包绝缘导线过热；线圈局部过热。注意 CO 和 CO_2 的增量和 CO_2/CO 值
	2	0	低温过热（150~300℃）	分接开关接触不良；引线连接不良；导线接头焊接不良，股间短路引起过热；铁芯多点接地，硅钢片间局部短路等
	2	1	中温过热（300~700℃）	
	0, 1, 2	2	高温过热（高于 700℃）	
	1	0	局部放电	高湿、气隙、毛刺、漆瘤、杂质等引起的低能量密度的放电
2	0, 1	0, 1, 2	低能放电	不同电位之间的火花放电，引线与穿缆套管（或引线屏蔽管）之间的环流
	2	0, 1, 2	低能放电兼过热	
1	0, 1	0, 1, 2	电弧放电	线圈匝间、层间放电，相间闪络；分接引线间油隙闪络，选择开关拉弧；引线对箱壳或其他接地体放电
	0	0, 1, 2	电弧放电兼过热	

　　除了三比值法所采用的三组气体比值编码判断规则外，还存在其他的气体比值组合供辅助判断变压器故障的类型。

　　在变压器油的气体分析中，CO_2/CO 比值被用于区分绝缘材料的正常老化与故障性劣化。随着绝缘材料的老化，CO 和 CO_2 的浓度规律性增加。当此增长趋势发生显著变化时，通过综合分析油中其他气体含量变化来判断固体绝缘的异常。固体绝缘材料老化时，CO_2/CO 比值通常大于 7，而故障涉及固体绝缘材料时，其比值小于 3。C_2H_2/H_2 比值是有载分接开关故障诊断的一个关键指标。有载分接开关切换操作时产生的气体通常与低能量放电故障有关。如果主油箱、有载分接开关油箱和储油柜之间相互连通，这些气体则可能就会污染储油柜油箱中的油，进而可能引起误判。当 C_2H_2/H_2 比值超过 $2\sim3$ 时（最佳通过增量计算），可能指示有载分接开关存在油（气）污染。该情况可以通过比较主油箱和有载分接开关油室中的油中溶解气体含量来确定。有载分接开关的操作次数和发生污染的方式（通过油或气体）均会影响 C_2H_2/H_2 比值和 C_2H_2 浓度值。当怀疑有来自有载分接开关的气体污染时，在分析主油箱的 DGA 结果时应更加谨慎，可以考虑减去来自有载分接开关的本底污染。

　　O_2/N_2 比值反映了绝缘油中 O_2 和 N_2 的相对含量。一般情况下，在与空气平衡时，油中 O_2 和 N_2 的浓度分别约为 $32000\mu L/L$ 和 $64000\mu L/L$，比值约为 0.5。变压器运行过程中，由于油的氧化或纸的氧化降解，如果 O_2 的消耗速度快于通过扩散进行补充的速度，则 O_2/N_2 比值会降低。对于开放式设备，当 O_2/N_2 比值小于 0.3 时，通常认为 O_2 过度消耗。对于密封良好的设备，由于 O_2 消耗，正常情况下 O_2/N_2 比值可能低于 0.05。通过这些气体比值的分析，可以对变压器的运行状况进行更准确的评估，帮助及时识别和预防潜在的故障问题，确保电力设备的可靠性和安全运行。

（三）Duval 三角法（Duval triangle method，DTM）

　　DTM 通过分析 CH_4、C_2H_2 和 C_2H_4 这三种可燃气体在变压器油中的相对百分比，用于识别变压器的不同故障类型。这些气体的数据被绘制在 Duval 三角图中，用以评估变压器的运行状况。在 Duval 三角图中，三角形的三个顶点分别代表电弧故障、热故障和电晕故障，三角形内的每一点则表示相应气体含量的比例，如图 1-3 所示。这种方法选择的气体基于其在变压器内产生所需的能量水平，具体如下：

　　（1）CH_4，用于检测低能量或低温度故障。

　　（2）C_2H_4，用于检测高温故障。

　　（3）C_2H_2，用于检测高能量或电弧故障。

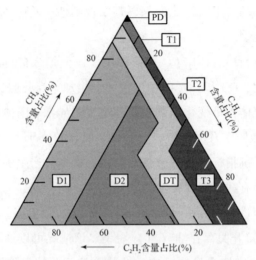

图1-3　DTM 的坐标和故障类型区域

PD—局部放电；T1—热故障（$T<300℃$）；T2—热故障（$300℃<T<700℃$）；

T3—热故障（$T>700℃$）；D1—低能量放电；D2—高能量放电；DT—热故障和电气故障混合

　　虽然 DTM 提供了故障诊断的一种简化方式，但其存在一些局限性，如故障结果处于两个故障区域边界时的判断困难，以及无法区分变压器是否存在故障。为了弥补这些缺陷，Michel Duval 提出了 Duval-4 和 Duval-5 两种新的三角形图表，分别用于低温故障和高温热故障的更准确诊断，如图1-4所示。值得注意的是，Duval-4 和 Duval-5 作为 DTM 的补充，仅适用于热故障的诊断，不能用于电气故障的识别。在这两种新图表中，C_2H_6 气体取代了 DTM 中的 C_2H_2 气体，进一步增强了故障诊断的准确性。通过 DTM 及其补充方法，变压器故障的诊断变得更加精准和科学，为电力系统的可靠运行提供了重要的技术支持，见表1-7。

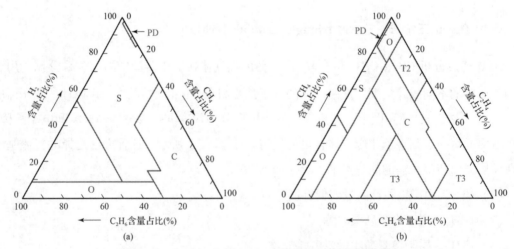

图1-4　Duval-4、Duval-5 的坐标和故障类型区域

（a）Duval-4 用于低温故障判断；（b）Duval-5 用于高温故障判断

表 1 - 7   代码对应的故障类型

代码	故障类型	示例
PD	局部放电	(1) 油浸渍不完全、纸湿度高。 (2) 油中溶解气体过饱或气泡。 (3) 油中气泡放电，并形成 X 蜡
D1	低能量放电	(1) 不同电位间连接不良或电位悬浮造成的火花放电，如磁屏蔽连接不良、绕组中相邻的线饼或匝间以及连线开焊处或铁芯的闭合回路中的放电。 (2) 夹紧部件、套管和油箱之间的放电，绕组内的高压和接地，油箱壁上的放电。 (3) 木质绝缘块、绝缘构件胶合处以及绕组垫块的沿面放电、油击穿，分接开关切断容性电流
D2	高能放电	局部高能量的或有电流通过的闪络、沿面放电或电弧，如绕组对地、绕组之间、引线对箱体、分接头之间的放电
T1	热故障 ($T < 300℃$)	(1) 变压器在紧急情况下负载运行。 (2) 绕组中油流被阻塞。 (3) 铁轭夹件中的漏磁
T2	高温引起的热故障 ($300℃ < T < 700℃$)	(1) 连接不良导致的过热，如螺栓连接处、选择开关动、静触头接触面以及引线与套管之间的连接不良。 (2) 环流导致的过热，如铁轭夹件和螺栓之间、夹件和硅钢片之间、接地线等之间形成的环流导致的过热以及磁屏蔽的不良焊接或不良接地导致的过热。 (3) 绕组中相邻导线之间绝缘磨损
T3	由极高温度引起的热故障 ($T > 700℃$)	(1) 油箱和铁芯上的大的环流。 (2) 未补偿的高磁场产生罐壁中微小循环电流。 (3) 硅钢片之间短路

三、变压器故障诊断程序

变压器等充油电气设备内部的绝缘油和绝缘材料在正常运行时，在热和电的作用下会逐渐老化和分解，产生少量的各种低分子烃类气体及 CO、CO_2 等气体，而在设备发生过热和放电故障的异常情况下也会产生这些气体，这两类气体来源在技术上难以区分，在数值上也没有严格的界限。而且油中溶解气体组分含量与负荷、油温、油中的含气量、油的保护系统和循环系统，以及取样和测试方法等许多因素有关。因此在判断设备故障时，首先要对是否存在故障进行识别，而后对于故障性质、故障严重程度与发展趋势进一步判断，最后进行综合分析并提出处理措施。

（一）故障的识别

依据标准或规程规定，对运行设备进行周期性检测。对设备油中溶解气体进行多次分析得到的数据，通过比较注意值、考查产气速率和调查设备状况，判明设备有无故障。

1. 比较特征气体含量是否超过注意值

按出厂和投运前设备气体含量、运行中设备油中溶解气体的注意值两大类进行分析判断，对总烃、CH_4、C_2H_2、H_2 含量超出注意值的设备进行追踪分析，查明原因。根据 DL/T 722—2014《变压器油中溶解气体分析和判断导则》规定，新设备投运前油中溶解气体含量应符合表 1-8 的要求，而且投运前后的两次检测结果不应有明显的区别。运行中设备油中溶解气体含量超过表 1-9 所列数值时，应引起注意。

表 1-8 　　　　　　　　　　新设备投运前油中溶解气体含量要求 　　　　　　　　μL/L

设备	气体组分	含量	
		330kV 及以上	220kV 及以下
变压器和电抗器	H_2	<10	<30
	C_2H_2	<0.1	<0.1
	总烃	<10	<20
互感器	H_2	<50	<100
	C_2H_2	<0.1	<0.1
	总烃	<10	<10
套管	H_2	<50	<150
	C_2H_2	<0.1	<0.1
	总烃	<10	<10

表 1-9 　　　　　　　　　　运行中设备油中溶解气体含量注意值 　　　　　　　　μL/L

设备	气体组分	含量	
		330kV 及以上	220kV 及以下
变压器和电抗器	H_2	150	150
	C_2H_2	1	5
	总烃	150	150
	CO	当故障涉及固体绝缘材料时，一般 $CO_2/CO < 3$，最好用 CO_2 和 CO 的增量进行计算；当固体绝缘材料老化时，一般 $CO_2/CO > 7$	
	CO_2		

设备	气体组分	含量	
		330kV 及以上	220kV 及以下
电流互感器	H_2	150	300
	C_2H_2	1	2
	总烃	100	100
电压互感器	H_2	150	150
	C_2H_2	2	3
	总烃	100	100
套管	H_2	500	500
	C_2H_2	1	2
	总烃	150	150

注　本表所列数值不适用于从气体继电器取出的气样。

2. 考查特征气体的产气速率是否超过注意值

考查产气速率不仅可以进一步确定有无故障，还可对故障的性质做出初步的估计。对特征气体的产气速率超过注意值的设备，应缩短检测周期，监视故障的发展趋势，必要时立即停止运行。

利用油中溶解气体组分含量数据进行故障诊断时，上述两种方法应结合使用，对于短期内特征气体含量迅速增高，但尚未超出注意值的设备，可判断为内部有异常状况；对于设备因某种原因气体含量基值较高，超过特征气体含量的注意值，但增长速率低于产气速率注意值的，仍可认为是正常设备。产气速率可按下列两种方式计算。

（1）绝对产气速率，即每运行日产生某种气体的平均值，见式（1-1）。

$$\gamma_a = \frac{C_{i,2} - C_{i,1}}{\Delta t} \times \frac{m}{\rho} \qquad (1-1)$$

式中　γ_a——绝对产气速率，mL/天；

$C_{i,2}$——第二次取样测得油中第 i 种气体浓度，$\mu L/L$；

$C_{i,1}$——第一次取样测得油中第 i 种气体浓度，$\mu L/L$；

Δt——两次取样间隔中实际运行时间，天；

m——设备总油量，t；

ρ——油的密度，t/m^3。

（2）相对产气速率，即每运行月（或折算到月）某种气体含量增加值相对于原有值的百分数，见式（1-2）。

$$\gamma_{\mathrm{r}} = \frac{C_{i,2} - C_{i,1}}{C_{i,1}} \times \frac{1}{\Delta t} \times 100 \tag{1-2}$$

式中　γ_{r}——相对产气速率，%／月；

$C_{i,2}$——第二次取样测得油中第 i 种气体浓度，$\mu L/L$；

$C_{i,1}$——第一次取样测得油中第 i 种气体浓度，$\mu L/L$；

Δt——两次取样间隔中实际运行时间，月。

根据 DL/T 722—2014 规定，对变压器和电抗器，绝对产气速率的注意值见表 1－10；总烃的相对产气速率注意值为 10%（对总烃起始含量很低的设备，不宜采用此判据）。对气体含量有缓慢增长趋势的设备，可使用气体在线监测装置随时监视设备的气体增长情况。

表 1－10　　　　　　　运行中设备油中溶解气体绝对产气速率注意值　　　　　　mL／天

气体组分	密封式	气体组分	密封式
H_2	10	CO	100
C_2H_2	0.2	CO_2	200
总烃	12		

注　1. 对 C_2H_2 浓度 $<0.1\mu L/L$ 且总烃含量小于新设备投运要求时，总烃的绝对产气率可不做分析（判断）。

　　2. 新设备投运初期，CO 和 CO_2 的产气速率可能会超过本表中的注意值。

　　3. 当检测周期已缩短时，本表中注意值仅供参考。周期较短时，不适用本表。

3. 电网公司有关的变压器油中溶解气体组分含量诊断阈值

由于在线监测的检测周期一般为 2～24h 检测一次，远小于例行的离线检测周期（一般为 3～12 个月），直接应用 DL/T 722—2014 中的绝对产气速率和相对产气速率会导致大量的无效告警。因此，国家电网有限责任公司在 DL/T 722—2014 的基础上，参照近年来多起特高压变压器（高压电抗器）、换流变压器故障分析结果和返厂解体检查经验，保留现有标准规范中注意值，进一步明确了设备告警值和停运值，制定了在线监测油色谱阈值（见表 1－11）、离线油色谱阈值（见表 1－12），具体如下。

（1）在线监测数据异常判断阈值分注意值、告警值、停运值三类，包含特征气体含量、绝对增量和相对增长速率三部分（见表 1－11）。

1）注意值用于提醒设备状态可能发生变化需要引起注意，并按变化程度细分为注意值 1、注意值 2，其中注意值 2 考虑油中溶解气体含量对升高座、出线装置等"半死油区"异常响应较慢，较注意值 1 增加了 C_2H_2 从无到有、长期稳定设备 C_2H_2 突增且周增量达到 $0.3\mu L/L$ 两种情况。

2）告警值用于提醒设备状态可能发生明显变化，警示运维人员远离异常设备及相邻间隔区域。

3）停运值表明设备可能发生严重异常，应及时将设备停运，停运值包括 C_2H_2、H_2、总烃三类特征气体，其中 C_2H_2 含量达到 5μL/L，C_2H_2 周增量、日增量或 4h 增量达到 2μL/L，C_2H_2 2h 增量达到 1.5μL/L，H_2 含量达到 450μL/L 或总烃含量达到 450μL/L 等任一条件满足时，均视作设备达到停运值。

（2）离线检测数据异常判断阈值分注意值、停运值两类，包含特征气体含量、绝对增量两部分（见表 1-12）。注意值用于提醒设备状态可能发生变化需要引起注意；停运值表明设备可能发生严重异常，应及时将设备停运。停运值包括 C_2H_2、H_2、总烃三类，C_2H_2 含量达到 5μL/L、C_2H_2 周增量达到 2μL/L、H_2 含量达到 450μL/L 或总烃含量达到 450μL/L 等任一条件满足时，均视作设备达到停运值。

表 1-11 交流特高压变压器（高压电抗器）油中溶解气体在线监测阈值

监测项目		注意值 1	注意值 2	告警值	停运值
气体含量 （μL/L）	C_2H_2	≥0.5	≥1	≥3	≥5*
	H_2	≥75	≥150	—	≥450*
	总烃	≥75	≥150	—	≥450*
气体绝对增量 （μL/L）	$C_2H_2$①	周增量≥0.3	从无到有	周增量≥1.2	周增量≥2
			长期稳定设备 C_2H_2 浓度突增且周增量≥0.3		日增量≥2
			周增量≥0.6	每 4h 增量≥1	每 4h 增量≥2
					每 2h 增量≥1.5
	$H_2$②	周增量≥10	周增量≥20	—	—
	总烃②	周增量≥5	周增量≥10	—	—
相对增长速率 （%/周）	总烃	周增量≥10	周增量≥20	—	—

① C_2H_2 周增量≥0.3μL/L 或投运不足 7 天时，才计算 C_2H_2 日增量、每 4h 增量和每 2h 增量。

② H_2 浓度≤30μL/L 时，不计算绝对增量；总烃含量≤30μL/L 时，不计算绝对增量和相对增长速率。

* C_2H_2、H_2 或总烃缓慢达到停运值，可经专家诊断分析后确定停运时间。

表 1-12 交流特高压变压器（高压电抗器）油中溶解气体离线检测阈值

监测项目		注意值	停运值
气体含量 （μL/L）	C_2H_2	≥0.5	≥5*
	H_2	≥150	≥450*
	总烃	≥150	≥450*

监测项目		注意值	停运值
气体绝对增量 （μL/L）	C_2H_2	从无到有	周增量≥2
		周增量≥0.2	
	H_2	周增量≥30**	—
	总烃	周增量≥15**	—
	CO	周增量≥50***	—

* C_2H_2、H_2 或总烃缓慢达到停运值，可经专家诊断分析后确定停运时间。

** H_2 浓度≤30μL/L 时，不计算绝对增量；总烃含量≤30μL/L 时，不计算绝对增量。

*** C_2H_2 增量小于注意值时，不计算 CO 绝对增量。

（二）运维处置原则

国家电网有限责任公司针对油中溶解气体组分含量异常（任意一项或多项数据达到阈值均视作异常），提出了现场处置工作要求具体如下。

1. 在线监测数据异常处置原则

（1）首次达到阈值处置要求。

1）在线监测数据达到注意值1且未达到注意值2时，现场首先根据在线监测下一周期复测值确认。

2）在线监测数据达到注意值2且未达到告警值时，自动启动或立即人工远程启动油中溶解气体在线监测装置复测（简称立即启动复测），并将装置采样周期缩短至最小检测周期（气相色谱原理不大于2h、光声光谱原理不大于1h），优先利用远程智能巡视系统、状态综合监测装置开展监视。

3）在线监测数据达到告警值且未达到停运值时，在无明确结论前，现场人员应远离异常设备及相邻间隔区域，立即启动复测并将装置采样周期缩短至最小检测周期，优先利用远程智能巡视系统、状态综合监测装置开展监视。

4）在线监测数据达到停运值时，现场人员应远离异常设备及相邻间隔区域，立即启动复测，并将装置采样周期缩短至最小检测周期，将异常信息电话告知省公司生产管控中心、总部生产管控中心及对口调度部门，明确现场将根据复测值开展后续处置，同时启动省公司（总部）专家团队分析，优先利用远程智能巡视系统、状态综合监测装置开展监视；若 C_2H_2 4h增量达到2μL/L或2h增量达到1.5μL/L，应同时向对口调度部门报备紧急拉停的风险，明确复测确认后将紧急停运该设备，以便调度部门提前按现场紧急停运该设备开展运行方式或功率调整，防范紧急拉停设备造成电网风险，现场按预案做好紧急拉停准备。

（2）复测值达到阈值处置要求。复测值默认为装置复测一次的值。

1）在线监测复测值未达到注意值1时，恢复正常监测状态。

2）在线监测复测值达到注意值1且未达到注意值2时，将复测异常信息及时报送至省公司生产管控中心，同时启动省公司专家团队分析；如 C_2H_2 未达到告警值，可在保障人身安全的前提下，通过外引至相邻相防火墙或换流变压器 BOX – in 外侧的取油管路（简称外引取油）开展一次离线油色谱比对分析（双份样品），根据专家团队意见进行处置；当现场暂不具备外引取油条件时，继续利用在线监测装置开展下一轮检测。

3）在线监测复测值达到注意值2且未达到告警值时，将复测异常信息按层级及时报送至省公司生产管控中心、总部生产管控中心，同时启动省公司专家团队分析；如 C_2H_2 未达到告警值，可在保障人身安全的前提下，通过外引取油开展一次离线油色谱比对分析（双份样品），根据专家团队意见进行处置；当现场暂不具备外引取油条件时，继续利用在线监测装置开展下一轮检测。

4）在线监测复测值达到告警值且未达到停运值时，将复测异常信息按层级及时报送至省公司生产管控中心、总部生产管控中心及对口调度部门，同时启动省公司（总部）专家团队分析，根据专家团队意见进行处置，明确是否需采取降低设备负载率等预控措施。

5）在线监测复测值含量达到停运值或 C_2H_2 周增量达到 $2\mu L/L$ 或 C_2H_2 日增量达到 $2\mu L/L$ 时，应立即向调度部门申请设备停运，将复测异常信息电话告知省公司生产管控中心、总部生产管控中心，同时启动省公司（总部）专家团队分析，待停运后开展诊断性试验检测。

6）在线监测复测值达到 C_2H_2 4h 增量 $2\mu L/L$ 或 2h 增量 $1.5\mu L/L$ 时，设备发生突发故障导致 C_2H_2 快速增长的概率较大，现场可不待调度指令自行实施紧急拉停（含"一键停运""一键顺控"等方式），待停运后将现场处置情况第一时间汇报调度部门，并电话告知省公司生产管控中心、总部生产管控中心，同时启动省公司（总部）专家团队分析，并开展诊断性试验检测。

2. 离线检测数据异常处置原则

（1）特高压变压器离线取样要求。特高压变压器、换流变压器离线油色谱检测应取双份样品，一份用于检测，另一份用于异常时复测确认。

（2）离线检测数据达到注意值且未达到停运值时处置原则。离线检测数据达到注意值且未达到停运值时，现场使用第二份样品进行离线复测。

1）离线检测复测值未达到注意值时，应立即启动省公司专家团队分析，根据专家团队意见进行处置。

2）离线检测复测值达到注意值且未达到停运值时，将异常信息按层级及时报送至省公司生产管控中心、总部生产管控中心，同时启动省公司专家团队分析，根据专家团队意见进行处置。

3）离线检测复测值达到停运值时，直接根据离线检测异常处置原则进行处置。

（3）离线检测数据达到停运值时处置原则。离线检测数据达到停运值时，将异常信息按层级及时报送至省公司生产管控中心、总部生产管控中心，启动省公司（总部）专家团队分析。现场使用第二份样品进行离线复测。

1）离线检测复测值未达到停运值时，根据专家团队意见进行处置。

2）离线检测复测值达到停运值时，立即向调度部门申请设备停运，将停运信息按层级及时报送至省公司生产管控中心、总部生产管控中心，待停运后开展诊断性试验检测。

（三）故障性质、故障严重程度与发展趋势判断

（1）当确认设备内部存在故障时，应根据油中溶解气体组分含量大小，选择改良三比值法或溶解气体分析解释表、特征气体法以及 CO 和 CO_2 气体分析等适宜的方法进一步判断故障性质。

（2）对于故障性质初步做出判断后，应对故障设备进行监视、跟踪，以了解故障的严重程度和发展趋势。在运用三比值法的基础上，还可运用平衡判据等方法进行分析判断。

1）在运行中当故障变压器的气体继电器内有气体聚集或引起气体继电器动作时，标志着故障发展迅速，日益严重。通常用气体继电器中的气体颜色和气味来初步判断变压器内的故障性质，见表 1 – 13。

表 1 – 13　　　　　　　　气体继电器中的气体颜色与故障性质的关系

气体继电器中气体的颜色和气味	故障性质
无色，无味，不能燃烧	无故障，气体为油内排出的空气
黄色，不易燃	木质部分故障
灰白色，有臭味	纸及纸板故障
灰色或黑色，易燃	油故障（放电造成分解）

2）在气体继电器中聚集有游离气体时，应使用平衡判据，判断故障的持续时间与发展速度。

当气体继电器发出信号时，除应立即取气体继电器中的游离气体进行色谱分析外，还应同时取油样进行溶解气体分析，并比较油中溶解气体与继电器中游离气体的折算浓度，以判断游离气体与溶解气体是否处于平衡状态。

如果气体继电器内的故障气体浓度折算到油中的浓度明显超过油中溶解气体浓度，说明释放气体较多，设备内部存在产生气体较快的故障，应进一步计算气体的产气速率。

（四）综合分析与处理措施

油中溶解气体分析对运行设备内部早期故障性质的诊断是灵敏有效的，在判断故障时，应根据设备运行的历史状况、设备的结构特点和外部环境等，同时结合电气试验，油质分

析以及设备运行、检修等情况进行综合分析，对故障的部位、原因，绝缘或部件的损坏程度等做出准确的判断，从而制定出适当的处理措施。

1. 设备典型故障常用的处理方法

（1）过热性故障检查与处理。当怀疑变压器存在过热故障情况时，按表 1 – 14 的内容和要求进行检查与处理。

表 1 – 14 　　　　　　　　　　　　　　　　过热性故障检查与处理

故障特性	故障原因	检查内容或方法	故障判断及处理
油色谱、温升异常	铁芯多点接地	油色谱分析	通常热点温度较高，C_2H_6、C_2H_4 增长较快
		运行中用钳形电流表测量接地电流	通常大于 100mA 就表明存在多点接地现象。运行中若大于 300mA 时，应采取加限流电阻的方法进行限流，至 100mA 以下，并适时安排停电处理
		绝缘电阻表及万用表测绝缘电阻	（1）若具有非金属短接特征，绝缘电阻较低（如几千欧），可在变压器带油状态下采用电容放电方法进行处理，放电电压应控制在 6 ~ 10kV 之间。 （2）若具有金属直接短接特征，绝缘电阻接近为零，必要时应吊芯检查处理，并注意区别铁芯对夹件或铁芯对油箱的绝缘低下问题
	铁芯短路	油色谱分析	通常热点温度较高，C_2H_6、C_2H_4 增长较快。严重时会产生 H_2 和 C_2H_2
		1.1 倍过励磁试验	可确定主磁通回路引起的过热。若铁芯存在多点接地或短路缺陷现象，1.1 倍的过励磁会加剧它的过热，油色谱会有明显的增长，应进一步吊芯或进油箱检查
		进油箱检测、绝缘电阻表及万用表测绝缘电阻	目测铁芯表面有无过热变色、片间短路现象，或用万用表逐级检查，重点检查级间和片间有无短路现象。 （1）若有片间短路，可松开夹件，每隔 2 ~ 3 片间用干燥绝缘纸进行隔离。 （2）如存在组间短路，应尽量将其断开。若短路点无法断开，可在短路级间四角均匀短接或串电阻
	导电回路接触不良	油色谱分析	（1）观察 C_2H_6、C_2H_4 和 CH_4 增长速度快慢。 1）若 C_2H_4 增较快，属 150℃ 左右低温过热，如因焊头、连接处出现接触不良，或同股短路分流引起。 2）若 C_2H_6 和 C_2H_4 增长较快，则属 300℃ 以上的高温过热，接触不良已严重，应及时检修。 （2）结合油色谱 CO_2 和 CO 的增量和比值，区分是在油中还是在固体绝缘内部或附近过热。若在固体绝缘附近过热，则 CO、CO_2 增长较快

故障特性	故障原因	检查内容或方法	故障判断及处理
油色谱、温升异常	导电回路接触不良	红外测温	检查套管连接接头有无高温过热现象。如有，应停电进行处理
		改变分接位置	在运行中，可改变分接位置，检测油色谱的变化。如有变化，则可能是分接开关接触不良引起的
		油中糠醛测试	可确定是否存在固体绝缘部位局部过热。若测定的值比上次测试的值有异常变化，则表明固体绝缘内部或附近存在局部过热，加速了绝缘老化
		直流电阻测量	若直流电阻比上次测试的值有明显的变化，则表明导电回路存在接触不良或缺陷引起过热
		吊芯或进油箱检查	重点检查： （1）分接开关触头接触面有无过热性变色和烧损情况。如有，应处理。 （2）连接和焊接部位的接触面有无过热性变色和烧损情况。如有，应处理。 （3）检查引线是否存在断股和分流现象，尤其引线穿过套管芯部时应与套管铜管内壁绝缘，引线与套管汇流时也应彼此绝缘，防止分流产生过热
	多股导线间的短路	油色谱分析	该故障特征是低温过热，油中 C_2H_4、CO、CO_2 含量增长较快
		1.1 倍过电流试验	可确定电导回路引起的过热。1.1 倍过电流会加剧它的过热，油色谱会有明显的增长，应进一步吊芯或进油箱检查
		解体检查	解开围屏，检查绕组和引线表面有无变色、过热现象，发现应及时处理
		分相低电压下的短路试验	比较短路损耗，区别故障相
	油道堵塞	油色谱分析	该故障特征是低温过热逐渐向中温至高温过热演变，且油中 CO、CO_2 含量增长较快
		1.1 倍过电流试验	1.1 倍的过电流会加剧它的过热，油色谱有明显的增长，应进一步吊芯或进油箱检查
		净油器检查	检查净油器的滤网有无破损，硅胶有无进入器身。硅胶进入绕组内会引起油道堵塞，导致过热，如发生应及时清理
		目测	解开围屏，检查绕组和引线表面有无变色、过热现象，发现应及时处理
	导电回路分流	油色谱分析	该故障特征是高温过热，油中 C_2H_6、C_2H_4 含量增长较快，有时会产生 H_2 和 C_2H_2
		吊芯或进油箱检查	重点检查穿缆套管引线和导杆式套管同股多根并联引线间是否存在分流现象。引线与套管和引线同股间汇流时应彼此绝缘，防止分流产生过热

故障特性	故障原因	检查内容或方法	故障判断及处理
油色谱、温升异常	悬浮电位接触不良	油色谱分析	该故障特征是伴有少量 H_2、C_2H_2 产生和总烃稳步增长趋势
		目测	逐一检查连接端子接触是否良好，并解开连接端子检查有无变色、过热现象，重点检查无励磁分接开关的操作杆 U 形拨叉有无变色和过热现象，如有应紧固螺栓，确保短接良好
	结构件或电磁屏蔽在铁芯周围形成短路环	油色谱分析	该故障具有高温过热特征，总烃增长较快
		直流电阻测试	如直流电阻不稳定，并有较大的偏差，表明铁芯存在短路匝
		励磁试验	在较低的电压励磁下，也会持续产生总烃
		目测	解开连接端子，逐一检查有无短路、变色、过热现象
	油泵滚动磨损	油泵运行检查	逐台停运循环油泵，观察油色谱的变化，若无变化，则该台油泵内部存在局部过热，可能轴承损坏，或在转子和定子之间有金属物引起摩擦，产生过热，应解体检修
		绕组直流电阻测试	三相应平衡，若有较大误差，表明已烧坏
		绕组绝缘电阻测试	对地绝缘电阻应大于1MΩ，若较低，则表明已击穿
	漏磁回路的涡流	1.1 倍过电流试验	若绕组内部或漏磁回路附近的金属结构件存在遗物或短路等现象，1.1 倍的过电流会加剧它的过热，油色谱会有明显的增长，应进一步吊芯或进油箱检查
		目测	对磁、电屏蔽及金属结构件检查。一般结合吊芯或进油箱检查进行，重点检查其表面有无过热性的变色，以及绝缘状况是否良好。在较强漏磁区域（如绕组端部），应使用无磁材料，用了有磁材料，也会引起过热。另外在主磁通或漏磁回路不应短路，可进行绝缘电阻测量，检查穿芯螺杆、拉螺杆、压钉、定位钉、电屏蔽和磁屏蔽等的绝缘状况，不应存在多点接地现象
	有载开关绝缘筒渗漏	油色谱分析	属高温过热，并具有高能量放电特征
		油位变化	有载分接开关储油柜中的油位异常升高或持续冒油，或与主储油柜的油位趋于一致时，表明有载分接开关绝缘筒存在渗漏现象
		压力试验	在主储油柜上施加0.03 ~ 0.05MPa 的压力，观察分接开关储油柜的油位变化情况，如发生变化，则表明已渗漏，应予以处理

（2）放电性故障检查与处理。当怀疑变压器存在放电故障情况时，按表 1 – 15 的内容和要求进行检查与处理。

表 1 – 15 放电性故障检查与处理

故障特性	故障原因	检查内容或方法	故障判断及处理
油中 H_2 或 C_2H_2 含量异常升高	油泵内部放电	油色谱分析	(1) 属高能量局部放电，这时产生主要气体是 H_2 和 C_2H_2。 (2) 若伴有局部过热特征，则是高温摩擦引起
		油泵运行检查	逐台停运循环油泵，观察油色谱的变化，若无变化，则该台油泵内部存在局部放电，可能定子绕组的绝缘不良引起放电，应解体检修
		绕组绝缘电阻测试	对地绝缘电阻应大于 $1M\Omega$，若较低则表明已击穿
		解体检查	重点检查： (1) 定子绝缘状态，在铁芯、绕组表面上有无放电痕迹。 (2) 轴承损坏，或在转子和定子之间有金属物引起高温摩擦，则将产生 C_2H_2
	悬浮电位放电	油色谱分析	具有低能量放电特征，这时产生主要气体是 H_2 和 C_2H_4，少量 C_2H_2
		目测	解开连接端子，逐一检查绝缘电阻，并观测有无放电变色现象，重点检查无励磁分接开关的操作杆 U 形拨叉有无变色和放电现象，如有应紧固螺栓，确保短接良好
		局部放电量测试	可结合局放定位进行局部放电量测试，以查明放电部位及可能产生的原因
	油流带电	油色谱分析	C_2H_2 单项增高
		油中带电度测试	测量油中带电度，如超出规定值，内部可能存在油流放电带电现象，应引起高度重视
		泄漏电流或静电感应电压测量	逐台开启油泵，测量中性点的静电感应电压或泄漏电流，如长时间不稳定或稳定值超出规定值，则表明可能发生了油流带电现象，应引起高度重视
		局部放电量测试	测量局部放电量是检查内部有无放电现象的最有效手段之一，可结合局部放电定位进行，以查明放电部位及可能产生的原因。但该试验有可能会将故障点进一步扩大，应引起重视
	有载分接开关绝缘筒渗漏	油色谱分析	属高能量放电，并有局部过热特征
		油位变化	有载分接开关储油柜中的油位异常升高或持续冒油，或与主储油柜的油位趋于一致时，表明有载分接开关绝缘筒存在渗漏现象
		压力试验	在主储油柜上施加 $0.03 \sim 0.05MPa$ 的压力，观察分接开关的储油柜的油位变化情况，如发生变化，则表明已渗漏，应予以处理。或临时升高有载分接开关储油柜的油位，观察油位的下降情况

续表

故障特性	故障原因	检查内容或方法	故障判断及处理
油中 H_2 或 C_2H_2 含量异常升高	导电回路及其分流接触不良	油色谱分析	属低能量火花放电，并有局部过热特征，这时伴随少量 C_2H_2 产生
		改变分接位置	在运行中，可改变分接位置，检测油色谱的变化，如有变化，则可能是分接开关接触不良引起的
		油中微量金属测试	测试结果若金属铜含量较大，表明电导回路存在放电现象
		吊芯或进油箱检查	重点检查分接开关触头间、引出线连接处有无放电和过热痕迹，以及穿缆套管引线和导杆式套管连接多根引线间是否存在分流现象
	不稳定的铁芯多点接地	油色谱分析	属低能量火花放电，并有局部过热特征，这时伴随少量 H_2 和 C_2H_2 产生
		运行中用钳形电流表测量接地电流	接地电流时大时小，可采取加限流电阻办法限制，并适时安排停电处理
		绝缘电阻表及万用表测绝缘电阻	（1）若具有非金属短接特征，绝缘电阻较低（如几千欧），可在变压器带油状态下采用电容放电方法进行处理，放电电压应控制在 $6 \sim 10kV$ 之间。（2）若具有金属直接短接特征，绝缘电阻接近为零，或必要时，应吊芯检查处理，并注意区别铁芯对夹件或铁芯对油箱的绝缘低下问题
	金属尖端放电	油色谱分析	具有局部放电，这时产生主要气体为 H_2 和 CH_4
		油中微量金属测试	（1）若铁含量较高，表明铁芯或结构件放电。（2）若铜含量较高，表明绕组或引线放电
		局部放电测试	可结合局部放电定位进行局部放电测试，以查明放电部位及可能产生的原因
		目测	重点检查铁芯和金属尖角有无放电痕迹
	气泡放电	油色谱分析	具有低能量密度局部放电，产生主要气体是 H_2 和 CH_4
		目测和气样分析	检查气体继电器内的气体，取气样分析，如主要是 O_2 和 N_2，表明是气泡放电
		油中含气量测试	如油中含气量过大，并有增长的趋势，应重点检查胶囊、油箱和油泵等有无渗漏
		窝气检查	（1）检查各放气塞有否剩余气体放出。（2）在储油柜上进行抽真空，检查气体继电器内有无气泡通过

故障特性	故障原因	检查内容或方法	故障判断及处理
油中 H_2 或 C_2H_2 含量异常升高	分接开关拉弧、绕组或引线绝缘击穿	油色谱分析	(1) 具有高能量电弧放电特征，主要气体是 H_2 和 C_2H_2。 (2) 涉及固体绝缘材料，会产生 CO 和 CO_2 气体
		绝缘电阻测试	如内部存在对地树枝状的放电，绝缘电阻会有下降的可能，故检测绝缘电阻可判断放电的程度
		局部放电量测试	可结合局部放电定位进行局部放电量测试，以查明放电部位及可能产生的原因
		油中金属铜微量测试	测试结果若铜含量较大，表明绕组或分接开关已有烧损现象
		目测	(1) 观测气体继电器内的气体，并取气样进行色谱分析，这时主要气体是 H_2 和 C_2H_2。 (2) 结合吊芯或进油箱内部，重点检查绝缘件表面和分接开关触头间有无放电痕迹，如有应查明原因，并予以更换处理
	油箱磁屏蔽接触不良	油色谱分析	以 C_2H_2 为主，且通常 C_2H_4 含量比 CH_4 低
		局部放电超声波检测	与变压器负荷电流密切相关，负荷电流下降，超声波值减小
		目测	磁屏蔽松动或有放电形成的游离碳

（3）绕组变形故障检查与处理。当怀疑变压器存在绕组变形故障情况时，按表 1-16 的内容和要求进行检查与处理。

表 1-16　　　　　　　　　　　绕组变形故障检查与处理

故障特性	故障原因	检查方法或部位	故障判断及处理
阻抗增大、频响试验变异	运输中受到冲击、短路电流冲击	压力释放阀	检查压力释放阀有否动作、喷油或渗漏现象，如有则表明绕组可能有变形或松动的迹象
		听声音或测量振动信号	若在相同电压和负荷电流下，变压器的噪声或振动变大，表明该变压器的绕组可能存在变形或松动的迹象
		变比测试	若变比有变化，则表明绕组内部存在短路现象，应予以处理，甚至更换绕组
		直流电阻测试	若测试结果与其他相或历史数据比较，有变化，则表明绕组内部存在短路、断股或开路现象，应予以处理，甚至更换绕组
		绝缘电阻测试	测试结果如与历史数据比较，存在明显下降，表明绕组已变形或击穿，应予以处理，甚至更换绕组

故障特性	故障原因	检查方法或部位	故障判断及处理
阻抗增大、频响试验变异	运输中受到冲击、短路电流冲击	低电压阻抗测试	测试结果与历史值、出厂值或铭牌值做比较，如有较大幅度的变化，表明绕组有变形的迹象
		频响试验	测试结果与其他相或历史数据做比较，若有明显的变化，则说明绕组有变形的迹象
		短路损耗测试	如杂散损耗比出厂值有明显增长，表明绕组有变形的迹象
		油中微量金属测试	若铜含量较高，表明绕组已有烧损现象
		内部检查	（1）外观检查。检查垫块是否整齐，有无移位、跌落现象；检查连接片有否开裂、损坏现象；检查绝缘纸筒有否窜动、移位的痕迹，如有表明绕组有松动或变形的现象，应予以紧固处理。 （2）用榔头敲打连接片检查相应位置的垫块，听其声音判断垫块的紧实度。 （3）用内窥镜检查绕组内部有无变形痕迹，如变形较大，应更换绕组。 （4）检查绝缘油及各部位有无炭粒、炭化的绝缘材料碎片和金属粒子，若有表明变压器已烧毁，应更换处理

（4）绝缘受潮故障检查与处理。当怀疑变压器存在绝缘受潮情况时，按表 1 – 17 的内容和要求进行检查与处理。

表 1 – 17　　　　　　　　　　　绝缘受潮故障检查与处理

故障特性	故障原因	检查方法或部位	故障判断及处理
油中含水量超标、绝缘电阻下降、泄漏电流增大、变压器本体介质损耗因数增大、油耐压下降	外部进水	油色谱分析	仅 H_2 增长较快
		冷却器检查	（1）逐台停运冷却器，观察油微水含量的变化，若不变化，则该台冷却器存在渗漏现象。 （2）冷却器停运时观察渗漏油现象，若停运后存在渗漏现象，则表明存在进水受潮的可能
		气样色谱分析	若气体继电器内有气体，应取样分析，如 O_2 和 N_2 占主要成分，则表明变压器有渗漏现象
		油中含气量分析	油中含气量有增长趋势，可表明存在渗漏现象，应查明原因
		各连接部位的渗漏检查	有渗漏时应处理

故障特性	故障原因	检查方法或部位	故障判断及处理
油中含水量超标、绝缘电阻下降、泄漏电流增大、变压器本体介质损耗因数增大、油耐压下降	外部进水	储油柜检查	检查吸湿器的硅胶和储油盒是否正常，以及胶囊或隔膜是否有水迹和破损现象，如有应及时处理
		套管检查	应对套管尤其是穿缆式高压套管的顶部连接帽（将军帽）密封进行检查。通常高压穿缆式套管导管顶部高于储油柜中的正常油位，因而在运行中无法通过渗油发现密封状况，应重点检查。除外观检查外，还可通过正压或负压法检查密封情况，如有渗漏现象应及时更换密封胶
		安全气道检查	检查安全气道的防爆膜有无破损、开裂或密封不良现象，如有应及时处理
		内部检查	（1）检查油箱底部水迹。若油箱底部有水迹，则说明密封有渗漏，应查明原因并予以处理。必要时应对器身进行干燥处理。 （2）检查绝缘件表面有无起泡现象。如有，表明绝缘已进水受潮，可进一步取绝缘纸样进行含水量测试，或进行燃烧试验，若燃烧时有"噼叭"的声音，表明绝缘受潮，则应干燥处理。 （3）检查放电痕迹。若绝缘件因进水受潮引起的放电，则放电痕迹将有明显水流迹象，且局部受损严重，油中产生主要气体为 H_2、CH_4 和 C_2H_2。在器身干燥处理前，应对受损的绝缘部件予以更换

2. 处理措施

对故障进行综合分析，在判明故障的性质、部位、发展趋势等情况的基础上，研究制定对设备应采取的不同处理措施，以确保设备的安全运行，避免无计划停电，合理安排检修时间，防止设备损坏事故。

3. 故障处理流程

故障处理流程如图 1-5 所示。

四、人工智能诊断算法

通过油中溶解气体分析技术（DGA）定性、定量分析变压器油中溶解气体的组分和含量，可及时发现变压器内部存在的缺陷和故障。为了准确诊断变压器故障，研究人员提出了几种 DGA 方法，包括关键气体法、Dornenburg 比值法、Rogers 比值法、IEC 比值法、Duval 三角形法等。然而，这些方法存在一些缺陷，如编码缺陷、过大的编码边界和关键值准则缺陷，这些缺陷影响了故障分析的可靠性。每种方法都有缺点、严格的边界和隐藏的

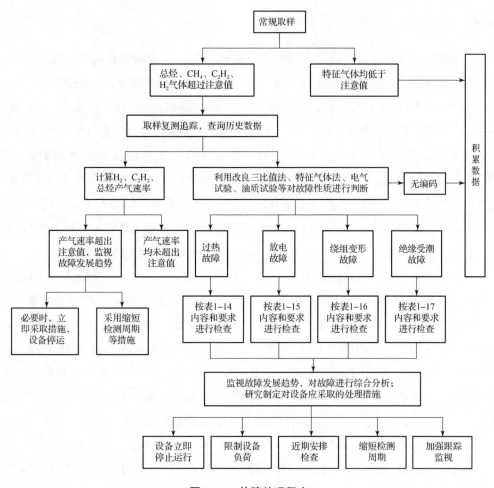

图 1-5　故障处理程序

关系，如关键气体法要求油样中存在大量气体，在某些情况下无法得出结论。因此，提高识别变压器早期故障的准确性是当前的研究热点。

　　智能技术现已广泛应用于变压器故障诊断，并取得了令人信服的结果。与传统方法不同，人工智能方法模拟生物的生存等行为来进行决策和优化现实问题，其针对的是更笼统的问题描述，一般比较缺乏结构信息，适用于解决诸如变压器故障诊断。智能技术有助于解决传统 DGA 方法由于边界问题和未解决的代码或多故障场景而产生的不确定性。研究人员多种人工智能技术应用于 DGA 故障诊断，如神经网络、支持向量机（SVM）和聚类，这些技术涉及统计机器学习、深度学习等。统计机器学习和深度学习不仅是人工智能领域的核心问题，也是当今电气工程的热门研究方向之一。研究人员应用这些技术不仅是为了改进和增强 DGA 方法，还结合多种技术以增强诊断方法的稳健性。此外，研究人员还利用智能技术挖掘瓦斯数据中的信息，从中找到产气数据与故障之间的关联性，以便更准确地检测变压器的早期故障。

（一） 神经网络

神经网络可以充分逼近任意复杂的非线性关系，并且在从初始化的输入及其关系中学习后，还可以从未知数据推断出未知关系，从而使模型能够概括和预测未知数据。许多研究人员将神经网络与 DGA 相结合，如 RBF 神经网络、概率神经网络（PNN）、Elman 神经网络等。许多研究人员也将 PNN 应用于变压器的早期故障诊断。然而，PNN 的性能很大程度上受到其隐藏层元素的平滑因子的影响，这会影响分类性能。也有将卷积神经网络（CNN）与 DGA 结合起来，以便准确预测不同噪声水平下变压器的故障类型，每个水平高达 20%。结果表明，与其他智能技术相比，CNN 更能抵抗噪声，并且具有最佳性能。此外，不同的输入比例会导致不同的预测精度。其中，混合比例（常规和五种气体百分比以及新形式六种比例一起）作为 CNN 的输入，预测精度最高，达到 92% 以上。

为了进一步提高 DGA 的诊断准确性，研究人员还结合了多种人工智能方法，以提高诊断模型的鲁棒性和诊断准确性。其中，为了增强 PNN 的诊断性能，可以使用蝙蝠算法（BA）和灰狼优化器（GWO）等智能优化算法来优化平滑因子。或将 BP 神经网络与改进的 Adaboost 算法相结合，再结合 PNN 神经网络形成一系列变压器故障诊断模型，最后结合油中溶解气体分析进行变压器故障诊断。还有研究人员提出了一种计算成本最低的新方法，使用遗传算法来优化用于对故障进行分类的 ANN 分类器，用基于遗传算法的方法取代传统的强化学习（RL）动作选择过程。另外研究人员建立了基于知识库和油色谱故障诊断案例库的变压器故障诊断评估与神经网络案例推理相结合的智能方法。经过实际测试，该集成方法对变压器内部潜在故障进行有效诊断，避免了传统三比值法分类错误或编码不完整的弊端，在一定程度上提高了变压器故障诊断的准确性。然而，该方法尚未针对突发故障进行验证，需要进一步的研究来分析变压器的突发故障。

溶解气体浓度会随着时间而变化。为了跟踪随时间变化的溶解气体浓度，研究人员采用了可以分析时间序列的方法。提出了一种新的 LSTM 模型（SDAE–LSTM）来识别和参数分析电力变压器绝缘油中的溶解气体。SDAE 具有很强的挖掘数据内部特征的能力和抗干扰能力。LSTM 能够选择性 LSTM 能够选择性地"记忆"数据，适合处理时间序列数据。因此，该模型"记忆"数据的能力不仅可以检测溶解气体浓度随时间的变化，还可以探索气体数据的内部特征。在浓度预测中，预测曲线存在明显的"时移"误差，导致预测结果与实际数据存在偏差。因此，研究人员提出了深度递归置信网络（DRBN）模型。它在 DBN 中结合了自适应延迟网络。该模型能够有效克服"时移"误差，预测精度可达 95.16% 以上。

（二） 深度学习

深度学习由多伦多大学的 Geoffrey Hinton 等人于 2006 年提出，并被引入机器学习，使其更接近其最初的目标——人工智能。与支持向量机、boosting 和最大熵等"浅层学习"方法相比，深度学习执行了更多层的非线性运算，并打破了传统神经网络对层数的限制。深度学习模型学习到的特征数据更本质地代表了原始数据，这大大方便了分类和可视化问题。因此，深度学习在变压器故障诊断领域越来越受到研究人员的欢迎。将深度置信网络（DBN）、BP 神经网络、DGA 三重比和本征气方法与专家系统相结合，提高了诊断结果的可靠性，也证明了 DBN 用于变压器故障诊断的可行性和有效性。研究人员使用深度神经网络（DNN）来识别 Duval 三角形的已识别断层类型。与 k 近邻（k - NN）算法和随机森林算法相比，对于不同的数据集大小，DNN 实现了非常高的诊断精度。

除了用于变压器故障识别的纯深度学习算法外，研究人员还提出了许多诊断思想。有研究人员提出了一种基于 DBN 的 DGA 算法，该算法自动建立特征气体与故障类型之间的映射关系。与传统的数据处理不同，其将 DGA 数据分为三类：训练数据、微调数据和测试数据。对于训练数据，通过无监督学习初始化 DBN 的参数。微调后的数据用于微调 DBN 的参数。在测试数据上，DBN 实现了良好的诊断准确性。与 BP 神经网络相比，DBN 具有优越的识别精度和泛化能力。在实际情况下，变压器故障数据不容易收集，因此所获得的数据集通常是不平衡的。因此，为了很好地解决这一问题，提高故障类型的识别率，许多研究人员提出了一些措施。有研究人员使用边界 SMOTE 方法进行过采样，从而平衡数据集。与传统的 DGA 方法、人工神经网络和用不平衡数据训练的 DNN 相比，结合边界 SMOTE 方法的 DNN 具有最高的诊断精度。又提出了一种基于成本敏感学习的一维卷积神经网络（1D - CNN）模型，该模型更多地关注少数故障类型。为了提高诊断识别率，还采用粒子群算法对该模型的代价矩阵进行了优化。最后的结果表明，该模型能够以更准确地识别少数类别达到预期的结果，从而提高了故障诊断的识别精度。显然，对不平衡数据进行处理可以获得更好的结果。

（三）支持向量机

支持向量机（SVM）也被广泛应用于故障诊断中，以提高故障分类的准确性。SVM 是一种处理自变量大维问题的有效方法，无须从初始条件重新计算以获得新的决策边界。然而，使用单个 SVM 的分类精度不是很高。因此，许多研究人员将其他智能方法与 SVM 相结合，有效地提高了分类性能，并取得了令人信服的结果。有研究人员提出了一种改进的进化粒子群算法（改进进化粒子群优化，MEPSO）。EPSO 通过引入能够保持粒子优越特性的变分运算，将粒子群算法和进化策略相结合。此外，为了提高算法的鲁棒性，研究人员引入了基于 EPSO 的时变加速度系数（TVAC）。最后，将支持向量机与 MEPSO 混合，得到了 SVM - MEPSO - TVAC 方法。有研究人员将遗传算法和支持向量机相结合，用于优化参数和选择最佳特征子集。最后的结果验证了 GA - SVM 选择的最佳特征子集的稳健性和泛化能力，从而验证了最佳特征子集和 GA - SVM 的可用性和有效性。此外，使用一类特征无法实现最佳诊断，因此有必要引入一些新的特征。

有研究人员指出，支持向量机很容易导致分布在决策边界的样本分类错误，导致无法准确诊断故障。将 GA、PSVM 和模糊三比（FTR）方法相结合，通过使用概率方法对不在决策边界的样本进行诊断，来确定样本是否在决策边界，并且使用 FTR 对处于决策边界的样本进行诊断。该方法提高了故障诊断的准确性，具有较强的鲁棒性。此外，研究人员还将蝙蝠算法（BA）和灰狼算法等计算智能技术与 SVM 相结合，获得了效果良好的变压器故障诊断模型。

众所周知，选择最佳特征集可以提高故障识别的性能。许多研究人员提出了选择特征子集并建立智能算法来优化变压器故障诊断模型的 SVM 的方法，这可以提高诊断的可靠性和鲁棒性。有研究人员建立遗传算法 SVM 特征筛选（GA – SVM – FS）模型，筛选出混合 DGA 特征集。该特征集的精度比 DGA 气体或气体比率形成的特征集高出 3%～30%。然后，以 OHFS 为输入，建立了改进的社会群体优化支持向量机分类器（ISGOSVM）来诊断变压器故障，并与其他模型相比，该分类器实现了最佳的诊断精度。

除了算法的改进，变压器的样本量也是一个值得研究的方面。不同的算法适用于具有不同样本大小的数据。根据样本量选择合适的算法可以有效地提高变压器故障诊断的准确性。研究人员提出了一种变压器故障诊断方法，将诊断过程分为两次。根据样本的大小，使用多个诊断模型进行初步诊断，然后使用 SVM 进行二次诊断。对于初步诊断，将大样本的 FA – GEP 诊断模型、小样本的 SVM 诊断模型和不创建样本作为诊断模型的云对象元模型相结合，可以有效提高诊断准确性。

（四）聚类

许多聚类算法广泛应用于变压器故障诊断中。研究人员将聚类算法应用于 DGA 数据或与其他数据相结合，能够有效地对变压器故障进行分类。模糊 C 均值聚类算法（FCM 聚类算法）是一种经典的聚类方法，但对溶解气体数据的聚类精度不高，无法准确地对变压器故障进行分类。因此，研究人员提出了一种新的用于 FCM 聚类的指数相似性函数和隶属函数，并且新的隶属函数没有局部极值，这有利于算法的分类。改进的 FCM 聚类能够很好地识别变压器故障，准确地对 DGA 数据进行分类，同时提高了 FCM 的聚类性能。自组织映射（SOM）聚类可以用于变压器早期故障的分类，并可以反映变压器故障的严重程度。它可以在空间上组织数据，同时保持数据特征之间的拓扑关系，这对于分析高维数据（如 DGA 数据）很有用。此外，与 SVM 等监督学习方法相比，60% 的训练数据足以以良好的诊断准确性训练 SOM，这提高了 SOM 的诊断灵敏度。

除了单独的聚类算法外，还考虑将聚类算法与其他智能技术相结合来进行变压器故障诊断。研究人员将 k – 均值算法（KMA）与 k – 最近邻算法（KNN）相结合，用于变压器早期故障的诊断。该方法首先使用 KMA 生成聚类，然后使用 KNN 算法确定哪些聚类最接近未分类的数据集。该方法能够对无法用 Duval 三角形分类的数据进行分类，准确率为 93%，这是对 Duval 三角形的重要补充。然而，该方法仍然无法有效地对电热混合进行分类。研究人员提出了一种基于自适应核模糊 C 均值聚类（KFCM）算法和核主成分分析（KPCA）的变压器异常检测方法。该方法比较新旧数据的投影和异常检测极限的变化，以根据不同的运行状态和时间流逝来确定变压器中是否存在异常。

（五）其他方法

除了神经网络、SVM 和聚类，研究人员还将其他人工智能技术应用于故障诊断，如逻辑回归和关联规则，取得了良好的效果。

决策树也被广泛用于通过使用 DGA 数据来增强故障分类来提高故障诊断的准确性。决策树算法已被证明在处理油浸式变压器的 DGA 数据方面是有效的，在诊断性能方面优于 SVM、贝叶斯算法和神经网络。此外，与 MATLAB 相比，将决策树算法应用于 KNIME 平台大大减少了所花费的时间。

D－S 证据理论（DET）是一种能够处理不确定信息的信息融合方法。与贝叶斯理论相比，DET 不需要知道先验概率，可以很好地表示"不确定性"，因此被广泛用于处理不确定性数据。变压器故障诊断问题可以看作是一个多属性决策问题，因此 DET 非常适合解决这一问题。然而，当存在高度冲突的证据时，它就陷入了 Zadeh 悖论，不能合理地将基本概率分配（BPA）分配给冲突的量。为了解决这个问题，研究人员引入了 DS 证据理论，并对其进行了适当的改进，使其能够准确诊断潜在的变压器故障，尽可能避免误诊。

模糊逻辑也被研究人员用于 DGA 故障诊断。模糊逻辑可用于诊断故障的严重程度，并指导技术人员测量变压器的整体状况，从而制定合理的维护措施，防止故障的发生。

在工业中，目视检查以诊断变压器的早期故障需要巨大的成本，因此，大多数 DGA 数据都没有标记。为了处理这种稀疏标记的数据，研究人员使用 SOM 进行降维和聚类相邻数据。然而，有学者指出，降维会导致关键信息的丢失，而聚类并不能保证高级特征之间的相关性。因此，提出了一种带辅助任务的半监督自动编码器（SAAT）用于 DGA 故障诊断。半监督自动编码器（SSAE）生成 2 维健康 SAAT 是插入 SSAE 的损失函数中的辅助检测任务，用于检测故障和正常状态，并可视化健康退化特征。此外，该模型不需要额外的降维，并且允许在 2 维中直接可视化高级特征。实验结果表明，在故障检测和识别的所有指标中，SAAT 在健康退化性能结果方面优于主成分分析、稀疏自动编码器（SAE）和深度信任网络（DBN），均在 90% 以上。

人工智能技术通过挖掘油中溶解气体与变压器故障之间的关系来诊断故障。研究人员从不同方面提出了各种诊断方法，以提高故障诊断的准确性。其中，许多研究人员通过调整算法的某一部分或结合其他智能算法的相应策略来改进现有的智能算法，以增强算法的鲁棒性。尽管这可以提高故障诊断的准确性，但它在分析 DGA 数据方面做的工作不多，而且针对性不够。一些研究人员已经能够通过根据 DGA 数据的大小选择适当的算法来有效地提高故障识别性能。此外，研究人员还发现，时间在 DGA 故障诊断中起着重要作用，因为油中溶解的气体会随着时间的变化而变化，而忽略时间因素会导致信息的丢失。因此，研究人员采用了 LSTM、DRBN、HMM，它们可以分析时间序列进行故障诊断，从而有效地提取故障特征或克服"时移"误差。人工智能方法具有较强的数据挖掘能力，但对于分类问题，当出现新故障时，人工智能方法会根据先前的经验数据将新故障与现有故障进行分类，这将导致诊断准确性下降。此外，DGA 数据并不能完全反映变压器的状态，需要将其与新的监测数据相结合，才能更有效地诊断变压器的故障。

第二章 油中溶解气体监测装置原理及结构组成

第一节 油中溶解气体在线监测分析原理

一、概况

油中溶解气体在线监测主要是为了监测充油设备的运行状态。正常运行的充油设备中，油纸绝缘老化等情况会产生气体溶解在油中，故障时气体成分和含量会改变。首先通过油气分离技术，把溶解气体分离出来，然后采用检测技术。气相色谱法是常用的一种，依据气体组分在固定相和流动相分配系数的差异分离气体，再用火焰离子化检测器或热导检测器检测。还有光声光谱法，基于光声效应，不同气体吸收光后产生不同声波来检测。以及傅里叶变换红外光谱法，根据气体分子红外吸收光谱不同，通过吸光度与浓度的关系来分析。

在充油电气设备正常运行时，设备内部的油纸绝缘材料会发生一些正常的老化过程，同时也可能因为局部过热、局部放电等故障产生各种气体。这些气体在油中会达到一定的溶解平衡状态。例如，氢气（H_2）、甲烷（CH_4）、乙烷（C_2H_6）、乙烯（C_2H_4）、乙炔（C_2H_2）、一氧化碳（CO）和二氧化碳（CO_2）等气体溶解在变压器油中。

根据亨利定律，在一定温度下，气体在液体中的溶解度与该气体的分压成正比。当设备内部发生故障时，故障产生的气体量增加，会破坏原有的溶解平衡，导致油中溶解气体的成分和含量发生变化。

（一）油气分离技术

为了对溶解气体进行分析，首先需要将溶解在油中的气体分离出来。常用的油气分离方法有薄膜分离法、顶空脱气法和真空脱气法等。

1. 薄膜分离法

利用气体和油对特殊高分子薄膜的透过性差异来实现油气分离。气体分子可以透过薄膜，而油分子则被阻挡。如一些聚四氟乙烯等材料制成的薄膜，具有选择性透过气体的特性，当油样通过薄膜时，溶解在油中的气体就会透过薄膜进入收集腔室。

2. 顶空脱气法

顶空脱气法是一种重要的油气分离方法。其操作过程是将装有油样的密封容器置于一定温度环境下，让油样上方形成"顶空"区域。通过搅拌、循环等方式，促进油中溶解气体的挥发，气体便会从油中逸出，聚集在顶空部分。之后通过抽取顶空气体，就能实现与油样的分离，分离出的气体可供后续气相色谱等分析手段检测使用。

3. 真空脱气法

真空脱气法是将油样置于真空环境中，降低环境压力，使溶解在油中的气体逸出。这种方法可以有效地将气体从油中分离出来，但需要注意控制真空度和脱气时间等参数，以确保气体完全分离。

（二）气体检测技术

1. 气相色谱法

气相色谱法（GC）是油中溶解气体检测最常用的方法之一。分离后的气体进入气相色谱分析系统，其工作原理是基于不同气体组分在固定相和流动相之间的分配系数差异进行分离。例如，在填充柱气相色谱中，固定相可以是吸附剂或涂渍在载体上的固定液，流动相是载气（如 N_2、He 等）。当气体样品进入色谱柱后，不同的气体组分以不同的速度在色谱柱中移动，从而实现分离。然后通过色谱检测器，如火焰离子化检测器或热导检测器等对分离后的气体进行检测。前者主要用于检测含碳氢化合物的气体，对烃类气体有很高的灵敏度；后者则可以检测多种气体，包括 H_2 等。

2. 光声光谱法

光声光谱法（PAS）是基于光声效应。当一束经过调制的光照射到气体样品上时，气体分子吸收特定波长的光能量后，会产生周期性的温度变化和压力变化，从而产生声波。不同的气体分子对光的吸收波长不同，产生的声波频率和强度也不同。

3. 傅里叶变换红外光谱法

不同的气体分子具有不同的红外吸收光谱。当红外光通过气体样品时，气体分子会吸收特定频率的红外光，根据朗伯-比尔定律，吸光度与气体的浓度成正比。傅里叶变换红外光谱法利用干涉仪产生干涉光，通过对干涉光的傅里叶变换得到气体的红外光谱，从而可以对多种气体进行定性和定量分析。例如，CO 在红外区域有特定的吸收峰，通过检测该吸收峰的强度可以确定 CO 在油中溶解气体中的含量。

随着现代传感器技术、自动测量技术、自动控制技术、计算机应用技术、分析软件和通信网络的不断发展，在线监测系统技术日益成熟。借助这些先进技术，可以实现对设备的实时连续实时监测，通过对在线监测数据分析，判断变压器运行状态，从而显著提高系统的可靠性和运行效率。

二、气相色谱法

我国电力系统于 20 世纪 60 年代中期开始，将色谱分析技术用于电力设备的故障诊断，一直保持至今，气相色谱分析方法是变压器油中气体在线分析的主要分析方法。气相色谱法作为目前发展最为成熟的方法，也是多组分在线监测装置中最为常用的气体检测方法，变压器油中溶解气体气相色谱检测法是基于色谱原理对油中溶解气体进行定性和定量的检测分析方法。

（一）色谱法在线分析流程

一般的油中溶解气体在线色谱分析系统由气路控制系统、进样阀、色谱柱和柱箱、温控系统、检测器、检测电路及工作站等组成，气相色谱的基本结构如图 2-1 所示。待分析样品从进样口进入色谱分析系统，样品在载气的推动下经过色谱柱实现样品分离。当分离后的样品组分依次到达色谱柱出口时，检测器将其不同浓度的组分转化为相应强度的电信号。检测电路负责收集这些电信号，并将其传输至工作站。工作站对信号进行处理，最终将检测结果绘制成色谱图，并计算出待测样品中各组分的浓度。色谱仪各个结构系统相互配合，协调作用可以实现混合物的分离及定量。

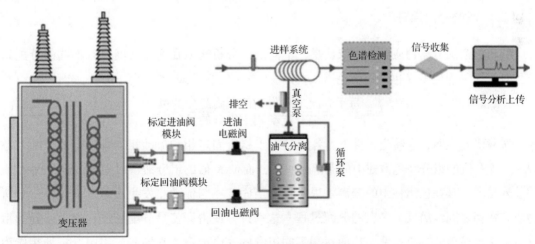

图 2-1　气相色谱仪的基本结构

（1）气路控制系统。气路控制系统包括气源、气源净化装置、气体压力流量控制装置。常见的载气气源为氮气、氩气、氦气或空气，载气作为整个气路系统的动力源，推动待测样品流过色谱柱，实现色谱系统分离。选择载气气源时，需要考虑其对检测器的兼容性和安全性。配备氢火焰离子检测器的气相色谱还需要使用氢气和空气分别作为燃烧气体和助燃气。气体压力流量控制系统可以完成对气源压力及流量的控制，使整个气相色谱系统运行稳定。

（2）进样系统。在线色谱仪的进样系统一般采用电动切换阀实现自动进样，是将样品引入色谱分析系统内部的关键部件，其设计和性能直接影响分析结果的准确性和重现性。

（3）色谱柱和柱箱。色谱柱起着对混合物进行样品分离的作用，是色谱分析系统的心脏。色谱柱性能的好坏决定了色谱仪的定性分析能力。色谱柱在稳定的环境下才能发挥全部性能，而色谱柱箱能够提供稳定的恒温环境。在线色谱受空间限制，一般采用色谱柱箱和检测器集成设计。

（4）温度控制系统。温度控制系统主要用来控制进样口、柱箱和检测器等需要加热恒温的结构的温度。温度控制的精确度对样品分析重复性有较大影响。

（5）检测器。检测经色谱柱分离的各组分浓度，检测器可以将不同浓度的样品信号转化为不同强度电信号，该信号强度一般和样品浓度呈正相关。

（6）检测电路。检测电路不但提供检测器工作时的工作电源，还能接收检测器输出的电路信号。经过一系列系统处理，将检测器的电路信号转化成数字信号，将检测浓度数字量化。

（7）工作站。工作站负责对仪器的自动化分析流程进行自动化控制，同时对所有的传感器信号进行收集整理，判断工作状态并处理检测器输出的信号，记录色谱原始数据，并通过峰处理算法得到最终的分析结果，并上传到指定的平台。

（二）色谱分离原理

气相色谱法分离物质的主要依据是，不同的被分析物质在两相之间具有不同的分配系数，对于气 – 固色谱（也称吸附色谱），分配系数 K 定义见式（2 – 1）。

$$K = \frac{每平方厘米吸附表面吸附组分的量}{每毫升流动相中组分的量} \qquad (2-1)$$

实验研究表明，在特定条件下，各组分对于指定固定相和流动相均有一定的分配系数（K）。高 K 值的组分在色谱柱中的滞留时间长，而低 K 值的组分滞留时间短，组分间 K 值的差异越大，其在色谱柱中的分离效果越优。当固定相与流动相发生相对运动时，待分析物质在两相之间经历反复多次的分配过程。这一过程使得即使是分配系数有微小差异的组分也能实现显著的分离效率，从而达到不同组分的完全分离。在实际应用中，一种相作为固定相保持静止，而另一种则作为流动相均匀移动。

在变压器油色谱分析中，混合气体的分离是通过使用固体吸附剂（如分子筛）作为固定相，惰性气体作为流动相进行的。载气以一定速度流过色谱柱，当待分离的混合气体被引入时，组分在色谱柱中随载气在气相与固定相之间流动，经历连续的吸附—析出过程。由于固定相对各组分的吸附平衡常数存在差异，较难吸附的组分移动较快，经过一定长度的色谱柱后，各组分相互分离，依次离开色谱柱进入检测器进行分析测定。该过程的原理如图 2-2 所示。

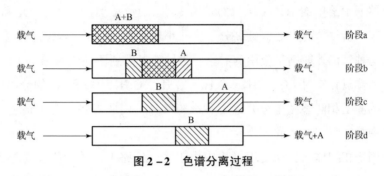

图 2-2　色谱分离过程

图 2-2 展示了色谱分离过程的四个阶段，其中样品的两种组分分别标记为 A 和 B：阶段 a 描绘了样品刚被引入色谱柱时，两组分处于均匀混合状态；阶段 b 展示了两组分开始部分分离的情形；阶段 c 表明两组分已达到完全分离；阶段 d 阐述了 A 组分已随载气流出色谱柱，而 B 组分仍滞留在柱内，随后 B 组分也将随载气流出。由此可推断，组分 A 的分配系数 K 小于组分 B 的 K。

（三）色谱柱介绍

色谱柱作为色谱分析系统的核心部件，有着对溶解气体中混合成分分离的作用。色谱柱的性能好坏关系物质的定性和定量的准确性。色谱柱主要由柱管、卡套、压帽、筛板、接头等部件组成。常见的柱管材料多为不锈钢材料，也可采用聚四氟材质塑料或石英材料。为了提高柱效，需要对柱管管壁进行特殊处理，使管壁拥有较小的表面粗糙度，减小色谱柱的阻力。筛板常用于色谱柱两端，防止色谱柱填料漏出。

在气—固色谱分析中，色谱柱内的填料作为固定相起着至关重要的作用。固定相的选择及其填装直接影响到样品分离的效果。不同的担体材料和表面涂层组成的固定相对不同气体分子组成的混合样品具有不同的分离效果。担体是填充色谱柱的主要材料，其作用是提供更大的样品接触面积，常规担体要求有以下几点：

（1）表面积大，孔径分布均匀。确保样品分子能够充分扩散并接触。

（2）化学惰性好。与被分离组分不发生任何化学反应，保证分析结果的准确性。

（3）热稳定性好。能够在高温条件下保持稳定，防止分解或变质。

（4）颗粒均匀，大小适度。确保载气流速稳定，减少峰展宽。

（5）机械强度高。在进行填装过程中不易粉碎。

担体材料选择涵盖了活性炭、活性氧化铝、硅胶、分子筛及高分子多孔微球等。每种材料都有其各自的优缺点，例如，活性炭可以单独作为固定相使用，但是其又有较强的吸附性，容易受到污染；高分子多孔微球机械强度高、热稳定性好且耐腐蚀，但是其对于无机物的选择性差。因此针对不同的应用需求，选择合适的固定相是实现气体分离的关键，有时甚至需要将多种固定相组合以实现目标气体的有效分离。

对于变压器油中溶解的 H_2、CO、CO_2、CH_4、C_2H_6、C_2H_4、C_2H_2、O_2 和 N_2 等多组分气体，在选用来分析气体时，考虑到高分子多孔小球对 N_2 和 CO_2 不具有响应，色谱柱必须能够分离另外七种气体才能满足应用的需求。另外，考虑到活性炭对 H_2、CO、CO_2 的分离效果比较好，活性氧化铝对 CO、CH_4、C_2H_6、C_2H_4、C_2H_2、O_2 和 N_2 的分离效果好，但是没有哪个单一的固定相能够完全分开这七种故障气体，因此需要组合多根色谱柱才能达到分离变压器油中溶解气体的目的。

色谱柱内固定相担体在长期使用过程中由于受到气路中杂质污染，易导致担体极性下降，最终导致色谱柱分离度下降。随着自动电气化及智能化数控技术的应用，色谱柱填充工艺得到了发展，大批厂家开始尝试使用复合型材料作为担体填充色谱柱。复合型色谱柱采用分段式自动填装工艺，在一个色谱柱内填充了多种类担体，解决了单一担体填充柱选择性差的问题。此外，在色谱柱前端填充预柱担体，该担体可吸附油气分子等杂质，应用该工艺后可有效提高色谱柱的使用寿命。复合型的色谱填充柱抗污染能力强、稳定性好，在线油色谱分析系统内有大量的应用。

（四）色谱谱图

在样品经过色谱柱分离后，各组分随载气逐步流出，并在不同时间点展现出不同的组分构成和浓度。通常，这些变化被记录仪捕捉并记录，生成色谱图。色谱流出曲线，以组分浓度的变化为纵轴，流出时间为横轴，描绘出的曲线表现出每个组分的色谱峰。当组分浓度达到最大值时，曲线相应地出现极高点，表明每种组分在流出曲线上有一个对应的峰值。气体各组分的定量检测是由检测器完成的，它们检测的是载气中混合的样气。检测器的设计原理基于二元气体混合物的物理或化学性质，包括热导检测器、氢火焰离子化检测器、火焰光度检测器等。检测器的功能是将非电信号转换为电信号，但由于转换后的电信号通常微弱或不能直接显示，需要通过电桥或静电计放大。随后，通过电子电位差计作为记录仪记录色谱峰，或数字积分仪显示各组分的峰面积和保留时间。对于记录仪输出的图形和数据，采用定性和定量分析方法进行深入分析。

色谱峰一般可以用一个高斯分布函数表示，见式（2-2）。其中，$C(t)$ 为不同时间样品在色谱柱出口的浓度，并结合图 2-3 介绍系统用到的色谱图相关名词。

$$C(t) = \frac{C_0}{\sqrt{2\pi}\sigma}\exp\left[\frac{-(t-t_R)^2}{2\sigma^2}\right] \qquad (2-2)$$

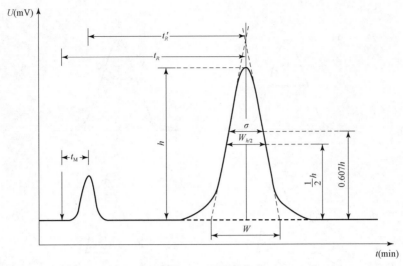

图 2 – 3　色谱图

基线——柱中仅有载气通过时，检测器响应信号的记录。

峰高 h——峰的顶点与基线之间的距离。

峰宽 W——在峰两侧拐点处做切线与基线相交两点之间的距离。

半峰宽 $W_{h/2}$——通过峰高的中点做平行于峰底的直线，此直线与峰两侧相交两点之间的距离。

标准偏差 σ——峰高的 0.607 倍时，色谱峰宽度的一半。

峰面积——峰与峰底之间的面积。

拖尾峰——后沿较前沿平缓的不对称的峰。

保留时间 t_R——从注射样品到色谱峰顶出现的时间。

死时间 t_M——与色谱柱不发生吸附或分配作用的惰性组分从进样到出现峰值的时间，也叫空气峰时间。

调整保留时间 t'_R——保留时间 t_R 扣除死时间 t_M。

（五）定量分析

气相色谱分析的主要目标是实现物质的定量分析，即确定混合物中各组分的百分含量。定量分析的基础是分析组分的重量 W_i 或其在载气中浓度与色谱图上峰面积或峰高的正比关系，即 $W_i = f_i(A_i)$。为了确保定量分析的准确性，必须精确测量峰面积和校正因子，同时应用并严格控制定量方法和分析误差。目前，常用定量方法包括归一法、内标法和校正曲线法，而基于测量参数的分类则常包括峰面积法和峰高法。

峰面积作为色谱图的基本定量数据，其测量准确度直接影响定量结果，如图 2 – 4 所示。不同峰形的色谱峰需采用适当的测量方法以获得较佳结果，对常见峰形的测量方法也有相应的技术指导。

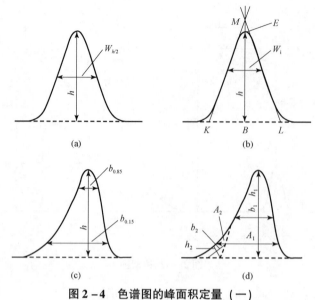

图 2 - 4　色谱图的峰面积定量（一）

（a）示例一；（b）示例二；（c）示例三；（d）示例四

（1）对称峰面积的测定。对称峰的面积测定通常采用峰高 × 半峰宽法（$h \times W_{h/2}$），这是一种广泛应用的近似计算法，如图 2 - 4（a）所示。此外，三角形法也被用于对称峰的面积测定，即在色谱峰的拐点画出切线与基线相交，形成如图 2 - 4（b）所示的三角形 *KML*，通过计算该三角形的高 *BM* 乘以半高宽 W_i（即 0.607 峰高 *BE* 处的宽度）来估算峰面积。

（2）不对称峰面积的测定。对于某些不对称的拖尾峰，其面积可通过取峰高 0.15 和 0.85 处的峰宽平均值乘以峰高 h 来近似求出，即 $A = (b_{0.15} + b_{0.85})h/2$，如图 2 - 4（c）所示。另一种方法是峰分割计算后加和法，即将不对称峰分割成数个简单图形，计算各部分面积后求和得到总面积，如图 2 - 4（d）所示，总面积 $A = A_1 + A_2 = h_1 \times b_1 + h_2 \times b_2$。

（3）大色谱峰尾部小峰的面积测定。在痕量分析中，常遇到主峰未完全回归基线时杂质峰开始出现的情况。此时，杂质峰面积的近似测量可采用特定方法进行。

在图 2 - 5（a）示例中，对于主峰尾部的杂质峰峰形，其峰底可被确定。从主峰顶部 *A* 向下作垂线 *AD*，交杂质峰底于 *E* 点。杂质峰高即为 *AE*，而 *AE* 处一半的峰宽 *b* 被用以计算杂质峰的面积。图 2 - 5（b）中展示的峰形，可通过连接小峰的起点 *A* 与终点 *B*，并从小峰的顶点 *C* 处作 *AB* 的垂线，交于 *E* 点。此时，*CE* 代表小峰高 h，*CE* 中点处的 *AB* 平行线所确定的半宽高 b，用以计算杂质峰面积，即 $h \times b$。图 2 - 5（c）展示的峰形，通过连接小峰的起点 *A* 与终点 *B*，并从峰顶 *C* 处作 *AB* 的垂线，交 *BA* 延长线于 *E* 点。过 *CE* 中点的 *AB* 平行线截取峰形得到的线段 b 被视为半峰宽，其乘积 $h \times b$ 则为峰面积。不同物质在相同检测器上的响应值存在差异，同一物质在不同类型检测器上也呈现不同的响应信号。为了使检测器产生的信号更真实地反映物质含量，必须进行响应校正。定量分析中引入的所谓校正因子，需要通过实验获取。

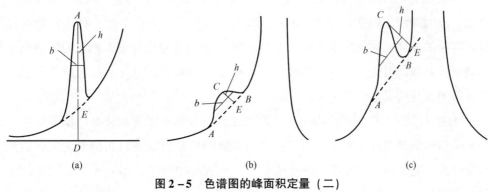

图 2-5 色谱图的峰面积定量（二）

（a）示例一；（b）示例二；（c）示例三

三、光声光谱法

光声光谱法的原理是基于光声效应。在气体光声效应中，气体分子吸收入射光能被激发到高能态，由于高能态不稳定，被激发的气体分子会通过自发辐射跃迁或者无辐射跃迁方式回到低能态。在后一个过程中，气体分子的能量可转化为分子的平动和转动动能，宏观上表现为气体温度的上升，当体积一定时，温度上升会导致气体压力增大。如果对入射光能进行调制，使其强度呈周期性的变化，气体温度会以调制频率的周期而变化，从而使得气体压力同样呈现周期性变化，当调制频率在声频范围内时，便会产生周期性变化的声信号，而声信号的强度与气体的浓度有关，因此建立气体浓度与声信号幅值的定量关系，就可以准确得到气体浓度。图 2-6 所示为利用光声效应进行气体检测的原理。

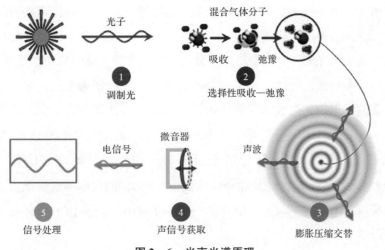

图 2-6 光声光谱原理

随着科学技术的发展与工业的需求，近几年的时间内，光声光谱检测技术发展非常迅速，应用范围也逐渐拓宽，究其原因在于光声光谱检测技术具有独有的特点，概况如下：

（1）零背景检测性质。光声光谱检测技术是基于光热效应原理的，光声信号的产生取决于样品吸收的光能，理论上来讲，没有吸收就没有信号，理论上是一种零背景的探测技术，这与传统的光谱式测量技术不同，如 TDLAS 采用的是输出与输入光强的比值来进行反演的，其中反射和散射光对测量影响较大，在样品没有吸收时也有可能会产生弱信号，从而会降低检测系统的灵敏性与可靠性。

（2）增加光功率可以提高信噪比。光声光谱检测技术在可检测样品浓度范围内，光源功率与光声信号是呈线性关系的，因而针对弱吸收的样品可以提高光功率来提高检测的灵敏性与信噪比。它与传统的光谱式测量技术（入射光与出射光比值）不同，传统的光谱式检测技术提高光功率一般不能提高其灵敏性与信噪比，而光声光谱检测技术可以针对弱吸收的样品采取光功率补偿的办法来提高检测性能，是一项非常有潜力的检测技术。

（3）检测系统的可互换性强。光声光谱检测技术所检测的是声学信号，并以声学信号的强弱来反演样品的浓度等物态信息。声学信号的检测通常由高灵敏度麦克风完成，可以在很宽的频率范围来测量声学信号，因而光声光谱检测技术不像其他光谱式检测技术需要特定的波长光电探测器。当待测样品的吸收波长变化不是太剧烈时，高灵敏度麦克风基本无需更换，光声光谱检测系统不受波长的限制约束，因而互换程度高，通用性强，并可以在一定程度上节约成本。

（4）结构简单、安装维护方便。光声光谱检测系统结构简单，安装简易方便，其中最为复杂的结构件即为光声池，没有其他光谱式检测技术吸收池体积偏大、光学结构复杂、环境适应性差等缺点。

根据激励光源的不同，光声光谱技术可细分为红外宽谱光声光谱技术和激光光声光谱技术。红外宽谱光声光谱技术是采用热辐射光源经过滤光片（半峰值带宽为几十至几百纳米）后形成激励光源，其光谱宽度远大于气体的单一吸收谱，容易同时激发不同的气体导致气体间交叉干扰。激光光声光谱检测技术采用的超窄带激光器输出光谱带宽（亚皮米级）远小于气体的单一吸收谱，可以实现检测气体的吸收谱线的精确激励。功率密度高、单色性好的激光光源的出现为光声技术发展注入了新的活力，使其进入了蓬勃发展阶段。1961年，Kerr 和 Atwood 首次公布了基于激光光源的光声光谱微量气体检测方法，他们以一个脉冲红宝石激光器作为光源，测量了空气中 H_2O 分子的光声光谱。1971 年，Kreuzer 等以 He－Ne 激光器为光源检测 N_2 中 CH_4 的含量达到 10×10^{-9} 的极限检测灵敏度，并从理论上分析激光光源的引入能够使光声光谱检测能力达到 1×10^{-12} 量级以下，显示了激光光声谱技术的极大优势。

四、吸收光谱法

当波长连续变化的红外光照射到待测样品上时，特定频率的光被部分吸收，分子吸收光能后发生振动和转动跃迁，由基态跃迁至激发态，产生吸收光谱。光强的衰减量与气体分子的吸收系数、浓度、有效光学路径长度等有关。

在弱吸收条件下（未饱和吸收），透射光强度与入射光强度及吸收长度存在以下关系，称为比尔朗伯（Beer – Lambert）定律，见式（2 – 3）。

$$I = I_0 \exp\left[-\alpha(\nu)CPL \right] \qquad (2-3)$$

式中　I——激光透过气体后的光线强度；

I_0——没有通过气体之前的光线强度；

$\alpha(\nu)$——气体吸收系数；

C——待测气体的浓度；

P——气体所处环境的压强；

L——光线通过待测气体的有效光程。

可以看出，当气体的浓度增加时，$\alpha(\nu)$的值也随之增加，导致透过介质的光线强度I减弱。同时，当介质长度L增加时，I也会减弱。

红外光与气体相互作用发生气体吸收后，大部分光透射过气体，只有小部分光被吸收，因此包含气体浓度信息的信号十分微弱，需要排除众多干扰因素，精确提取。

采用宽带光源代表性技术为非分散红外吸收光谱技术。它从光路结构上可以分为单光源单光路结构、单光源双光路结构和双光源双光路结构等。单光源单光路结构是最简单且容易实现的结构，但此结构不能消除光强波动给检测结果造成的影响。相比于双光源双光路结构，单光源双光路结构更加简单且易于实现，如图 2 – 7 所示。

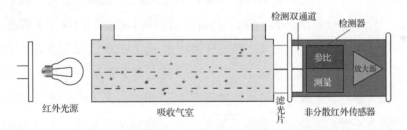

图 2 – 7　单光源双光路非分散红外吸收光谱技术原理

具有连续光谱的红外光源经过频率调制后进入气室与待测气体相互作用，双通道探测器前的滤光片对所需的波段进行选择，后端处理电路对测量信号和参考信号进行处理即可得到气体浓度信息。

采用可调谐激光光源技术被称为可调谐激光吸收光谱技术，该技术通过改变激光器的输入电流和工作温度来改变激光器的输出波长，使其扫过待测气体的吸收峰，产生吸收信号。根据信号解调技术的不同，又可分为直接差分光谱技术和波长调制光谱技术。这两种技术的不同主要表现在信号的调制和处理方式上，但是系统基础构成一致，都可采用图 2 – 8 所示的光路结构。

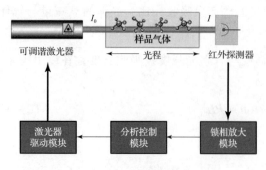

图 2 - 8　激光吸收光谱技术原理

差分吸收光谱技术使用锯齿波作为激光器的驱动信号来改变其输出波长，激光器的出射光经过气室内气体的吸收后由探测器进行探测，最后通过拟合基线结合比尔朗伯定律可得到气体的吸光度，根据吸光度可反推出待测气体的浓度信息。差分吸收光谱技术的结构简单且容易构建，但当系统的信噪比较小时易受背景噪声的影响。

波长调制光谱技术采用低频的锯齿波叠加高频的正弦波来调谐激光器的出射波长，出射光经过气室内气体的吸收后由探测器进行探测，然后通过锁相放大等技术，提取出吸收信号中包含的二阶或更高阶调制分量，以抑制噪声和干扰。由于低频区域噪声水平高，获得的吸收光谱信噪比差，通过将与气体浓度有关的光谱信号搬移到高频区域，可以有效抑制系统的低频噪声，从而降低低频噪声对光谱信号的影响。通过调节锁相放大器的相关参数来改变带宽，可以滤除带宽外的频率成分，提高系统的信噪比。可见波长调制光谱技术可以获得更低的气体检测下限，在检测痕量气体浓度时可调谐激光吸收光谱广泛采用波长调制光谱技术。

五、拉曼光谱法

拉曼光谱技术是基于拉曼散射效应。拉曼散射效应起源于分子振动与转动，当受到入射光照射时，当处于基态的分子 E_0 受到外部激光的辐射 $h\nu_0$ 后，吸收光子能量后达到一定状态会发生跃迁，由基态跃迁至更高能级的受激虚态 $E_0 + h\nu_0$。受激虚态是一个假设的状态概念，实际并不存在。因为虚态不稳定，所以处于虚态的分子又会迅速向低能级状态跃迁并释放光子能量。如果分子落回原来所处的基态 E_0，释放的光子能量等同于吸收的光子能量，散射光的频率不变，这是瑞利散射，其散射光强度的数量级为入射光强的 $1 \times 10^{-4} \sim 1 \times 10^{-3}$，如果分子从受激虚态不回到原来所处基态 E_0，而落到另一较高能级振动激发态 E_1，这个释放的新光子能量 $h\nu'$ 低于入射光子能量 $h\nu_0$，两个光子能量 $\Delta E = h\Delta\nu = h(\nu - \nu')$，散射光频率也低于入射光频率，这就是拉曼散射的斯托克斯线，其光谱上的谱线在瑞利散射谱线左侧。斯托克斯散射光强度远远小于瑞利散射光强度，二者数量级相差约 $1 \times 10^{-6} \sim 1 \times 10^{-5}$。此外还有一部分位于受激虚态的分子是由振动激发态 E_1 跃迁而来，跃迁回基态的过程中会释放光子能量高于入射光子能量，且散射光频率高于入射光频率，称为反斯托克斯散射。拉曼散射由斯托克斯散射和反斯托克斯散射组成，但通常斯托克斯散射效应远远强于反斯托克斯散射效应，故常用斯托克斯散射表示拉曼散射。在一定条件下，拉曼散射强度与被激发照射的分子数成正比，见式（2 - 4）。

$$I_R = (I_L \sigma k) PC \tag{2-4}$$

式中　I_L——入射光强度；

　　　σ——拉曼散射截面积；

　　　k——测量参数；

　　　P——气体光路长度；

　　　C——待测气体的浓度。

保持入射光强度一定，式（2-4）中除待测气体的拉曼散射强度和待测气体的浓度外，其余参数均为常数，拉曼散射强度与被入射光照射的分子数成正比，那么就可以通过拉曼散射强度对试样进行定量分析，如图 2-9 所示。

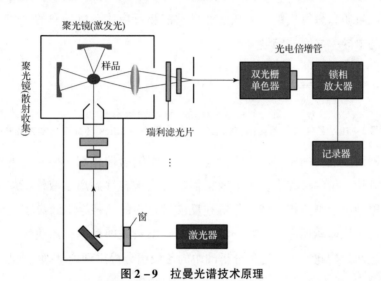

图 2-9　拉曼光谱技术原理

拉曼光谱技术仅需要单激光器即可实现多种气体的检测，可检测除单原子气体（He、Ne、Ar 等）外的所有气体组分；但是由于气体分子的拉曼散射面积极小，油中溶解气体的含量很低，这导致检测到的拉曼信号十分微弱，存在较强的瑞利散射干扰和荧光干扰。要想将拉曼光谱技术应用于实际生产，则必须进行拉曼增强，这就导致拉曼光谱技术非常复杂，长期停留在实验室阶段。

六、原位检测技术

当前的检测技术都在气相条件下进行，都需要脱气装置将油中溶解气体从变压器油中分离出来。而现有的脱气装置的分散性直接影响气相的检测结果，难以准确评价变压器实际运行状态；而且脱气耗时长，极大制约着在线监测实时性的提高。因此，无需脱气装置直接在变压器油中进行原位检测的技术具有很大价值。

（一）点击化学原位检测法

利用链接化学 Click 反应对乙炔进行定量分析，借助化学反应消耗叠氮化钠（NaN₃）的量，构建乙炔含量与电导率的线性关系。链接化学（Click chemistry），又称为点击化学，是由化学家夏普莱斯（K·B·Sharpless）提出的一个合成概念。点击化学的典型反应为铜催化的叠氮化合物与炔烃之间的 Husigen 环加成反应（Copper – Catalyzed Azide – Alkyne Cycloaddition），该反应具有体系简单、快速、高效、彻底的特点。

乙炔可与叠氮化钠在铜催化剂存在下发生 Click 环加成反应而生成三氮唑类化合物（见图 2 – 10）。该反应的配对物——叠氮化钠是无机盐类，其溶液具有较好的导电性，可在反应体系中充当电解质。叠氮化钠的消耗必然导致液相反应体系电导率的改变，进而可借此构建乙炔浓度与电导率之间的定量关系。

$$H \!\!=\!\! H + NaN_3 + H_2O \xrightarrow{\text{铜催化剂}} \underset{\text{1,2,3-三氮唑}}{\text{三氮唑}} + NaOH$$
乙炔　　　叠氮化钠

图 2 – 10　乙炔与叠氮化钠在铜催化剂存在下发生 Click 环加成化学方程式

以与变压器油不混溶的离子液体为反应介质，将铜盐催化剂、叠氮化钠置于离子液体相中。在监测乙炔含量的过程中，少量变压器油首先被转移到离子液体反应池中，搅拌过程中乙炔被萃取到离子液体相，叠氮化钠在反应过程中的消耗会导致离子液体相电导率的显著变化。通过对比监测反应前后离子液体相电导率数据即可找到乙炔气体浓度与电导率的定量关系，进而为构建非脱气定量分析油中的乙炔组分提供理论基础（见图 2 – 11）。

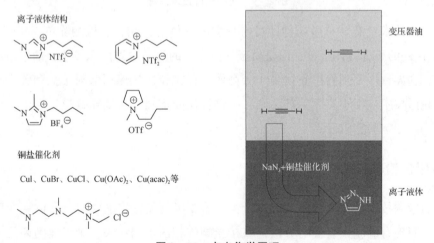

图 2 – 11　点击化学原理

该方法无需油气分离环节，在油中进行原位检测，与传统的物理方法不同，开辟了化学方法油中测乙炔的新方向。但其目前只存在理论方面的探索尚无实际应用，确保反应离子液与变压器油安全分离是其从理论到应用的关键点之一。

（二）基于光热光谱技术的油中乙炔直接检测原理

油中光纤光热光谱是将空心光子晶体光纤（HC-PCF）技术与光热光谱结合起来，变压器油进入空心光纤的油芯内，激光被有效限制在 HC-PCF 油芯内传输，产生光热光谱效应从而对微量气体进行检测的方法。HC-PCF 油芯半径仅为 5.5mm，远小于激光在自由气相空间内传输时光束半径尺寸。同时油芯内部不再为气相环境，油芯内光热效应诱发的相位调制机制。

为实现在近红外波段开展基于光谱吸收的痕量气体检测，HC-PCF 应在近红外波段具有低传输损耗、低色散的激光传输特性。同时，HC-PCF 与单模光纤（SMF）的模场直径应尽量匹配，以降低光纤间场不匹配而引入的模式干涉噪声干扰。

需综合考虑 HC-PCF 工作波段与模场直径两方面的问题，华北电力大学的王渊团队选用由 NKT 公司生产的中心波长为 1550nm，工作波段为 1490~1680nm 的 HC-1550-02 型空心光子晶体光纤，在此波段内乙炔、甲烷乙烯等特征气体均存在吸收峰，满足近红外传感需求。

油芯光子晶体光纤结构模型等效划分为三部分：①流体区，尺寸与光子晶体光纤（OC-PCF）中央芯区相同，其内部由溶解有乙炔分子的变压器油充分填充；②固体区，其厚度与 OC-PCF 包层空气孔间的二氧化硅壁厚度相同；③恒定环境条件区域。

光热光谱技术是近年来痕量气体检测的热点方法，是一种基于光热效应的高灵敏度光谱检测技术。光热效应本质上是光吸收引起的非辐射弛豫过程的结果。具体来说气体分子吸收光子后导致分子内电子从低能态跃迁到高能态，由于电子无法在激发态或虚态保持稳定，很短时间内受激电子将会释放出所吸收的能量，由高能态返回到低能态。弛豫可分为辐射弛豫和非辐射弛豫。其中非辐射弛豫会伴随有热量的产生，进而改变周围介质的密度温度和压强，所有这些变化最终可以表现为介质折射率的变化。

对于光热效应的宏观表征测量有多种方法，如通过光热量热法对温度变化进行测量，利用光声光谱法对压力变化或体积膨胀进行测量，使用光热光谱法对密度变化或折射率变化进行测量（见图 2-12）。

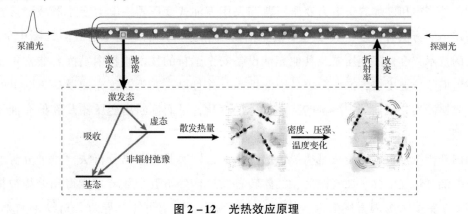

图 2-12 光热效应原理

采用泵浦激光激发光热效应产生相位调制，应用探测激光进行相位探测。当油中气体与特定波长光束发生相互作用时，部分光能量被吸收，气体被激发到高能级态，进而通过分子碰撞等非辐射过程回到基态并产生局域热沉积，从而引起介质温度的变化；周期性的光吸收产生周期性的温度变化，从而周期性地改变了探测光在光纤中传播的有效折射率以及光纤长度，进而周期性地改变了探测光的相位。该相位变化可以通过马赫—泽德，法布里—珀罗，萨格纳克或其他光干涉仪解调，其输出和气体浓度成正比的电信号，即可获得待测气体浓度结果。

采用双泵浦光波长差分降噪方法，可剔除温度、振动、超声等引起的噪声对乙炔检测的影响，解决了不同气体的交叉敏感问题，采用光学相位解调硬件模块，乙炔检测下限达 $1.4\mu L/L$。

变压器内部气体原位检测油芯光子晶体光纤具有良好的绝缘性能，可以直接内置于变压器中，因此全光纤光热干涉油中溶解烃类气体探针具有良好的变压器内气体分布式检测应用前景。通过变压器油箱内溶解烃类气体的分布式检测，可实现变压器故障的快速定位。

第二节　变压器油中溶解气体在线监测装置的结构

一、概述

变压器是电力系统中最核心、最贵重的设备之一，其运行可靠性直接影响电力系统的安全运行。目前电力行业发展迅速，各行业对电力的需求日益增加，电力设备电压等级和容量也在不断攀升，而且对供电稳定性和可靠性的要求也越来越高。

国内外高电压、大容量电力变压器普遍采用充油式变压器。电力变压器故障诊断与运行状态评估的方法有很多，其中基于油中溶解气体分析技术是变压器故障诊断中最常见、最核心的技术，在保障变压器及其他充油设备安全运行的技术监督中发挥着非常重要的作用。油色谱分析速度快，操作简单且准确度高，并且可在变压器等充油设备不断电的情况下，及时检测出变压器油中溶解的特征气体的变化，进而诊断出变压器及其他充油设备的故障类型。

国内外传统油色谱测量法是离线色谱分析法，即实验室色谱分析法，整个分析过程需经现场取油、运送油样、加气振荡、气体转移及进样分析五个环节才能得到分析数据，分析过程复杂，受人为因素影响大，任何一个环节失误，都可能会导致分析结果的不准确，进而给最终的分析诊断造成偏差。这种情况对偏远的变电站尤甚，单是现场取油和运送油样这两个环节可能就需要花费几天的时间，在运送油样的过程中，一方面绝缘油中溶解的特征气体会逸散，其中氢气最为严重，另一方面如果油样没有密封到位，也会导致油样中融入空气，从而导致检测实验室拿到的油样与变压器及其他充油设备内的油样存在较大的差异，整个实验室分析过程缺乏及时性及准确性。此外，离线色谱分析法也存在着技术水平要求高、人为干扰因素多、操作难度大、检测分析周期长等缺点。为了提升电力变压器及其他充油设备安全运行的稳定性，降低设备维护成本，提高经济效益，国内外相关电力行业纷纷投入开发研制电力变压器及其他充油设备的在线监测技术，以实现连续监测，及时发现故障。

目前，油色谱在线监测技术已成为大型变压器的标准配置，变压器油中溶解气体在线监测技术主要是通过对绝缘油中溶解气体的检测及分析，成功实现对变压器运行状况的连续检测，弥补了离线检测技术的缺陷。在线监测技术最大优势在于检测和诊断工作具有实时性，即特征气体的取样和气体组分及含量的分析过程都可以在电力设备运行现场完成，根据现场获取的数据信息分析设备障碍类型并及时进行处理和检修；可有效监测大型变压器的内部运行状态，及时发现和诊断其内部故障，掌握设备的内部运行状态，为保证变压器的安全稳定工作提供了技术保障；同时，该技术是保证变压器及电网系统安全经济运行的重要方式，可以给电力系统行业带来巨大的经济效益和社会效益。

该技术和离线检测技术具有相同的工作原理，即通过获取变压器油中气体的组分及含量等数据信息诊断设备故障，但是在线监测保证了检测过程的连续性，同时实时监测数据提高了故障诊断的及时性和可靠性，从而实现对电力设备运行状况的智能监管。在线监测技术的应用在电力系统发展过程中发挥着极大的经济价值和实用价值，不仅提升了电力管理部门的工作效率，而且改变了传统的预防性故障诊断和设备维护方式、形成高效的预知性维修的电气设备管理模式。在线监测油中溶解气体的方式使得电力设备故障诊断更加智能化，检测和诊断效率大幅度提高。

二、变压器油中溶解气体在线监测装置结构

（一）装置结构

变压器油中溶解气体在线监测装置安装在油浸式电力变压器（或电抗器）本体上或附近，可对变压器油中溶解气体组分含量进行连续或周期性自动监测的装置，实现对变压器油中溶解的 CH_4、C_2H_2、C_2H_4、C_2H_6、H_2、CO、CO_2 等七种及以上组分的监测，大大缩短了常规试验室分析的检测周期，实现了对变压器油中溶解气体的实时监测，能够及时捕捉到变压器内部潜伏性故障，为变压器的状态检修提供了有力的技术支持。

变压器油中溶解气体在线监测装置主要由油样采集单元、油气分离单元、气体检测单元、数据采集与控制单元、通信单元、辅助单元等关键模块组成，装置结构如图 2 – 13 所示。

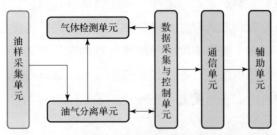

图 2 – 13　变压器油中溶解气体在线监测装置结构

其仍然沿用传统气相色谱分析的原理及流程，并引入了自动控制理论，实现气相色谱分析流程中人工操作及人机互动的环节，自动完成油样采集、油气分离、气体检测、数据采集与控制等工作。在此基础上，还需整合通信模块和网络传输技术，便于从远端对油中溶解气体在线监测装置进行监测与控制，并可实现远程报警的功能。

（二）关键模块结构

1. 油样采集单元

油样采集单元通过油路输送管与被监测设备的油箱阀门相连，开启的阀门利用油压或设备负压使变压器油通过油管路进入油气分离装置，完成对变压器油的取样。

目前变压器油色谱在线监测装置一般采用全油循环工作方式，即一端取油，一端回油，取油、回油为两个互不干扰的通道，在线监测装置油路循环启动后，变压器内的绝缘油经取样阀进入在线监测装置油路，经过循环和采样，再由回油阀回到变压器本体油箱，此方式不消耗油。市场上早期投运的装置大多采用非循环油工作方式，仅有一个取油管路，分析后的油样排到废油桶，需要定期倒废油，增加了一定的运维服务。这两种采集方式均要求采集的油样代表本体油样状态，取油和回油不影响被监测设备的安全运行，不能对本体油造成污染。

油样采集系统整体由油路阀门、油路管及装置采集单元组成。油路阀门是用于连接变压器油中溶解气体在线监测装置和变压器本体油箱的专用阀门，如图 2 – 14 所示。取样阀的安装位置可根据现场具体情况进行设计，一般分为中部采样和底部采样两种方式。变压器油箱中部的绝缘油参与油箱内循环较快，因此认为油箱中部采取的绝缘油样可以代表本体油样状态，可反映油箱内绝缘油的整体情况。由于底部的压力较大，加之水分的密度较油更大，变压器底部采取的绝缘油样气体和水分含量都较大，是一种比较保守的采样方式。

图 2 – 14 油路阀门连接

2. 油气分离单元

自变压器油中气体在线监测技术发展至今，直接检测油中测量溶解气体的技术工艺尚不成熟，测量准确性与可靠性低，无法应用于在线监测，因此在线监测装置必须先将气体从油中分离才可进行测量。

在变压器油溶解气体分析过程中，油气分离是一个非常重要的环节，同时也是整个变压器油中溶解气体在线监测系统组成中的一个必不可少的单元。油气分离的效率和质量对整个在线监测装置的性能和准确度有着重要影响，油气分离单元也是致使监测系统出现误差的根源所在，因为分离特征气体是否彻底，直接影响监测系统数据的可靠性。

油气分离就是将溶解于油中的气体脱离出来的过程。油气分离方法也有很多，目前常用的油气分离技术包括真空脱气法、顶空脱气法和膜渗透等，其中国内以真空脱气法、动态顶空脱气法居多，国外膜分离法占有更高的比例。

这些技术对于确保绝缘油分析结果的准确性和可靠性起到了重要的作用。通过有效脱除绝缘油中的溶解气体，可以提高分析的准确性，从而更好地评估绝缘油的质量和应用性能。

3. 气体检测单元

气体检测单元主要是完成油气分离后的混合气体组分含量检测，将油气分离后的气体浓度信号转换为电信号，从而确定气体含量。气体检测单元是尤为重要的一环，其检测的组分、含量和产气率可以反映变压器绝缘老化或故障程度，对评估变压器运行状态和预防故障起到非常重要的作用。目前应用于变压器油中溶解气体检测的方法主要有气相色谱法、光谱法等。

4. 数据采集与控制单元

此模块主要完成信号采集与数据处理，实现分析过程的自动控制等。按照工艺流程实现对控件的顺序控制，实现载气调节、温度控制，完成信号调理、转换和数据计算。数据采集与控制模块单元电路主板、ARM 工控板、综合电源模块、电源滤波板等主要电路部件（见图 2 - 15）。

图 2 - 15 数据采集与控制单元

工控板：对色谱分析系统检测到的组分信号进行处理、浓度计算、结果储存和传输等。

电路主板：对整机的电路及气路部分进行控制，包括环境及柱箱、脱气温度的控制调节，各个电磁阀门的开启与闭合，电机动作，其他部件供给电源的通断，检测信号的转化，油气分离的控制，气路调节，油路循环等。

5. 通信单元

通信单元实现本装置与其他装置及系统的通信。通信系统在主电路的控制下完成和客户端的通信工作，包括传输分析数据、传输控制指令、传输仪器状态数据等。通信方式包括以太网通信、RS485 通信和无线通信三种。

（1）以太网通信（光纤通信）。采用"网口 + 光电转换器 + 尾纤 + 长距离光缆 + 尾纤 + 光电转换器 + 网口"的方式进行通信（见图 2 - 16）。

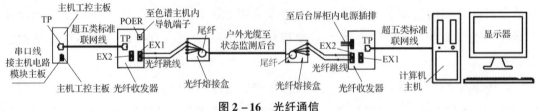

图 2 - 16 光纤通信

1）传输距离。光纤通信的信号可以覆盖数百千米的距离，这主要归功于光纤传输的光学信号能够在光纤中长距离传输。

2）传输速率。光纤通信可以实现光速传输，因此在传输速度方面具有显著的优势。

3）抗干扰性。光纤通信不受电磁干扰的影响，因此比其他通信方式更为可靠。

4）可靠性。光纤通信中的光信号衰减极小，因此能够在较长距离的传输后保持信号的质量。

5）经济性。光纤通信的初期成本较高，但是长期来看，其维护成本较低，且寿命较长，可以达到 30 年左右。

（2）RS485 通信。RS485 通信方式是差分信号，通过两个数据总线上电压差来传输信号。在通信波特率上，RS485 总线最大波特率可达 10Mbit/s。因为是差分特性，因此抗共模干扰的能力极强。此外，RS485 在数据传输上属于半双工方式，因此在一个总线上可以同时挂载多个设备，解决了多台设备同时传输数据的问题（见图 2 - 17）。

图 2-17 RS485 通信

1）传输距离。RS485 通信的传输距离通常在 1000m 以内，而在理想情况下，最大传输距离可以达到 2000m。

2）传输速率。RS485 通信的传输速率在常规双绞线上可以达到 10Mbit/s，而在多模光纤上，其传输速率可以达到 100Mbit/s、200Mbit/s，甚至更高。

3）抗干扰性。RS485 通信的抗干扰能力强，因为其使用平衡驱动器和差分接收器进行信号传输。

4）可靠性。RS485 通信的可靠性较高，因为它使用了硬件故障自我诊断功能和 CRC 校验等功能。

5）经济性。RS485 通信的经济性较好，因为其使用的设备和线缆比较便宜。

（3）无线通信。即无线数据传输通过 GPRS 无线传输技术或者 Zigbee、蓝牙等方式实现。其中，蓝牙因为传输距离限制，因此无法直接应用；Zigbee 在空旷无屏蔽状态时，传输距离较远，有屏蔽时信号衰减很快；GPRS 无线网络，实时、方便，不占用变电站的任何资源，也无须铺设通信电缆。

目前广东省各供电局通常采用无线加密通信方式，通过无线通信装置，利用 APN 专用通道，向广东电科院后台接收装置发送数据报文，广东电科院数据库服务器经过解析转发给生产管理系统的 Web 服务器。各供电局分配有不同权限的账号密码，各局技术人员通过局里或站里的办公计算机直接访问电科院提供的网址信息，打开生产管理系统页面查看需要的站点设备数据，如图 2-18 所示。

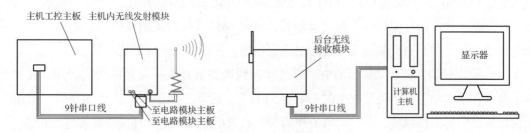

图 2-18 无线通信

6. 辅助单元

除上述关键部分之外，还有用于保证装置正常工作的其他辅助部件，包括机柜外壳、恒温控制模块、载气模块、检定模块、管路等。

（1）机柜外壳。箱体采用不锈钢双层箱体设计，内部采用框架式结构对各个模块进行布局规划，同时设计有专用的防水防尘和防异物进入功能，防护等级达到 IP55 级。

（2）恒温控制模块。恒温控制模块主要是用于测量、监控和维持色谱柱及检测器工作所需的温度，使在线监测装置在色谱分析的过程中既保证分析的精度，同时又尽可能缩短分析的周期，减小监测间隔。另外，为便于采样和管路敷设，在线监测的主机一般都安装在变压器油池附近。若是室外运行的变压器，主机的运行环境较为恶劣，温度变化较大，一般通过配备空调或温度调节模块以保证装置箱体内温度稳定。

（3）载气模块。油中溶解气体在线监测装置需要使用消耗性载气，一般一台色谱在线每天做样一次，平均一年消耗一瓶载气。若做样频率更高，则需要更多的载气。更换载气耗费大量的人力、物力、财力，给运维人员增加了较大的工作量。

目前大部分厂家变压器油色谱在线监测装置气路中气源采用气源发生器和气瓶的双气源供气模式，可以根据需求不同进行切换。

气源发生器一般由空气泵、净化器、储气罐等组部件构成，利用就地净化空气作为载气，即可对油中溶解气体在线监测装置提供源源不断的载气，并具有过滤、除潮、净化的功能，降低了运维工作量（见图 2 - 19）。

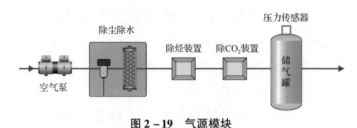

图 2 - 19　气源模块

气源模块基本原理：采用空气泵吸出经过过滤的洁净空气，压缩后存放在储气罐中，压缩后的空气从储气罐出来后经过一个减压阀，输出压力变为 0.4MPa，减压后的空气经过冷阱除湿装置变成干燥的空气，干燥的空气经过一个单向阀后依次通过催化氧化反应器将空气中的 CO 和烃类氧化成 CO_2 和 H_2O，然后再将除烃后的空气经过分子筛和硅胶过滤器进一步除湿。分子筛过滤器和硅胶过滤器可以通过加热进行活化循环使用。除湿过滤器后加一个微粒过滤器，用于除去空气中的细微颗粒物，保证输出空气的纯净性。

（4）检定模块。随着变压器油中溶解气体在线监测装置数量及做样频次增加，装置校验工作量急剧增加。早期装置校验时需要拆卸油路，近几年大多厂家装置油路接口采用自主设计的检定标准油模块，可以切换油样的脱气装置的进出口进行标准油的油样校验。

除油样校验接口外，通常还具有气样校验接口，标准气气瓶通过金属气路管道接入脱气模块，经过阀件的控制进入色谱检测模块，部分装置可以从气路模块的手动进样口上进行手动标定。

（5）管路。油路一般采用不含催化元素的不锈钢或紫铜等材质油管，在外部加装铝塑管作为防护部件。在气温较低地区使用的装置，可加装管路伴热带、保温管等保温部件，以保证变压器油在管路中流动顺畅。

（6）电磁阀控制部分。为了保证油路和气路的正常开启和关闭，需要对其进行及时的开启和关闭，主要体现在变压器油的进油、排油，以及载气的进气，油样和气样的转移等。大多数厂家一般采用电磁阀实现对油路和气路的控制。

第三章 油中溶解气体在线 监测装置的脱气技术

脱气装置作为电力变压器油中溶解气体在线监测装置的核心组件，在保障变压器运行的可靠性与安全性方面发挥了关键作用。其核心功能是高效分离绝缘油中溶解的特定气体，为后续的气体分析提供必要的条件。从原理上看，绝缘油的脱气技术主要分为真空脱气法与溶解平衡法两类。

真空脱气法是一种完全脱气的方法，因其高效的脱气效率而被广泛认可。真空脱气装置需要维持气室的高真空状态，设计复杂，常见于实验室研究环境。为适应在线监测的需求，不完全真空脱气法应运而生，通过对真空脱气装置结构的优化，在简化机械复杂程度的同时保留了高效的脱气性能。通过对关键参数的控制，实现了脱气效率与结构便利性的平衡。

溶解平衡法利用气体在液相和气相中平衡后的浓度比例关系，实现对绝缘油中溶解气体的原始浓度的计算。在特定条件下，该比例可视为恒定值。此方法具有灵活性，广泛应用于在线监测设备。根据实现机制与结构的不同，溶解平衡法可进一步分为顶空脱气法和膜脱气法。顶空脱气法包括机械振荡法、动态顶空法和气循环法等多种形式；膜脱气法则分为平板膜、毛细管膜及管状膜等类型。机械振荡法脱气效率高，操作和结构复杂性高；动态顶空法与气循环法的特点在于其高效性与相对简单的机械结构。相比之下，膜脱气法因其结构简单，设计灵活性较高。膜脱气法的脱气时间较长，这限制了其在实时快速响应需求中的使用。近年来，通过优化膜材料与结构设计，膜脱气法在响应速度与长期稳定性方面取得了显著进步。

当前绝缘油中溶解气体在线监测设备中采用的主要脱气方式包括膜脱气法、真空脱气法和顶空脱气法。这些方法在实际应用中经历了多次优化，以适应在线运行环境。例如，优化后的不完全真空脱气法通过简化流程提升了设备稳定性；顶空脱气法则通过改进装置结构与控制算法，提高了整体效率与可靠性；膜脱气法在设计过程中引入了多模块并联结构和动态流体控制技术，有效缩短了脱气时间。在实际使用中，需不断验证其稳定性与适应性，避免因环境变化引发检测误差，确保在线监测设备的长期可靠运行。为进一步提高设备的智能化与自动化水平，可以引入人工智能算法，对脱气过程中的关键参数进行实时分析与优化。

第一节 顶空脱气法

一、顶空脱气理论分析

顶空脱气法基于分配定律，通常用于测定非挥发性物质中的挥发性成分。这一方法通常在恒温和恒压的条件下进行，通过建立一个密闭系统，让内部的油样与加入的洗脱气体相互作用，使溶解在油中的特征气体达到气、液两相之间的动态分配平衡。通过测定气相中各组分的气体浓度，以及利用分配定律和物质平衡原理导出的奥斯特瓦尔德系数 k_i，可以计算出油样中的溶解气体各组分的浓度，见式（3-1）。

$$k_i = \frac{C_{il}}{C_{ig}} \tag{3-1}$$

式中 k_i——实验温度下，气、液平衡后溶解气体 i 组分的分配系数；

C_{il}——平衡条件下，溶解气体 i 组分在液体中的浓度，$\mu L/L$；

C_{ig}——平衡条件下，溶解气体 i 组分在气体中的浓度，$\mu L/L$。

k_i 是一个比例常数，在绝缘油中溶解气体分析领域通常称为奥斯特瓦尔德系数，其值决定于顶空平衡时的温度、不同气体和液体的性质，而与被测气体组分的实际分压无关。

顶空脱气技术的脱气原理可以通过以下模型进行描述：在该模型中，设置了一个密闭容器，容器被分为上下两个部分。下部用于存放待脱气的油样，而上部为气室。在引入油样之前，气室会经过高纯度氮气的吹扫，以确保气室内的气体为纯净氮气。系统中，油样中溶解的气体会在自由扩散和搅拌等扰动作用下，从油样与顶部气体接触面逐渐逸入气室，直到系统内的气体浓度达到平衡（见图3-1）。

图 3-1 顶空脱气技术的脱气原理模型

在该密闭容器内，依照质量守恒定律可知，平衡前后某一气体组分总量未发生变化，见式（3-2）。

$$C_{i0} \times V_0 = C_{ig}^t \times V_g + C_{il}^t \times V_1 \tag{3-2}$$

式中 C_{i0}——顶空脱气前，溶解气体 i 组分在液体中的浓度，$\mu L/L$；

V_0——顶空脱气前，密闭容器内气体的体积，mL；

C_{ig}^t——温度为 t 条件下，平衡后溶解气体 i 组分在气相中的浓度，$\mu L/L$；

V_g——平衡条件下气体体积，mL；

C_{il}^t——温度为 t 条件下，平衡后溶解气体 i 组分在液体中的浓度，μL/L；

V_l——平衡条件下液体体积，mL。

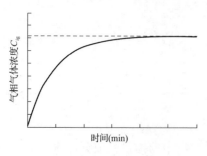

图 3 - 2　脱气模型曲线

基于此，一个理想的脱气模型应该呈现如图 3 - 2 所示的情况。随着脱气时间的增加，气室内某种组分的气体浓度不断上升，直至趋于一个稳定的值。增长率会随着脱气时间的推移逐渐减小。当然，根据不同的设备和参数，获得的曲线可能会有所不同，但总体趋势应该与理论模型保持一致。一般而言，气室浓度达到理论平衡浓度的 90% 可以被视为气、液两相已经达到平衡。

溶解气体 i 组分的浓度 X_i 在顶空脱气法中可以通过式（3 - 3）计算。

$$X_i = C_{ig} \times \left(K_i + \frac{V_g}{V_l} \right) \tag{3-3}$$

式中　K_i——50℃下，气、液平衡后溶解气体 i 组分的分配系数；

C_{ig}——平衡条件下，溶解气体 i 组分在气体中的浓度，μL/L；

X_i——油样中溶解气体 i 组分的浓度，μL/L；

V_g——平衡条件下气体体积，mL；

V_l——平衡条件下液体体积，mL。

依据上述推导公式，平衡后气相中浓度只与油样中某组分气体的原有浓度以及气相和液相的体积比有关。在具体应用中，为了适应不同的监测需求和操作环境，顶空脱气技术衍生出了多种具体实现方式。以下将从方法与设备特点的角度，对顶空脱气的不同方式进行详细叙述。

二、顶空脱气方法及特点

（一）动态顶空法

动态顶空法通过向绝缘油中引入气体流动，使溶解在油中的气体迅速析出，并被高精度检测设备捕获，通常采用气相色谱仪或其他气体分析仪进行测量和定量分析。此方法适用于在线监测，能够实时提供溶解气体动态变化的详细信息，具备实时性和良好的可操作性，有助于早期发现绝缘油中潜在的异常或故障状态。根据 IEC 60567，动态顶空法在电力充油设备绝缘油状态监测和维护中具有广泛应用，特别是在溶解气体的快速分析方面表现出显著优势。

动态顶空法的理论基础是气、液两相的动态平衡原理。在绝缘油中，气体分子通过扩散和溶解与液体形成动态平衡状态。该平衡状态受到温度、压力及气体溶解度等多种热力学因素的调控。

利用动态顶空法进行脱气的操作步骤为：第一步，通过压力初始化和一次排油操作完成系统初始化，确保脱气装置恢复至初始工作状态；第二步，将待分析的油样准确定量注入脱气装置，升温至目标温度，同时保持恒定；第三步，向绝缘油中持续注入一定流速的高纯气体（如氮气或空气），利用气液界面的动态交换过程将溶解气体从液相迁移至气相，完成脱气过程，如图 3-3 所示。

动态顶空法具有快速响应和实时性的优势，能够迅速完成气体提取和检测，为在线实时监测提供支持，及时发现变压器潜在异常或故障。应用动态顶空脱气方式的在线检测装置，机械结构稳定，易于实现自动化，适合工业环境中的长期运行。该方法对油品具有广泛的适应性，其非破坏性特点使油样在检测后仍可继续用于其他物理或化学测试。

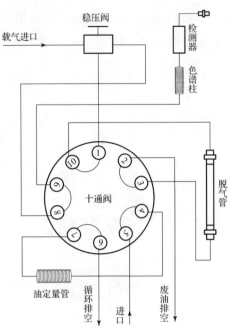

图 3-3　动态顶空脱气气路

动态顶空法可以在脱气流程中引入冷阱作为富集气体的装置。通过设置冷凝温度，冷阱能够有效捕获特定组分的气体分子，并在升温后解吸释放用以检测进样。不仅可以提高脱气效率，进一步缩短脱气时间，还能避免油样中不需要的成分（如水汽、油气等）进入色谱柱和检测器，保护在线检测装置免受污染。

（二）循环顶空法

循环顶空法将一定体积的油样 V_1 引入与体积为 V_g 的气相接触的密闭环境中，通过气相或液相的循环，加快气相和液相之间平衡状态的建立，即两相中各组分浓度与气体分压成正比。这种脱气方式以达到气、液两相完全平衡为目标，通过测定脱气中气体 i 组分的浓度 C_{ig} 来计算油中溶解气体 i 组分的浓度 X_i，见式（3-3）。

循环顶空脱气法可分为气循环顶空脱气和油循环顶空脱气。

在气循环顶空脱气过程中，通过低速气泵将密闭容器顶部的气体抽取并输送至容器底部，使气体以细小气泡的形式上浮，与油样充分接触并完成循环。这种循环方式通过增加气液界面的接触面积和动态交换过程，有效加速气液平衡状态的建立。

常见的气循环顶空脱气装置的工作流程为：第一步，通过压力初始化和进油、排油流程完成脱气模块的初始化；使用氮气或空气对脱气室进行吹扫，确保脱气装置恢复至初始工作状态；第二步，将待分析的油样准确定量注入脱气装置，即启动进油后在触发液位开关后停止，随后脱气室升温至目标温度，保持恒定；第三步，启动气循环泵，从脱气室上方抽取气体（如氮气或空气），输送至容器底部实现气循环，利用气液界面的动态交换过程将溶解气体从液相迁移至气相，达到气液两相的脱气平衡，如图3-4所示。

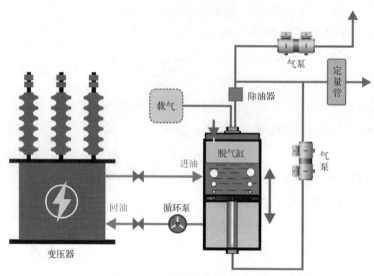

图3-4　气循环顶空脱气气路

油循环顶空脱气与气循环顶空脱气原理类似，但通过油泵完成液相循环。通过油泵将液相从容器底部抽取，经过转送管输送容器顶部，重新喷淋至上方气相中，完成循环流程。两种循环方式均可使液相里溶解的气体分子快速释放到气相，加速气相和液相之间平衡状态的实现。

（三）机械振荡顶空法

机械振荡顶空脱气法是绝缘油中溶解气体离线分析中常用的脱气方式，在在线检测装置中应用较少。

该方式主要通过向油样中注入一定量的氮气，并利用机械振荡使气体与液相充分接触，从而加速气、液两相的溶解平衡建立。在平衡状态下，通过测定各组分在气相中的浓度，结合分配定律和质量守恒原理，可以准确计算出油样中各组分的含量。

三、顶空脱气技术发展方向

顶空脱气技术因其高效、灵活及适应性强的特性，已成为绝缘油中溶解气体在线监测的重要方式之一。在具体应用中，动态顶空法具有实时性强、操作简便、检测过程无损以及广泛的适用性，能够快速捕捉溶解气体浓度的动态变化。循环顶空法通过气液循环加速气体析出和平衡状态的建立，其设备结构相对简洁，具有普适性。

顶空脱气技术作为绝缘油中溶解气体检测的重要手段，也面临着性能优化和应用拓展的多重挑战与机遇。通过聚焦稳定性、脱气率和设备结构的改进，其未来发展将全面提升在线监测的可靠性与效率，为电力设备的运行状态评估提供更坚实的技术支撑。

（1）更稳定的脱气效果。未来顶空脱气技术的发展将聚焦于实现更为稳定的脱气效果，即在不同的环境条件（如温度和压力变化）下，能够保持对绝缘油中溶解气体脱气率的一致性。这种稳定性对于保障测量结果的精确性与可靠性至关重要，可有效降低因脱气过程波动导致的测量误差。

（2）更高的脱气效率。为提高油样分析的效率，未来的顶空脱气技术将致力于缩短脱气所需时间。这种优化不仅能够提升监测系统的检测频率，特别是在高频率实时监测场景中表现尤为重要，同时也能进一步提高在线监测设备的整体响应速度。

（3）脱气装置结构优化。简化脱气装置设计是未来研究的重点方向之一。通过开发更紧凑、高效且高稳定性的脱气装置结构，可降低设备的运营与维护复杂性。此外，这种优化设计将使顶空脱气技术更具普适性，从而在资源受限的环境中也能实现高效运行。

上述发展方向将显著增强顶空脱气技术在多样化应用中的适应性，进一步提供更高精度、更高效率和更具稳定性的在线监测脱气解决方案。这些技术进步将推动在线监测设备性能和可靠性的全面提升，为变压器及其绝缘油的长期监控提供坚实的技术保障。

第二节　真空脱气法

真空脱气法是一种高度应用于工业和科研领域的技术，通过在封闭容器内建立真空环境，驱使溶解气体从液体基质中逸出。其理论基础源于亨利定律，即在恒定温度下，气体在液体中的溶解度与气体在液面上的平衡分压成正比。真空环境的建立通过显著降低系统压力，使溶解气体的逸出动力大幅增强，从而实现脱气目的。

该方法分为两种主要模式：完全真空脱气与不完全真空脱气。完全真空脱气追求最大限度地去除液体中所有溶解气体，这通常需要较好的设备性能与较长的处理时间。不完全真空脱气则着眼于去除液体中绝大部分的溶解气体，其操作对真空度的要求较低，处理效率更高，因而设备适配性更广。这两种模式在绝缘油的在线监测领域均有应用。

一、真空脱气理论分析

真空脱气法的操作流程旨在高效分离油样中的溶解气体，以满足精确分析的需求。其核心步骤为：首先，将待测油样置于气密性优良的真空气室中，通过建立高度负压环境，显著降低油样的气体溶解度；再借助多种协同手段，如高效喷淋以及动态搅拌，进一步加速溶解气体的析出过程。随后，析出的气体经过负压转移和集气操作，最终恢复大气压和试验温度，以进行气体体积定量和后续的进样分析操作。

真空脱气的理论依据是亨利定律。该定律描述了在一定温度下，某种气体在液相中的浓度与液面上该气体的分压成正比，见式（3-4）

$$p = kc \qquad\qquad (3-4)$$

式中　p——气体的分压，Pa；

　　　k——亨利常数，随温度变化，Pa·L/mol；

　　　c——气体在液相中的摩尔浓度，mol/L。

在一定压力下，大多数种类的气体（氧气、氮气、氢气、一氧化碳除外）在液相中的浓度随着温度升高而降低；在一定温度下，浓度随压力增大而增加。真空脱气的实现过程依赖于提高液相温度和降低液面压力，以促使溶解气体的逸出。

为定量评价绝缘油中溶解气体的脱气效果，定义真空脱气效率 η_i 来表示油中气体组分的分离效果，见式（3-5）

$$\eta_i = \frac{C_{ig} \times V_g}{C_{il} \times V_l} \qquad\qquad (3-5)$$

式中　η_i——组分 i 的脱气效率；

　　　C_{ig}——平衡条件下，气相中气体组分 i 的含量，μL/L；

　　　C_{il}——原油中气体组分 i 的含量，μL/L；

　　　V_g——气相部分的体积，mL；

　　　V_l——原试油的体积，mL。

真空脱气的效率受到多个因素影响，包括脱气空间的几何特性、气体组分的初始浓度及气相与液相的体积比例。为了优化设计脱气装置，需建立数学模型描述这些关系。根据模型计算设计脱气装置，设脱气因数为 k^d，气体组分平衡时在气相中的体积分数与最初在油中的体积分数比为 η，见式（3-6）~式（3-9）

$$k^d = \frac{m_g}{m_0} \qquad\qquad (3-6)$$

式中　m_g——气体组分被提取到气相中的质量；

　　　m_0——气体组分最初在油中的质量。

$$\eta = \frac{C_g}{C_0} \qquad\qquad (3-7)$$

式中　C_g——平衡状态下气体组分在气相中的体积分数；

　　　C_0——气体组分最初在油中的体积分数。

$$\begin{cases} m_0 = m_g + m_1 \\ v_1 c_0 = v_g c_g + v_1 c_1 \end{cases} \quad (3-8)$$

式中 m_1——气体组分平衡时在油中的质量;

　　　c_1——平衡状态下气体组分在液相中的体积分数;

　　　v_1——油的体积;

　　　v_g——气相的体积。

$$k^d = \eta \frac{v_g}{v_1} \quad (3-9)$$

分析上述公式可知,脱气因数与气相的体积分数,以及气相与油相的体积比成正比,因此要提高脱气效率,在真空脱气法中需合理增大气相比例。

二、真空脱气方式及特点

(一)完全真空脱气法

完全真空脱气法通过在绝缘油中施加高度真空环境,促使溶解气体从油中迅速逸出并收集,从而实现精确的气体成分分析。在这一方法中,真空环境的维持至关重要,通常要求真空度达到极高水平,以最大限度地加快气体析出过程并减少干扰因素,确保获得可靠的测量结果。

图 3-5 所示为一个典型的油色谱在线监测系统的油喷淋真空脱气装置。该装置由脱气室、真空泵、集气室、活塞系统等多个关键结构单元构成。

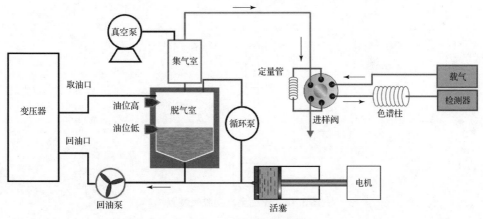

图 3-5 真空脱气装置

该装置主要脱气步骤为:启动真空泵使脱气缸达到完全真空状态;然后打开进油阀,通过控制油液流速,将绝缘油缓慢注入脱气缸,促进气体从油中向负压区域进行扩散。为强化脱气效果,启动循环油泵,使脱气缸底部的油液连续循环至顶部喷淋装置,使油液形成细小液滴,从而大幅提高油气界面的接触面积。此循环过程通常维持约数分钟至脱气流程结束。

一方面，完全真空脱气法具有快速、高效的特点，能够迅速降低绝缘油中的气体含量。同时，由于高真空度和快速脱气速度，完全真空提取法通常提供更稳定的脱气率，可为后续分析提供稳定高效的待测气体。

另一方面，完全真空脱气需要外置真空度较高的真空泵，对整个系统的密封要求较高，机械结构复杂，在绝缘油在线检测装置中应用范围受限。

（二）不完全真空脱气法

该方法通过控制脱气缸内部的气体压力，将其降低至不完全真空状态，从而促使油液中的溶解气体析出。与完全真空脱气法相比，不完全真空提取法在真空度和运行复杂度上有所简化，通常将真空度维持在较低水平。这种方法尤其适用于需要实时在线监测的应用场景，能够在现场条件下实现高效的气体析出和分析。

图 3-6 所示为一个典型的油色谱在线监测的不完全真空脱气装置。变压器油通过活塞的运动实现油路循环，将变压器内部的油样循环到脱气缸内；脱气装置通过电机的作用，使得脱气装置形成负压，油样在多次活塞抽拉过程中实现真空脱气；脱气完成后经过电机作用，将样品气通过定量管定量后送入色谱分析系统进行分析定量。

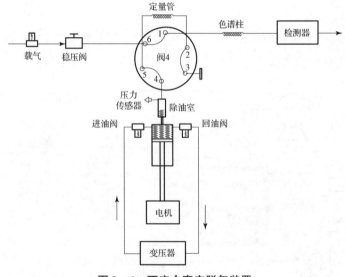

图 3-6　不完全真空脱气装置

相较于完全真空脱气法，不完全真空脱气的整个脱气过程在低真空条件下运行，设备要求相对低，降低了成本。由于设备简单，应用不完全真空提取法的设备具有更高的稳定性，在一定程度上节约了维护成本。

根据国际电工委员会的指南，在选择脱气方法时，应根据具体应用的需求和可用设备综合考虑，并选择最适合其应用的方法，以确保准确和可靠的脱气效果。

三、真空脱气技术发展方向

绝缘油在线色谱分析中的真空脱气技术是一种重要的技术手段，用于实时监测高压变压器的设备状态。随着技术的不断发展，真空脱气技术在绝缘油在线色谱分析中的发展方向有以下几点：

（1）提高脱气效率。通过改进真空脱气装置的结构和设计，提高脱气效率，缩短脱气时间，从而更快速、准确地获取绝缘油中的气体成分信息。采用更高效的真空泵和循环系统，增强脱气效果，确保溶解在绝缘油中的气体能够充分析出。

（2）增强脱气系统稳定性。研发更稳定的脱气控制系统，确保脱气过程中压力、温度等参数的稳定，从而提高脱气结果的准确性和可靠性。同时对关键的核心运动部件（如活塞或真空泵）的结构、材料和工艺等进行改进，延长装置的寿命，增加长期工作可靠性。

（3）智能化监测。将智能传感器和智能控制技术应用于真空脱气装置，实现脱气过程实时监测和自动控制。通过智能传感器实时监测脱气过程中影响脱气结果的各项参数，如压力、温度、流量、行程环境大气压等。建立智能模型预测工作状态和寿命等。

真空脱气技术在脱气领域占据关键地位，为电力设备的可靠性和安全性提供了坚实基础。未来其发展方向将集中在高精密控制、高可靠运行、智能化监测等方面，这将有助于电力设备的高效运行，并为电力行业可持续发展提供支持。

第三节　膜渗透脱气法

一、膜渗透脱气理论分析

油中溶解气体透过渗透膜的过程是一种扩散过程。气体分子从油中向气室的一侧扩散，达到一定时间和温度后，膜两侧气体压力趋于平衡，实现了油、气分离。气体透过渗透膜过程可以分为三个环节，即吸附过程、扩散过程和解吸过程。

（1）吸附过程。油中气体在渗透膜上游侧表面被吸附、凝聚和溶解，此过程具有一定的选择性。

（2）扩散过程。已被吸附的气体在膜两侧的压力差和浓度差推动下，根据不同的扩散系数扩散到膜的另一侧。

（3）解吸过程。已扩散的气体在膜下游侧表面被解吸、剥离。

例如，在一个盛有绝缘油的密封容器中安装了高分子膜的分离组件，则油中的气体分子将撞击膜表面并与膜的分子骨架融合，其溶解速度与气体浓度成正比。已经溶解在高分子膜中的气体也会向膜两侧的气、液两相扩散。由于膜两侧的样气浓度不同，扩散速度也不同。经过一段时间，在一定温度下正反两个方向的扩散速度达到动态平衡后，气室中的样气浓度保持不变。气体平衡时间越短，对设备内部的异常情况反映得越及时，因此是高分子膜油气分离技术最重要的指标之一。除了平衡时间，反映高分子膜渗透性能的参数还包括渗透膜的渗透系数，以及渗透膜对渗透分离气体的平衡常数。

二、膜渗透脱气方式及特点

除了渗透膜本身的物理化学性质以外，影响渗透膜油气分离性能的关键因素是渗透膜的结构组件。一般来说，将渗透膜、固定渗透膜的支撑材料、间隔物或外壳等组装成的一个完整单元称为渗透膜组件。在实际的应用中，渗透膜组件的主要构型有平板构型与管状构型两种。

（一）平板构型渗透膜组件

平板构型渗透膜组件分为板框式和卷式两种，如图 3-7、图 3-8 所示。

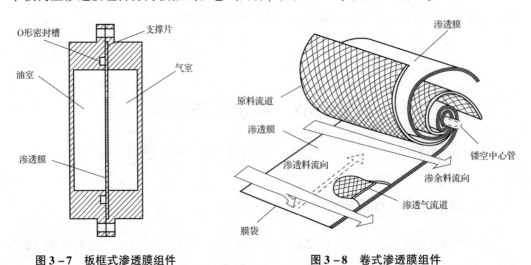

图 3-7　板框式渗透膜组件　　　　图 3-8　卷式渗透膜组件

（1）板框式渗透膜组件。在板框式构型中，渗透膜通常被放置在多孔的支撑板上，并将支撑板固定在油室和气室之间。通过利用渗透膜两侧的压力差，实现油中溶解气体的分离过程。板框式渗透膜组件广泛应用于实验室和商用变压器在线监测系统中。尽管板框式渗透膜组件结构简单、易于应用于各种场景，但其有效接触面积较小，可能需要额外的支撑片组件等限制了其进一步发展。

（2）卷式渗透膜组件。卷式渗透膜组件主要由渗透膜卷制而成，多个信封装膜袋围绕着收集渗透气的镂空中心管。膜袋内装有多孔隔网，用于渗透气的流动，膜袋的开口通过弹性密封胶黏接于中心管上。卷式渗透膜组件中，原料及渗余料沿中心管轴向流动，而渗透气则沿卷绕方向流动，从而形成交叉流动。卷式渗透膜组件在原理上是最常见的反渗透膜组件构型之一，可以分离液体中的特定组分，在油气分离方面具有潜力。

（二）管状构型渗透膜组件

管状构型渗透膜组件是一种中空纤维膜式渗透膜组件，具有自支撑能力。相较于平板构型，管状构型渗透膜组件的优势在于无需额外支撑结构，且具有较大的有效接触面积、简单的结构、可塑的形状和小巧的体积。

该脱气装置采用中空纤维膜组件，包括筒体和安装在其中的中空纤维膜束。中空纤维膜束的两端与筒体内壁之间设有密封件，筒体两端分别设有出气口和进液口。使用时，液体通过进液口进入筒体，流向中空纤维膜束的中心孔内，然后径向流动，通过抽真空产生负压，在中空纤维管内脱除气体并从出气口排出，如图3-9所示。

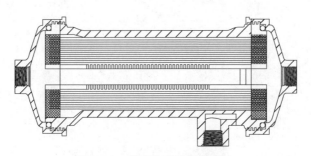

图 3-9　管状构型渗透膜组件

与平板构型相比，管状构型渗透膜组件不仅具有更大的有效接触面积，在工程实际应用中还能够承受更低的单位面积压力，从而延长了渗透膜的使用寿命，使其更适合长期在线监测。

三、膜渗透脱气技术发展方向

（1）膜材料的改进与创新。膜材料的进步是提升膜脱气法效率的核心之一。未来的研究将专注于开发高渗透性和高选择性的膜材料，通过纳米技术和复合膜的创新来提高气体分离速度和准确性。在耐高温和耐化学腐蚀的方向上进一步提升，以适于高温、高压及恶劣化学环境下的长期应用，增强膜的稳定性和使用寿命，减少维护和更换的频率，为系统的长期稳定运行提供保障。

（2）膜组件结构的优化。膜组件的设计对膜脱气效率也具有很大的影响。未来，各种构型的膜脱气组件将继续发展，通过优化流体流动路径，减少膜的冲击，延长其使用寿命，并提升整体分离性能。管状构型中空纤维膜组件向更大的有效接触面积和无需额外支撑结构方向进步。膜脱气组件将朝着更加模块化、紧凑化的方向发展，便于灵活应用于不同场景。

（3）脱气过程的优化与自动化。膜脱气法将在的工作效率和脱气稳定性方面进一步发展。通过实时监测脱气过程中各种状态参数，如温度、压力和流速等，精确控制脱气进度。引入智能化控制系统使脱气过程更为精准，确保脱气模块在不同环境下稳定运行，提升其自动化程度。

第四章　油中溶解气体在线监测装置检测器

检测器的核心是基于待测气体组分与载气或背景气在物理性能或化学性能上的差异，进一步检测待测气体组分是否存在及其含量的变化，从本质上讲可把检测器看成一个将样品组分转换为电信号的一个换能装置。

从变压器油中溶解气体在线监测技术的飞速发展的过程可以看出，检测器的进步是一个很重要的方面，特别是高灵敏度、高选择性的检测器的问世，开拓了变压器油色谱的应用领域。而变压器油中溶解气体在线监测技术的发展，也促进了检测器的完善与发展。虽然目前可以用于气相色谱的检测器有几十余种，但目前商品化的适合变压器油中溶解气体在线监测技术的检测器主要有热导检测器、氢火焰离子化检测器、半导体传感器、电化学传感器、红外光声检测器、激光光声检测器以及红外吸收光谱检测器等。

第一节　热导检测器

气体具有热传导作用，不同气体具有不同的热传导系数，而热导检测器（TCD）就是一种基于待测气体组分与载气热传导系数的差异进行分析的检测器。它对任何气体均可产生响应，同时具有较高的灵敏度和可靠性，是气相色谱中应用最广泛的一种检测器。

一、热导检测器结构

热导检测器主要由池体和热敏元件两部分组成，并由参考臂和测量臂组成惠斯通电桥，如图 4 - 1 所示。

当仅有载气通过时，电桥中四个电阻的温度保持不变，即四个电阻的阻值也保持恒定，此时整个电桥处于平衡状态，两端没有电信号输出；当待测气体随载气进入测量臂时，由于待测气体和载气热传导系数的差异，导致测量臂和参考臂被带走不同的热量，进而引起测量臂温度发生变化，其电阻值也发生变化，此时，电桥原有的平衡被打破，两端有电信号输出，且载气和待测气体的热传导率差异越大，两端输出的电信号越强。但这种电信号

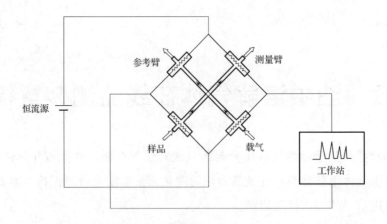

图 4 - 1　热导检测器工作原理

通常是微弱的，因而往往需要通过放大器来放大并转换为可读取的电压或电流信号，并在控制单元处完成电信号到数字信号的转换，进而输出待测气体的含量。

（一）热敏元件

热敏元件是热导检测器的感应元件，它的阻值会随着温度的变化而变化，常用的热敏元件主要为热敏电阻或热丝。

1. 热敏电阻

热敏电阻一般由钴、锰、镍等氧化物半导体制成直径 0.1 ~ 1.0mm 小珠并封装在玻壳内。热敏电阻的体积小，可使热导池腔缩小至 50μL，大幅提升其灵敏度，使其可直接用于微克/克级的痕量分析；此外，热敏电阻还具有耐腐蚀和抗氧化的特点，并对载气流量波动变化不敏感。但热敏电阻的响应值随池体温度升高而快速下降，通常在 120℃ 以下使用，极大限制了其使用范围。

2. 热丝

热丝固定在热导池体孔道中的支架上，其中支架可根据需求做成各种形状。常用的热丝主要有钨丝、铼钨丝、铂金丝、镍丝等。热丝加工难度低，成型容易且能耐受数百摄氏度的高温，但其体积占比较大，会进一步增大热导池的体积，进而影响检测的灵敏度，造成响应时间的延长。

（二）热导池

热导池是热导检测器的核心部分，是放置热敏元件的腔体，待测气体和载气首先流入热导池，经过热敏元件之后再流出。热导池体积的减小，有利于减少热导检测器的死体积，提升其响应速度及检测灵敏度。

二、热导检测器特点

传统热导检测器，体积大，分析速度慢，检测灵敏度偏低，随着微机电系统技术的发展，微型热导检测器得以蓬勃发展。传统热导检测器池体积一般在 $250 \sim 350\mu L$，而微型热导检测器的池体积多在 $20 \sim 100\mu L$。此外，微型热导检测器多采用铂（Pt）作为热敏元件，Pt 材质的热敏元件具有机械强度大、抗氧化能力明显优于铼钨丝且电阻率大等优势，另外，在微型热导检测器中 Pt 是直接沉积在玻璃基底上的，几乎不受气流的影响，因此微型热导检测器的检测精度及稳定性较传统热导检测器得到了很大的提升。

只要待测气体和载气具有不同的热传导系数，均可以被热导检测器检测出来。热导检测器操作维护简单、价格低廉，具有较高的灵敏度和可靠性，可实现变压器绝缘油中七种组分（H_2、CO、CO_2、CH_4、C_2H_4、C_2H_6、C_2H_2）的全检测，帮助判断变压器的运行状态，及时发现潜在的故障和问题，进行预防性维护和修复，因而被广泛应用于变压器油中溶解气体在线监测技术中。

第二节　氢火焰离子化检测器

氢火焰离子化检测器（FID）是一种典型的破坏型、质量型检测器，仅对含碳有机物有响应，对永久性气体几乎没有响应，对含氧、氮、硫、磷及卤素的有机物也没有响应或响应很小。其检测灵敏度高，最低检测限可到 1×10^{-9} 级，线性范围宽，可达 1×10^7 以上，且其自身结构简单，造价便宜，是变压器油中溶解气体在线监测技术中常用的检测器之一。

一、氢火焰离子化检测器结构

氢火焰离子化检测器通常由绝缘套、收集桶、喷嘴、信号杆、点火丝和极化极组成。它主要是利用氢气燃烧所产生的高能，使待测气体分子发生电离，失去电子从而形成离子。同时在收集极和极化极之间施加有直流 $50 \sim 300V$ 的电压，进而形成极间电场，电离产生的离子在极间电场力的作用下会做定向移动，进而形成电流，且电流的强度跟待测气体含量成正比。但这种电信号通常是微弱的，往往需要通过放大器来放大并转换为可读取的电信号，并在控制单元处完成电信号到数字信号的转换，进而输出待测气体的含量，如图 4 - 2 所示。

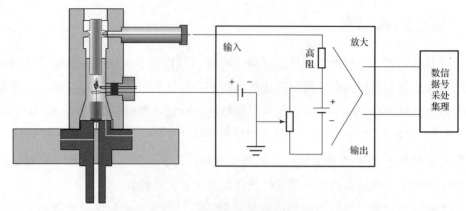

图 4 - 2　氢火焰离子化检测器结构

（一）喷嘴

喷嘴是氢火焰离子化检测器的一个重要的组成部分，用于混合氢气和空气，并将待检气体引入形成火焰。喷嘴通常由耐高温材料制成，如不锈钢、铂、石英或陶瓷，通常呈圆筒状或喇叭状，其内径对检测器的收集效率密切相关。

（二）极化电压

在收集极和极化极之间施加有直流 50 ~ 300V 的电压，进而形成极间电场，促使带电的正离子、负离子以及电子做定向移动，使待测气体在火焰中因电离而形成的离子能够彼此分开，进而被有效收集。

（三）电极的材质及位置

氢火焰离子化检测器中的电极通常由收集极和极化极两个部分组成。

极化极和喷嘴在同一平面，多为圆形形状，主要用于产生离子化区域。它通常使用具有较高导电性的材料，如铂、镍合金或不锈钢。其作用是通过施加高频高压电场，使火焰中的待测气体分子电离，产生离子。

收集极位于喷嘴火焰上方，多采用圆筒状结构，并和喷嘴处于同一轴上。它主要用于收集被离子化的待测气体产生的离子，其通常由惰性金属制成，如不锈钢、镍或铂。

二、氢火焰离子化检测器特点

氢火焰离子化检测器的主要特点如下：

（1）灵敏度高。氢火焰离子化检测器的灵敏度高，最低检测限可到 1×10^{-9} 级；其对烃类具有选择性，因此对烃类物质的检测灵敏度远超其他检测器。

（2）线性范围宽。氢火焰离子化检测器具有较宽的线性范围，可到 1×10^7 以上。

（3）响应时间短。氢火焰离子化检测器死体积几乎为零，并可与色谱柱直接相连，实现快速分析。

（4）稳定性强。氢火焰离子化检测器在长期使用中能够保持较为稳定的检测性能，不易受环境条件的影响。

（5）可靠性好。氢火焰离子化检测器使用寿命长，能够长时间稳定工作而无需频繁的维护和校准。

但氢火焰离子化检测器对无机物基本不响应，因而无法实现对变压器油中 CO、CO_2 及 H_2 特征气体的直接检测，在变压器油中溶解气体在线监测中往往需要结合其他检测器，实现对全组分特征气体的检测，如热导检测器。此外，其正常工作时需要 H_2 和空气作为辅助气源，复杂的配套设备限制了其在绝缘油中溶解气体在线色谱中的应用。

第三节　半导体传感器

半导体传感器又称为金属氧化物传感器，是一种重要的气体传感器。它利用金属氧化物材料对待测气体的选择性吸附，引起自身电化学性质发生变化，进而实现对待测气体的测定。

一、半导体传感器结构

当半导体传感器与待测气体接触时，会对待测气体进行选择性吸附，进而引起自身电化学性质发生变化，其中电化学性质的变化主要体现为阻值和非阻值（电压或电流）变化两种，因而半导体传感器又可分为电阻式半导体传感器和非电阻式半导体传感器。

（一）电阻式半导体传感器

电阻式半导体传感器主要通过检测气敏材料元件的阻值，随待测气体含量的变化而工作，如图 4-3 所示。如二氧化锡型半导体传感器，它由无机材质的陶瓷组成，二氧化锡涂覆于陶瓷表面，加热器穿过圆筒状的陶瓷，使其保持恒温。当陶瓷表面接触含有氢气等气体时，二氧化锡自身阻值发生变化，进而导致半导体传感器输出电信号发生变化，而这种信号变化与待测气体的含量呈线性关系，从而实现对待测气体含量的测定。

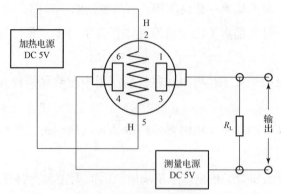

图 4 - 3　半导体传感器结构

（二）非电阻式半导体传感器

非电阻式半导体传感器通过检测气敏元件的电压或电流，随待测气体含量的变化而工作，主要有结型二极管式、MOS 二极管式以及场效应管式。其所检测的气体大多为可燃气体，如氢气、甲烷、硅烷、乙烯等。

二、半导体传感器特点

半导体传感器具有体积小，重量轻，检测灵敏度高，响应速度快，便于智能化和集成化，制造成本低，适用于大规模生产等优势。但其最大问题是存在交叉敏感干扰，即无法抑制对其他气体的响应。虽然可以通过掺杂贵金属（如钯、镍等）来提高传感器对待测气体组分的选择性，但仍无法完全抑制传感器对其他气体的响应。此外，随着元件的老化，半导体传感器的灵敏度会发生变化，需要定期进行校准。在变压器油中溶解气体在线监测技术中，半导体传感器主要用于单一气体的检测，如氢气传感器。

第四节　电化学传感器

电化学传感器是一种基于电化学原理来检测待测气体的检测器。作为分析领域的重要技术，电化学传感器具有检测灵敏度高、选择性好、分析速度快、价格低廉等优势。

一、电化学传感器的组成

电化学传感器主要由透气膜、电极、电解质三部分组成，部分电化学传感器会增加过滤器（见图4-4）。它通过与被测气体发生反应并产生与浓度成正比的电信号来工作。待测气体首先通过微小的毛管型开孔与传感器发生反应，然后是疏水屏障层，最终到达工作电极表面。采用这种方法可以允许适量气体与电极发生反应，以形成充分的电信号，同时防止电解质漏出传感器。穿过屏障扩散的气体与工作电极发生反应，电极可以采用氧化机理或还原机理。这些反应由针对被测体而设计的电极材料进行催化。通过电极间连接的电阻器，与被测气浓度成正比的电流会在正极与负极间流动，测量该电流即可确定待测气体的含量。

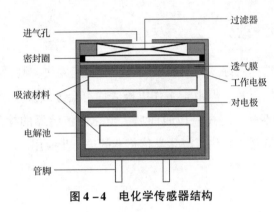

图4-4 电化学传感器结构

（一）透气膜

透气膜又被称为疏水膜，通常由低孔隙率的特氟龙薄膜制成，覆盖于传感（催化）电极，主要用于仅允许目标气体分子通过，提高电化学传感器的选择性，控制到达工作电极表面的目标气体分子的数量，因此为传送正确的气体分子量，需要选择正确的薄膜及毛管的孔径尺寸。此外，透气膜还具有为电化学传感器提供机械保护、防止电解液渗漏以及滤除不需要的粒子等功能。

（二）电极

电极包括工作电极、对电极以及参比电极。其中，工作电极主要用于待测气体发生氧化还原反应，产生电信号，其上涂有特定的催化剂。对电极通常使用惰性材料，如金、铂等材料具有良好的化学稳定性和电化学稳定性，能够保持稳定的电位。对电极主要用于产生平衡电流，并和工作电极一起构成电化学回路。参比电极主要作用是提供稳定的电位参考，维持电化学传感器的灵敏度及线性度。

（三）电解质

电解质是电化学传感器中的离子导体，跟所有电极均直接接触，其主要作用是进行电解反应，将离子电荷有效地传送到电极。此外，它还需与参比电极形成稳定的参考电势，并和电化学传感器所用的材料相兼容。

（四）过滤器

过滤器可以过滤掉待测气体中的悬浮固体颗粒、胶体颗粒等杂质以及部分不需要的气体，多数常用的滤材是活性炭。活性炭可以滤除多数化学物质，但不能滤除一氧化碳。通过选择正确的滤材，电化学传感器对其目标气体可以具有更高的选择性，也能延长器件的使用寿命，减少维护成本。

二、电化学传感器特点

电化学传感器具有选择性好、检测灵敏度高、响应速度快、测量结果复现性好等优点，非常适合于变压器的在线监测。但由于工作电极表面上会连续发生氧化还原反应，因此工作电极的电势并非保持不变，经过一段时间后，电化学传感器的检测性能将会出现退化，因此其电极都有一定的寿命，制约了电化学传感器的进一步应用。

第五节　红外光声检测器

一、红外光声检测器结构

红外光声检测器结构如图 4 - 5 所示。其工作方式为对红外宽谱光源经过调制盘后进行强度调制，再经过滤光片滤光后产生特定谱线的脉冲光并耦合至光声池中；光声池内特定气体分子吸收光能后受激发跃迁到振动能级的高能态，进而通过无辐射跃迁将能量转化为平动能在光声池内形成压力波；利用传声器检测压力波的强度，最后根据光声信号幅度与入射光强、气体吸收系数和含量的正比关系得到光声池内受光激发气体的浓度。

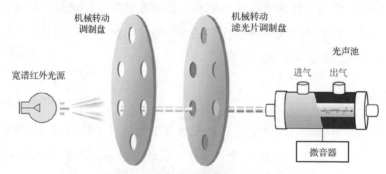

图 4 - 5　红外光声光谱检测器结构

可见红外宽谱光源、调制盘（斩光器）、滤光片、光声池和传声器是红外光声检测器的核心器件，因此其类型和性能直接决定了系统的工作方式和检测精度。此外对光声信号的相关分析也是提高系统极限检测灵敏度的有效手段。

（一）红外宽谱光源

红外宽谱光源可以近似看作为黑体，其辐射光谱及强度主要取决于辐射体的温度和体积。根据普朗克黑体辐射定律，从一个黑体中发射的电磁辐射的辐射率 I 与电磁辐射的波长 λ 的关系见式（4-1）。

$$I(\lambda, T) = \frac{2hc^2}{\lambda^5} \frac{1}{e^{hc/\lambda kT} - 1} \tag{4-1}$$

式中　h——普朗克常数；

$\quad\quad c$——光速；

$\quad\quad k$——玻尔兹曼常数；

$\quad\quad T$——绝对温度。

图 4-6 所示为通过计算得到的黑体在不同温度下的辐射率，当温度升高时辐射率增加，辐射中心向短波方向移动。目前用于气体光谱分析的多为热辐射光源，经常使用的包括钨丝、合金电阻丝、陶瓷薄膜材料等，如图 4-7 所示。钨丝一般被封闭在充有惰性气体的石英外壳中以降低钨的蒸发率，工作温度可达 2700℃，甚至更高，是可见和近红外区域

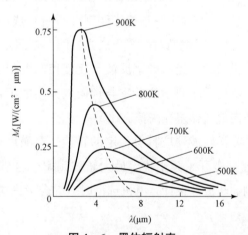

图 4-6　黑体辐射率

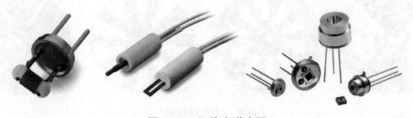

图 4-7　红外宽谱光源

经常使用的白炽光源。合金电阻丝可以直接暴露于空气之中，工作温度一般不超过 1500℃，表面通常涂覆有金属非金属氧化物以改善光谱特性；辐射中心与气体分子具有较强吸收系数的基频振动跃迁相重合，因而被广泛应用于气体光谱分析领域。相对于以上两种线绕光源，陶瓷薄膜材料制成的黑体光源能够提供更好的辐射均匀度，但目前其工作温度一般不超过 850℃。此外，利用微型机电系统（MEMS）工艺，采用薄金属片或半导体薄膜电阻作为光源发热电阻灯丝、纳米黑体材料作为辐射材料的 MEMS 红外光源发展迅速。其具有小尺寸、低功耗、集成度高、可电调制等优点，但其功率较小，在微量气体的检测方面受到较大限制。

（二）调制盘

红外宽谱光源在使用时需要经过强度调制来激发气体分子，强度调制方法主要分为电调制和机械调制两种。对于光源功率较小、启动（关闭）迅速的 MEMS 红外光源，可使用电调制控制驱动电流，此种方法也能较为方便地为后续信号处理提供参照频率，但因为功率较小，往往只有数瓦，得到的光声信号都较微弱，给后续信号采集造成困难。更大功率的光源理论

图 4 - 8　光学斩波器

上可以增强信号，但大功率光源完全点亮和完全熄灭的响应时间都很长，不利于周期性压力波的生成，此时使用机械调制是常见的处理方式。机械调制的主要手段是使用光学斩波器，光路通过斩波器得到强度调制光，如图 4 - 8 所示。

光学斩波器工作方式为电子控制的风扇式的轮叶在一定转速下将连续光调制（斩断）成一定频率的周期性断续光，且遮断时间等于透光时间，把恒定光源改成交变的"方波"光源。其由机械斩光片、机械架、光耦频率反馈和速度控制电子学系统四部分组成，通常为旋转盘式机械光闸，广泛应用于科学实验室与锁向放大器的组合。光学斩波器用于调制光束的强度，并且使用锁向放大器来提高信噪比。

为了系统检测稳定，光学斩波器应具有稳定的转速。在噪声是主要问题的情况下，应尽量选择最大斩波频率，且避开工频干扰。最大斩波频率受电机速度、旋转盘中的槽数、盘半径和光束直径的限制。斩波片设计、电机选型时应综合考虑这些因素，图 4 - 9 所示为不同槽数的斩光片。

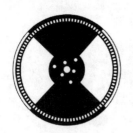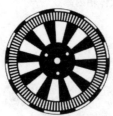

图 4 - 9　不同槽数斩光片

此种调制方案的主要问题在于斩波器运行时产生的机械相干噪声，同时斩波器也会带来结构的复杂性和不稳定性。

（三）气体吸收谱线的选择

在光源的光谱范围内对气体分子的吸收谱线进行合理的选择在光谱类型探测中至关重要。吸收谱线的选择也是选择窄带滤光片的中心波长的依据。选择谱线强度较大的吸收线，有利于提高检测灵敏度。

图 4 - 10 所示为六种油中溶解气体的光吸收强度与波长的关系，从中可见每种气体会在多个频谱段上产生明显的光声效应，这些频段间会因互相重叠造成干扰。为避免测量过程中其他气体吸收谱线的干扰，所选择的吸收谱线应当尽量分散。

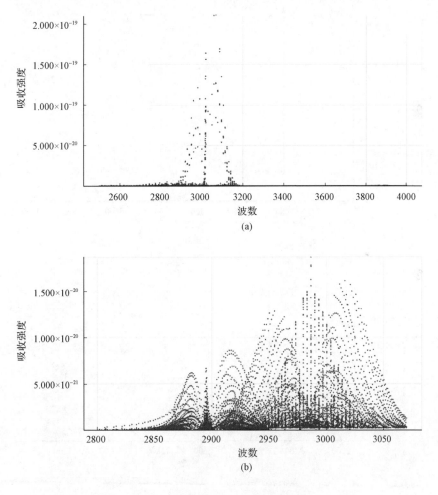

图 4 - 10　油中溶解气体组分吸收光谱（一）

（a）CH_4；（b）C_2H_6

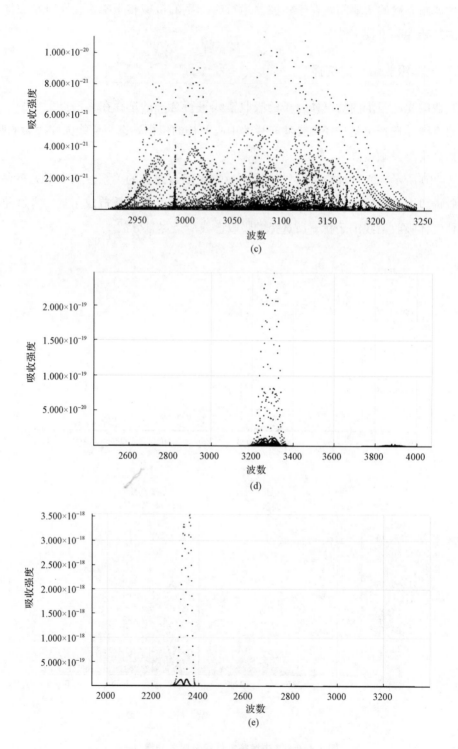

图 4-10 油中溶解气体组分吸收光谱（二）

（c）C_2H_4；（d）C_2H_2；（e）CO_2

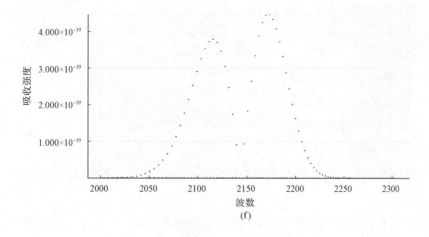

图 4 – 10 油中溶解气体组分吸收光谱（三）

（f）CO

从以上各种气体在中红外波段的吸收谱线可以看出，CO、CO_2、C_2H_4、CH_4、C_2H_2、C_2H_6 的吸收谱线比较多，而且谱线线强也相对比较强。从这几种气体的吸收谱线图可知，在一定的范围内，不同气体的吸收谱线存在重叠，因此在选择滤光片时要考虑谱线重叠的因素。对于宽带热辐射光源，虽然其电功率较高，能够达到几十瓦，但是在中红外波段的光功率是比较低的，因此如果选择带宽过窄的滤光片，则在所选滤光片的带宽内，对应气体的总吸收线强较弱，不利于光声信号的增强。带宽太宽则各个气体吸收谱线的重叠增强，导致各种气体之间的交叉干扰严重，测量不准确。综合权衡后选择的窄带滤光片安装在滤光轮上，用步进电动机控制滤光轮旋转选择对应不同待测气体的窄带滤光片，从而对不同的气体进行探测。

由于 H_2 是同核双原子分子，在红外谱段没有吸收，无法利用光声效应进行检测，因此采用单独的 H_2 传感器对其进行检测。

（四）光声池

光声池是整个检测装置中光声转换的核心，一般具备的特点包括高密封性、良好的声屏蔽、高品质因子、抗腐蚀性和高稳定性等。高密封性主要是保证光声池内压强的稳定性，并避免空气中气体干扰；声屏蔽是指其隔绝外界声音的能力，因为光声信号主要是依赖于声音的检测，外界声音的干扰会直接影响检测灵敏度和准确性；高品质因子主要依赖于光声池尺寸和结构，高品质因子越大其光声化效率越高；抗腐蚀性主要是避免受到腐蚀性气体影响；高稳定性是提高抗振动的能力。

红外宽谱光源光斑直径较大，发散角也较大，很难准直成平行光束，与其匹配的都是光程较短的非共振光声池。非共振类型的光声系统中，光声池的最低阶共振频率高于对入射光进行调制的频率，这种情况下，池中的信号强度与位置无关而且信号不会在池内形成共振。这种条件下的信号可表示成式（4-2）。

$$A(\omega) = \frac{i\alpha(\gamma-1)W}{\omega[1-i/(\omega\tau_o)]\pi a^2}$$ (4-2)

式中　W——气体吸收的光的功率；

　　a——半径；

　　τ_o——光声信号的弛豫时间；

　　α——空气的热扩散率。

由式（4-2）可见，为了提高非共振模式下的光声信号，需要重点考虑以下几个方面的因素。

（1）对于具有特定吸收系数的气体，在非饱和吸收情况下应尽量提高入射光有效功率。既包括提高光源的辐射功率，也包括提高光源耦合进入光声池的效率，还可以通过多次反射的方式提高有效光功率。

（2）适当降低光源的调制频率。通常非共振模式下的光源调制频率可以降低至几十甚至十几赫兹，这主要受限于传声器对低频声音信号的响应能力。小尺寸传声器的响应能力通常在100Hz以下就明显降低，即使是大尺寸传声器对于10Hz以下声音信号的响应能力也相对较弱。

（3）适当减小光声池腔体的横截面积。虽然减小截面积对于提高光声信号有明显作用，但较小的截面积会使热阻尼时间明显减小而抵消截面积减小带来的益处，同时也给入射光的高效耦合以及传声器的安装带来不便。

非共振光声池的优点：体积小（一般只有数毫升），灵敏度较高，便于光声系统的集成。缺点：由于环境噪声强度和频率呈负相关，因此此类型光声池的信噪比相对于较低。非共振光声池对气密性要求高，在待测气体的进出气口处，相当于光声信号的"短路"，将造成信号强度的显著下降。

（五）传声器

在红外光声光谱技术中，传声器将光声信号转换成电信号，从而便于后续信号处理。现有的用于光声信号探测的传声器主要有传统的电容式的传声器、悬臂梁式传声器、石英音叉型传声器、MEMS传声器。以上各种传声器都有着各自优缺点。

1. 电容式传声器

电容式传声器通过静电感应来实现声电转换，其核心部分相当于一个平板电容器，由一块固定极板和一块可移动极板组成。可移动极板被设计成能够感知声压的振膜，振膜在声波的推动下发生形变，进而引起两极板之间电容的改变，电容变化的频率和幅度正比于声波的频率和强度。目前电容式传声器的制造技术已较为成熟，体积小，灵敏度比较高，更加便于运用在光声传感系统中，如图 4 – 11 所示。由于其频率响应范围比较宽，因此易受环境噪声的干扰。

2. 石英音叉型传声器

如图 4 – 12 所示，入射光与石英音叉周围气体产生光声效应，引起气体压力波动，导致音叉发生有规律性振动，从而形成声波信号。石英音叉的振动会由于自身的压

图 4 – 11 传统电容式传声器

电效应，将振动信号转成电信号，从而实现光声信号的转换。石英音叉具有灵敏度高、体积小、抗干扰性强等优点，但是其响应频率不可调，而且由于音叉臂间距离窄，包括离轴石英音叉光声光谱技术中应用的微型共振管的直径很小，对光束直径和准直性要求较高。

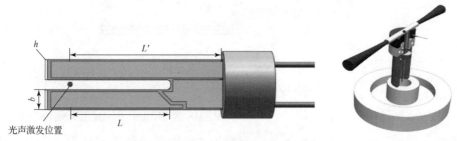

图 4 – 12 石英音叉与光轴

h—叉指；b—叉指宽度；L—光斑到叉指 1 的振臂长度；L'—光斑到叉指 2 的振臂长度

3. 悬臂梁式传声器

悬臂梁设计是为使材料在受力时更容易发生弯曲，当气体受调制光影响发生波动时，导致悬臂梁周围形成压力差，从而引起材料发生变形。而外加光源利用迈克尔逊干涉原理检测悬臂梁的变形情况，具体工作原理是形变引起两束光之间的干涉条纹发生变化；然后通过光电转换器对光能量的变化转换成电信号；整个作用过程最终实现对光电信号的转换。

2002 年，Kauppinen 等提出用悬臂梁麦克风代替传统膜片式麦克风，受到压力波的悬臂梁的位移由紧凑型的迈克尔逊干涉仪来测量（见图 4 – 13），这种声光探测方式提高了系统灵敏度。基于悬臂梁的光声光谱系统显示出了迄今为止最高的灵敏度，但是其结构复杂，抗干扰能力差，成本过高，并不适合工业现场应用。

对于非共振型光声池，调制频率越低，光声信号越强。大尺寸电容传声器的频响范围可以下潜至 2Hz，较适用于工作频率较低、对腔体形状不敏感的非共振光声池。

4. MEMS 传声器

MEMS 传声器是基于 MEMS 技术制造的传声器，如图 4 – 14 所示。简单地说，MEMS 传声器就是一个电容器集成在微硅晶片上，可以采用表贴工艺进行制造，能够承受很高的回流焊温度，容易与互补金属氧化物半导体工艺及其他音频电路相集成，并具有改进的噪声消除性能、良好的射频及电磁干扰抑制能力。

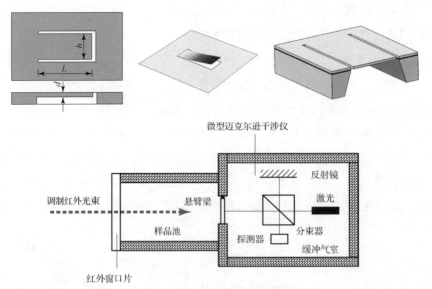

图 4－13　不同悬臂梁传声器

L—悬臂长度；h—悬臂宽度；d—悬臂厚度

图 4－14　MEMS 传声器

MEMS 麦克风采用 MEMS 元件安装在印刷电路板上并由机械覆盖物保护，机壳内加工了一个小孔，可以让声音进入设备。MEMS 部件通常具有机械隔膜和制造在半导体管芯上的安装结构。

MEMS 传声器内置的小型振动膜直径不到 1mm，同时传声器的输出阻抗相对较低，在高振动环境中使用 MEMS 麦克风技术可以降低机械振动产生的噪声水平。半导体构造技术与音频前置放大器的加入进一步使得 MEMS 传声器温度特性稳定，整个频谱响应曲线平坦。

二、红外光声光谱检测器特点

红外热辐射光源及窄带干涉滤光片配合非共振光声池并使用大口径传声器构成的光声光谱系统，对多种气体的极限检测灵敏度也能达到 1×10^{-6} 量级。GE 公司以光声光谱气体分析模块为核心开发出油中溶解气体分析仪，主要应用于大型电力变压器状态监测和故障诊，引领了该领域的技术发展方向。而且该公司的几种油中溶解气体分析仪已经在国内电力系统中得到了现场实验，其灵敏度较高，重复性较好，无需载气，维护工作较气相色谱检测器简单。

但是其以红外宽谱光源配合使用窄带滤光片（半峰值带宽为几十至几百纳米）以获得用于激发待测气体产生光声信号的特定波长窄带红外光，既要保证待测气体吸收足够的光强，又要避免其他气体产生明显的交叉干扰。可见这两个目标是相互制约的，不可能同时实现高灵敏度和低的交叉干扰，这是红外光声光谱检测技术的固有缺陷。此外，机械调制方式又造成其结构复杂，可靠性较差。

第六节　激光光声光谱检测器

一、激光光声光谱检测器结构

激光光声光谱检测装置由激光器、光声池、信号检测与控制装置组成，如图 4 – 15 所示。具体工作过程可概述为：经过波长调制的激光通过光纤传输到准直器，入射到光声池中，样气吸收周期性红外激光的能量由基态跃迁至激发态，再通过无辐射方式回到基态，这个过程伴随着周期性声波信号的产生。然后，利用声传感器将声压信号转换为电信号，通过锁相放大器检测得到该电信号的幅度。根据光声信号与气体浓度成正比例关系，可以得到光声池内样品气体受激发部分气体分子的含量。

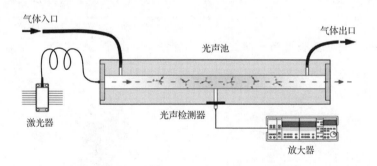

图 4 – 15　激光光声光谱检测结构示意图

（一）激光光源

激光是固定频率的单色光，频段极窄，因此其最大的优异性是指向性好。目前可用于气体检测的激光器光功率普遍不高，但因为单一激光器只能对应测量单一气体，所以其在多组分气体测量应用中成本较高。激光光源包括气体激光器、半导体激光器、固体激光器、光纤激光器等类型。理想条件下的激光器具备以下几个特点：大功率、单色性好、波长可调、低噪声、光束质量高、高稳定性和高可靠性。大功率激光器是光声光谱信号检测的基本要求，根据经验可知，激光功率越大其光声信号也越大。单色性主要是要求激光器自身线宽低，线宽越大越容易引起不同气体信号之间的干扰，并且自身光谱信号的分辨率也会降低。波长可调主要是为满足可测气体分子的多样化及多组分气体的检测。低噪声主要与激光器自身制冷和材料本身性能有关，激光的噪声会导致谱图的信噪比极差，从而降低检测灵敏度。光束质量是光路检测的普遍要求，发散和色散越小，激光的准直性就越好，产生的信号噪声也会降低，因此高质量光束也可以提高检测灵敏度。高稳定性主要指的是激光器性能受外界环境因素（温度、湿度、压强和振动等）影响较小，特别对于需要定量检测气体浓度，是必不可少的要求。高可靠性是指激光器在使用寿命范围内各项参数指标不会发生较大变化，从而引起检测准确度的降低。

半导体激光器种类多样，近年来发展迅速，已经大量地被用于光声光谱研究中。当前，光声光谱系统主要采用量子级联激光器和分布反馈式半导体激光器做系统光源。量子级联激光器成本较高、需要散热装置，且受应用环境限制。分布反馈式半导体激光器的工艺相对成熟，在通信领域中已经获得大量应用，具有体积小、可靠性高、造价低、使用寿命长等优点，也便于在电信号驱动下实现强度调制和波长调制。但分布反馈式半导体激光器的输出功率通常较低，且输出主要集中在近红外波段，属于气体分子吸收较弱的振动泛频跃迁带，故以此为光源的光声光谱气体检测系统通常只能达到 1×10^{-6} 量级的极限检测灵敏度。

对于 1×10^{-6} 量级的检测需求，分布反馈式半导体激光器完全可以达到要求。由于分布反馈式半导体激光器的输出带宽仅几十皮米，可以选择特定波长的分布反馈式激光器分别对应各气体的吸收峰值，同时避免其他气体的吸收峰干扰，从根本上消除了检测过程中不同气体间的干扰。特定波长分布反馈式激光器如图 4 - 16 所示。对于 1×10^{-12} 量级的检测需求，可以使用量子级联激光器。

图 4 - 16　特定波长分布反馈式激光器

（二）共振光声池

目前，常见的光声池包括共振式和非共振式两种。在非共振模式下，光源的调制频率远小于光声池中共振腔的第一共振频率。在这种情况下声波波长大于池体尺寸，不可能产生声驻波，故非共振光声池没有声波能量的聚集。随着调制频率的增加，当某一频率处生的声波波长等于光声池尺寸时，即激发了共振模式，该信号由后述方式放大：①设计的光声池内有声共振腔，气体吸收调制光所激发的压力波在腔内形成声驻波；②使声能量的损耗最小化，光源的调制频率与腔室本身共振声频率相一致。

在共振式光声池中，当调制激光频率与光声池本征频率相等时，会在腔体内发生谐振，从而引起声音信号的放大。共振式光声池是目前最为常见和简单的光声池种类，分为赫姆霍兹谐振、一维共振腔和空穴式共振腔三种。其中，赫姆霍兹谐振主要原理是底部腔体内气体的波动引起上方空腔的发生谐振一样的波动，上部空腔起到一定信号放大的作用；一维共振腔是最为简单的，入射激光沿着腔体方向与腔内气体发生作用，形成驻波，并沿腔体表面传播；空穴式共振腔腔体内径大小与声波波长相等时，激发声波会在腔体内产生另外一种谐振，并且其谐振产生的声波形状与光声池尺寸密切相关。

共振式光声池具有更高的信噪比和极限灵敏度，一阶纵向共振式光声池作为光声信号转换和检测装置，其较长的光路与激光极小的发散角非常匹配。

1. 光声池设计

所选用的光声池中共振腔为圆柱形，且工作在纵向一阶共振模式。然而为了获得较高信噪比，即增大信号或减少噪声，结合模拟与仿真的结果，在设计光声池时需满足以下基本原则：

（1）在不影响光束质量与功率稳定性的同时，尽量使得入射光强增大到合适值，以提高信号幅值，但由于窗口、池壁吸收光产生的噪声与光功率成正比，光功率不能超过气体吸收的饱和阈值。

（2）由于较小的工作频率会造成较大的 $1/f$ 噪声，而过高的工作频率（高于无辐射弛豫寿命的倒数时）会造成分子吸收的光能无法充分转化为平动动能，信号幅值将减小，故共振频率应取适当值，范围在 $500 \sim 3000 \mathrm{Hz}$。

（3）由于过大的品质因数 Q 对频率偏移较为敏感，而过低的 Q 值对信噪比提升较小，故选择适中的品质因数 Q，范围在 $20 \sim 50$ 之间。

（4）共振腔两端应设有缓冲池，以减小相干背景噪声，最佳缓冲池长度为 $\lambda/4$ 且半径为共振腔半径的 3 倍以上，其中 λ 为共振声波波长。

（5）为了减少池壁、窗口吸收噪声，选择吸收率低的窗片材料，保持窗片洁净，并设计光在窗口处的入射角为布鲁斯特角；选取合适的共振腔半径，对池壁进行抛光，选择热导性较好的池体材料（见图 4 - 17）。

2. 光声池模拟与分析

当共振腔内声波波长远大于其横截面尺寸（通常为细管状共振腔），声信号只沿共振腔长度方向变化时，称为一维共振腔，即只产生纵向共振，其无损共振声学方程见式（4 - 3）。

$$\begin{cases} \dfrac{\partial p}{\partial t} + \dfrac{\rho v_s^2}{S} \dfrac{\partial u}{\partial x} = (\gamma - 1)H \\[2mm] \dfrac{\rho}{S} \dfrac{\partial u}{\partial t} + \dfrac{\partial p}{\partial x} = 0 \end{cases} \qquad (4-3)$$

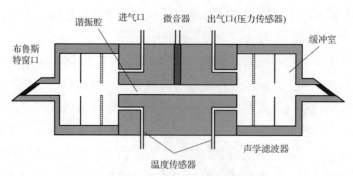

图 4 – 17 共振式光声池结构

式中 ρ——共振腔内气体密度；

  p——腔内声压；

  v_s——腔内声速；

  u——腔内气体流速；

  S——腔体横截面积。

腔内声传播方程与四端网络电路中电流电压传输方程类似，声压 p 与流速 u 分别对应电压 U 与电流 I，则腔内声波传输中类比的电感与电容可以由式（4 – 4）描述。

$$C = C_0 l = \frac{Sl}{\rho v_s^2}, \ L = L_0 l = \frac{\rho l}{S} \tag{4 – 4}$$

式中 l——共振腔长度；

  C_0，L_0——分别为 LC 电路中的电容与电感。

同样，腔中声波传输的阻抗见式（4 – 5）。

$$Z_0 = \sqrt{\frac{L_0}{C_0}} = \frac{\rho v}{S} \tag{4 – 5}$$

将气体吸收光能产生的热源 H 类比成电流源 I_0，并假定光声腔内光是均匀吸收的，则有

$$\frac{\mathrm{d}I_0}{\mathrm{d}x} = (\lambda - 1) W_L \alpha / (\rho v^2) \tag{4 – 6}$$

式中 W_L——激光功率；

  α——气体吸收系数。

若考虑非理想模型，引入黏性边界层 d_v 与热边界层 d_h，则

$$d_v = \left(\frac{2\mu}{\rho\omega} \right)^{\frac{1}{2}} \tag{4 – 7}$$

$$d_h = \left(\frac{2\kappa}{\rho\omega C_p} \right)^{\frac{1}{2}} \tag{4 – 8}$$

式中 μ——气体的黏滞系数；

  κ——气体的导热系数；

C_p——气体定压摩尔热容；

ω——角频率。

由此，两种边界层引起的声损耗等效于传输线电路中的一个电阻，见式（4-9）。

$$R_0 = \frac{\rho Dl}{2S^2}[(\gamma-1)d_h + d_v]\omega \tag{4-9}$$

式中　D——共振腔横截面周长。

假设相比于腔内声压而言气体流动所引起的噪声可以忽略不计，由于微音器通常置于共振腔中心，故将共振腔从中间分开，每一半共振腔吸收调制光后产生的光声信号可用单侧 LRC 振荡电路进行等效，如图4-18所示。

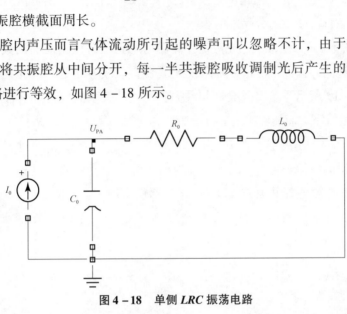

图4-18　单侧 LRC 振荡电路

为了使电路谐振频率与光声池共振频率一致，将光声池长度从 l 修正为 l/π。电路中，输入阻抗 Z_{in}、谐振频率 ω_0、品质因数 Q 可由式（4-10）~式（4-12）描述。

$$Z_{in} = \frac{L_0/C_0}{R_0 + i(\omega L_0 - 1/\omega C_0)} \tag{4-10}$$

$$\omega_0 = \frac{1}{\sqrt{L_0 C_0}} = \frac{\pi \upsilon_s}{l} \tag{4-11}$$

$$Q = \frac{\omega_0 L_0}{R_0} = \frac{2S}{D[(\gamma-1)d_h + d_v]} \tag{4-12}$$

光声信号的等效输出电压 U_{PA} 可表示为式（4-13）。

$$|U_{PA}(\omega)| = |I_0||Z_{in}(\omega)| = |I_0|\frac{L_0/C_0}{\sqrt{R_0^2 + (\omega L_0 - 1/\omega C_0)^2}} \tag{4-13}$$

当角频率等于谐振频率 ω_0 时，光声信号的等效输出电压 U_{PA} 见式（4-14）。

$$|U_{PA}(\omega_0)| = (\gamma-1)\frac{\alpha W_L(l/2)}{\rho \upsilon_s^2}\frac{L_0}{R_0 C_0} = (\gamma-1)\frac{\alpha W_L(l/2)}{\omega_0 V_{res}}Q \tag{4-14}$$

说明在共振频率处的光声信号振幅与吸收系数 α、激光功率 W_L 成正比，并与共振频率及腔体有效吸收截面积 V_{res}/l 成反比。根据上述公式，若品质因数 Q 远大于1，可得到光声池常数 C 见式（4-15）。

$$C = \frac{|U_{\mathrm{PA}}(\omega_0)|}{\alpha W_{\mathrm{L}}} = \frac{(\gamma-1)(l/2)Q}{\omega_0 V_{\mathrm{res}}} \tag{4-15}$$

3. 光声池仿真与优化

利用前一小节所建立的等效模型，对光声池参数，如光声池常数 C、品质因数 Q、共振频率等进行仿真，以更好地优化光声池参数，为光声池的设计提供数值依据。仿真中的光声池采用理想状态，忽略大部分噪声的影响。

（1）品质因数与光声池常数。光声池中声信号增强的程度由品质因数决定，共振频率处的光声信号比远离共振频率的信号幅度放大了 Q 倍，故 Q 值越大对光声信号的共振放大作用越强。图 4－19 所示为品质因数 Q 与共振腔尺寸的关系曲线，可以看出 Q 值随共振腔长度 l 的增加略微减小，而随腔半径 r 的增加显著增大。

光声池常数 C 的大小决定了光声光谱系统的光声转换能力，光声池常数越大，在同样的测试条件下获得的声信号越大。图 4－20 所示为光声池常数 C 与共振腔尺寸的关系，从图中可以看出光声池常数随共振腔长度 l 的增加略微增加，随 r 的减小迅速增大。

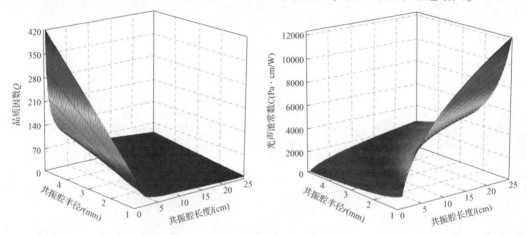

图 4－19　品质因数与共振腔尺寸的关系　　　　图 4－20　光声池常数与共振腔尺寸的关系

由前一小节的等效模型进行推导可得到式（4－16）。

$$f_0 \propto L^{-1}, \quad Q(f_0) \propto rL^{-1/2}, \quad C(f_0) \propto r^{-1}L^{-1/2} \tag{4-16}$$

为了抑制系统的低频噪声，可以使光声池工作于较高频率，根据式（4－16）可得减小共振腔长度可以增加工作频率；其次，为获得高 Q 值，光声池可以增加共振腔半径并减小共振腔长度，并可通过增加腔长度及减小腔半径以增加光声池常数 C 的值。然而品质因数过大时，共振频率的漂移会对光声信号有较大影响，系统易处于不稳定状态；由于过小的半径会造成激光难以不接触池壁的通过光声池，引起池壁对光的吸收，增加背景噪声，光声池半径不宜太小；光声池拥有较高品质因数时光声池常数通常较小，反之光声池常数较大时品质因数较小，故两者需取较为适中的值。

（2）光声信号与调制频率的关系。图 4－21 所示为不同共振腔长度下光源调制频率与光声信号关系的仿真结果，可以看出共振腔长度不变时光声信号随光源调制频率剧烈变化，同时某一腔长处的共振频率为光声信号最大值处所对应的调制频率值，且共振频率随腔长的增加而变小。

（3）缓冲池尺寸对噪声的影响。窗口吸收噪声和环境噪声对共振腔中光声信号的影响与缓冲池尺寸有关，图4-22和图4-23所示分别为噪声传输系数与缓冲池长度和半径的关系。从图中可以看出为了尽量减小背景噪声对信号影响，最佳缓冲池长度为$\lambda/4$，且半径为共振腔半径的3倍以上。

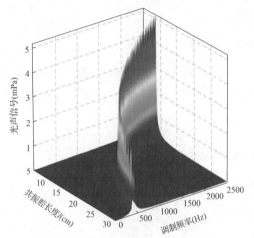

图4-21　光声信号与共振腔长度及
光源调制频率的关系

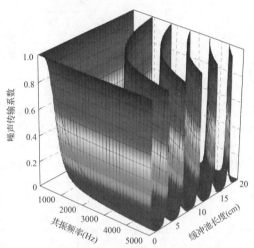

图4-22　噪声传输系数与缓冲池长度
和共振频率的关系

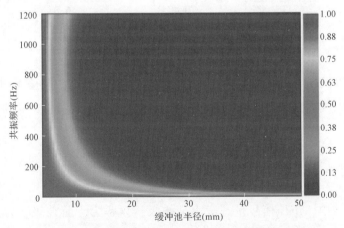

图4-23　噪声传输系数与缓冲池半径和共振频率的关系

（4）共振频率的漂移。理想情况下声速随温度的增加而增加，对气体在不同温度下光声信号与调制频率的关系进行仿真，如图4-24所示。从图中可以看出，温度对共振腔的中心共振频率影响较大，但对光声信号的最大幅值影响较小。

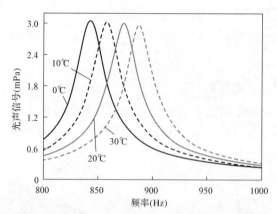

图 4 - 24　不同温度下光声信号与调制频率的关系

光声池材料的选择至关重要，它直接关系到气体的阻尼、黏滞和热损耗，对提高检测灵敏度影响极大。光声腔一般选用热传导系数较大、泊松比较大的铝、黄铜等材料，几种材料的性能见表 4 - 1。

表 4 - 1　　　　　　　　　　　　　　　光声池材料性能参数

材料	密度 （g/cm^3）	热导率 [cal/(cm·s·℃)]	杨氏模量 （$\times 10^{10}$N/m^2）	泊松比
铜	8.97	0.94	12.3	0.35
黄铜	8.5	0.26	10.8	0.32
铁	7.78	0.179	7.9	0.28
铝	2.7	0.48	6.85	0.34
玻璃	2.6	0.006	7.5	0.17

通过比较可以发现，虽然铜具有较大的杨氏模量和泊松比，但是铜的密度对铝来说很大，导致铜的加工成本比较高，综合考虑材料的性能及加工的特性，采用铝作为光声池的材料较为合适。

（三）微音器

在光声谐振腔中，声压信号量一般为毫帕级，频率为千赫兹级，为了尽可能地获取声压信息，提高系统检测灵敏度，需要采用灵敏度高、抗干扰性强、频响范围合适的微音器。

电容式微音器在结构原理上类似于平行板电容器。工作时微音器会将声音信号转变为电信号，其原理是在声波的作用下，电容器的振膜发生振动，这样振膜和背极间的距离就会随着振动发生改变，从而导致它们之间的静电容量发生改变，这样声信号就转变成了电信号。电容式微音器的寿命相对比较长，响应速度也较快，灵敏度高，传统的电容式微音器技术已经非常成熟。

近年来，基于硅微加工技术的 MEMS 微音器发展迅速。硅微电容式微音器的结构和原理与传统的电容式微音器基本相似。不同之处是，它既保持了传统电容式传声器的优良电声性能，同时还具有集成电路的优点。硅微传声器的弹性膜片、电容电极之间的间隙以及信号处理电路等全部集成在一个很小的硅芯片上。对声波做出响应的弹性膜片同时也兼具着电容极板的作用，可由硅或氮化硅等材料经过微加工技术研制而成，其直径可以加工至远小于 1mm，厚度可以达到微米量级，两个电极面之间的间隙也可以小到微米量级。因此，弹性膜片的微小振动就会对电容量造成可观的改变。由于微加工技术的应用，MEMS 微电容式传声器具有微型化、稳定的批量生产、价格低廉，并且可以跟随电路一起集成等优点。除此之外，与传统的电容式传声器相比，它还具有灵敏度高、频率响应平坦、较低的温度系数和较好的稳定性等优点。此外，由于其振动膜很小，质量非常小，不易受振动影响。

对于激光光声光谱采用的共振光声池，传统的电容微音器和 MEMS 微音器各有特点，都可以满足其声电转换的要求。

（四）波长调制 – 谐波检测

在光声光谱系统的实际测量中，光源调制可以分为两种形式：波长调制与强度调制。因为固体也存在光声效应，经强度调制后的光源照射到光声池内窗片、反射镜及池壁上时，就会产生与光声信号同频的背景噪声，难以通过线性加减等简单的算法去除。在气体的准确测量尤其是在微量气体的检测中，这样的背景噪声是不能容忍的，其甚至会覆盖信号值。相对于强度调制，波长调制是将激光光源两端加载正弦交流电压，通过电压的周期性变化使激光光源的输出光波长发生周期性变化。因为气体的光声效应对波长具有选择性，所以气体产生的光声信号是经过调制的。照射在窗片、反射镜及池壁上的激光因为光源的功率保持不变，窗片、池壁、反射镜等对光源的吸收保持不变，通过吸收光能产生的热能也保持不变，这样窗片、池壁、反射镜等产生的信号是没有经过调制的。通过后期信号处理就可以实现检测经过调制的目标信号，而滤除未经过调制的非目标信号。因此，利用池内窗片、反射镜及池壁对入射光光源波长的不敏感性，采用保持激光光源的输出强度不变，只改变光源波长的方法，就可以有效地抑制池内窗片、反射镜及池壁带来的背景噪声，提高系统的信噪比，进而提高光声系统的检测极限。

通常采用周期性控制加载在激光光源上的电压，使输出光源波长产生周期性变化。激光器两端加持余弦信号时，激光器输出光的频率见式（4 – 17）。

$$\nu(t) = \nu_c + b\cos(\omega t) \tag{4 – 17}$$

式中　ν_c——光源中心频率；

b——调制深度；

ω——调制频率。

调制后的光源入射进光声池内，与目标气体接触后，可用 Lambert – Beer 定律表示，即

$$I(\nu) = I_o(\nu) \mathrm{e}^{[-\alpha(\nu)Lc]} \tag{4-18}$$

式中　I_o——入射光强；

ν——入射光的频率；

$-\alpha(\nu)$——吸收系数；

L——吸收光程的长度；

c——气体浓度。

因光声池体积较小并且待测气体浓度较低，满足 $\alpha(\nu)L \le 0.05$，这时可近似将 Lambert – Beer 定律表示为式（4 – 19）。

$$I(\nu) = I_o(\nu)[1 - \alpha(\nu)L] \tag{4-19}$$

由于激光器中心频率在 ν_c 附近极窄范围内调谐，可认为激光光源的光强保持不变，见式（4 – 20）。

$$I_o(\nu) \cong I_o(\tilde{\nu}) \cong I_o \tag{4-20}$$

式中　$\tilde{\nu}$——吸收线中心频率。

则 $\alpha(\nu)$ 可表示为

$$\alpha(\nu) = \alpha[\nu_c + b\cos(\omega t)]。$$

联立式（4 – 20）可得

$$I(\nu) = I_o\{1 - \alpha[\nu_c + b\cos(\omega t)]L\} \tag{4-21}$$

$\alpha[\nu_c + b\cos(\omega t)]$ 是关于时间的函数，可用余弦傅里叶级数表示，即

$$\alpha[\nu_c + b\cos(\omega t)] = \sum_0^\infty A_n(\nu_c)\cos(n\omega t) \tag{4-22}$$

式中　$A_n(\nu_c)$——调制吸收系数的 n 次傅里叶分量。

若调制幅度 a 非常小，则傅里叶级数可化为式（4 – 23）。

$$A_n(\nu_c) = \frac{I_o L a^n}{2^{n-1} n!} \frac{\mathrm{d}^n \alpha(\nu)}{\mathrm{d}\nu^n}\bigg|_{\nu = \nu_c} \quad n \ge 1 \tag{4-23}$$

从式（4 – 23）可以看出，气体吸收系数的大小可以间接表示谐波幅值的大小，因此可以采用检测谐波幅值的大小来计算目标气体的浓度。其中偶次谐波分量的峰值与气体吸收线的中线吻合且二次谐波分量最大，奇次谐波分量的峰值位于气体吸收线的中心的两侧，并且气体吸收线中心处幅值为零。

激光光声检测器可以使用波长调制结合二次谐波检测的方式避免固体光声背景噪声影响，获得极高的信噪比，这是红外光声检测器无法实现的优势。

二、激光光声检测器特点

激光光声检测器采用的 DFB 半导体激光器输出线宽仅兆赫兹量级，相对于气体吸收谱线的线宽（一般为吉赫兹量级）来说，可以视为理想的气体检测单色光源。这使得激光光声检测器具有以下显著特点：

（1）高选择性。激光光源输出谱线可精确对准被激励气体的吸收谱线，因此该技术具有较高的选择性，能够有效地排除其他气体的干扰。

（2）高灵敏度。激光光源输出谱线极窄，光能量集中度高，气体检测灵敏度更高。

（3）长期稳定性。DFB 半导体激光器长时间运行衰减较小，检测响应速度快，测量重复性好。

（4）可靠性。DFB 半导体激光器采用电流调制，无需机械斩波器，结构简单可靠。

（5）适应范围广。根据应用需求选择不同的激光器可以使其具有很好的适应性。

第七节　红外吸收光谱检测器

红外吸收光谱检测器中的非分散吸收光谱检测器采用宽谱红外光源，使用直接吸收光谱技术，在实际测量中易受背景噪声、激光强度波动等干扰，检测下限较低，气体交叉干扰严重，难以满足油中溶解气体检测的要求，仅有少数国外厂家有所使用，在此不再详述。本节主要介绍红外吸收光谱检测器中的激光吸收光谱检测器。

一、激光吸收光谱检测器结构

激光吸收光谱检测器由激光器、光学吸收池、红外探测器，信号检测与控制装置组成，如图 4-25 所示。其具体工作过程可概述为：经过波长调制的激光通过准直器入射到光学吸收池中，样气体吸收周期性红外激光的能量由基态跃迁至激发态，再通过无辐射方式回到基态，这个过程会导致入射光的功率衰减。然后，利用红外探测器将光信号转换为电信号，通过锁相放大等技术，提取出吸收信号中包含的二阶或更高阶调制分量，实现待测气体浓度的反演。

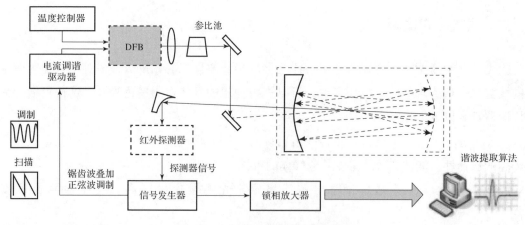

图 4 - 25 激光吸收光谱检测器结构

(一) 激光光源

激光吸收光谱检测器对激光器的要求为波长可调谐，窄线宽，单模输出，功率随波长变化稳定。可调谐半导体激光器作为 TDLAS 技术的理想光源，其最大优点在于它的输出波长能根据温度和驱动电流的变化而变化。

半导体激光器根据结构的不同进行划分，一般可以分为法布里—珀罗型激光器（F－P）、垂直腔面发射激光器（VCSEL）、分布反馈式半导体激光器（DFB）、外腔半导体激光器（ECDL）、分布布拉格反射镜激光器（DBR）和量子级联激光器（QCL）等。在前面提到的几种半导体激光器中，F－P 和 DBR 两种激光器的调谐范围很大，但其工作不稳定，原因是易发生跳模现象。ECDL 激光器线宽窄单色性好，因此不能快速地测量不同种类气体。QCL 激光器具有中红外和远红外两种不同波段，但其调谐能力较差，还需要额外的散热冷却设备，以减少因高功耗而产生的热量，导致整个系统操作的复杂度增大。而 VCSEL 激光器和 DFB 激光器因其稳定性好、可调谐范围大和线宽窄的优点，从而被 TDLAS 检测系统广泛使用。

此外跟激光光声光谱不同，激光器的输出功率跟 TDLAS 的检测灵敏度无直接关系，因此激光器输出功率不是 TDLAS 系统光源选择的主要指标。

(二) 光学吸收池

变压器油中溶解气体的含量很低，这些痕量气体产生的光吸收信号也比较微弱，根据前述 TDLAS 技术原理分析可知，被测痕量气体的二次谐波信号峰值与气体浓度和吸收光程成正比，因此可以通过增加光程来提高系统对微弱的光吸收信号的检测。在 TDLAS 检测系统中，利用多次反射吸收池是增加光程的常见方法。目前使用的光学气体吸收池可分为 White 吸收池、Herriott 吸收池、环形吸收池以及衍生出来的多种改进型吸收池。

1. White 吸收池

1942 年，美国 Esso 实验室的 White 利用三块具有相同曲率半径的球面镜首次设计了一款光学气体吸收池，称为 White 吸收池，其结构如图 4 – 26 所示。

图中物镜 A 和 A′并排放在气体吸收池的一端，A 和 A′的曲率中心落在场镜 B 上，B 的曲率中心则位于 A 和 A′的中间，通过微调 A 和 A′曲率中心的间距可改变光线在气体吸收池内的反射次数，从而实现不同的吸收光程。目前，White 池的光程可以在几米到几百

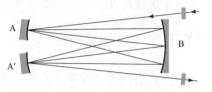

图 4 – 26　White 吸收池

米甚至上千米之间调节，已被广泛应用于可调谐半导体激光吸收光谱和分子光谱测量等领域。然而，由于 White 池所占体积较大，镜片数量相对较多，且对于装配要求较高，导致其在复杂环境中的应用较为有限。

2. Herriott 吸收池

1964 年，美国贝尔电话实验室的 Herriott 等利用两块共轴放置的曲率半径 r 相等的球面镜提出了一种新型气体吸收池结构，称为 Herriott 吸收池，其结构如图 4 – 27 所示。

由图可知，两块等焦距 f 的球面镜 M1 和 M2 以一定间距 d 共轴放置，当 $0 < d < 4f$ 时，M1 和 M2 就组成了一个稳定的光学谐振腔，此时入射到腔内的光束可以在其中来回反射而不逸出。光线通过 M1 上的小孔以某个特定的角度入射并多次往返后，会在 M1 和 M2 上各自形成图 4 – 27 中所示的圆形光斑。相比 White 池，Herriott 池结构简单，稳定性好，在相同的体积下具有更大的吸收光程。Herriott 池调节方便、成本较低、结构简单、稳定、抗干扰强，因此得到了广泛的应用。但其光程不可调节，无法进行大范围气体浓度的检测，只适用于光束发散角较小的激光光束。

3. 环形吸收池

环形吸收池的概念最初是由 Chernin 提出的，如图 4 – 28 所示。

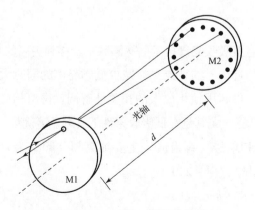

图 4 – 27　Herriott 吸收池结构

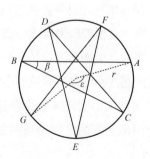

图 4 – 28　环形吸收池

光线从 A 处进入，经过 5 次反射后从 G 处出射。环形吸收池结构简单、紧凑，可以在较小的体积内产生较大的吸收光程。但在环形吸收池的制造过程中，需要把金属加工成一个完整的环形结构，并且要求内表面加工成镜面级，然后在上面镀金属反射膜，这对制造工艺提出了很高的要求，限制了环形吸收池的推广使用。

（三）红外光电探测器

红外光电探测器作为 TDLAS 气体检测系统必不可少的部件，直接关系检测系统的整体性能，其功能是利用光电效应实现光信号到电信号的转变。对于红外光电探测器来说，影响系统检测精度的重要因素主要包括光信号的检测、转换效率、噪声、响应速度等。常用商业化近红外光电探测器的基本参数见表 4-2。

表 4-2　　　　　　　　　　　常用商业化近红外光电探测器基本参数

材料	工作波段（nm）	响应强度 [cm/(W·Hz$^{1/2}$)]
Ge	700~1800	3.0×10^{10}
InAs	1000~3800	5.0×10^{8}
PbS	1000~3300	4.0×10^{10}
PbSe	1000~4500	5.0×10^{9}
InSb	1000~5500	2.0×10^{10}
InGaAs	800~1700	8.0×10^{11}
InAsSbP	1000~2100	2.0×10^{11}

InAs、PbS、PbSe、InSb 等为材料的红外光电探测器虽然有较宽的光谱响应波段，但响应强度相对较低。InGaAs 探测器虽然响应波段较窄，但在 700~1700nm 范围内的响应强度最大。由于商用近红外 DFB 激光器的输出波段普遍位于 700~1800nm 之间，InGaAs 红外光电探测器通常是作为 TDLAS 检测器的首选接收元件。

（四）波长调制光谱

波长调制技术利用高频正弦波信号将直接吸收光谱技术的探测频率转移到更高的频率处，利用了背景噪声在低频段强度大、高频段趋近于零的特点，在减少低频噪声的同时大幅度地提高检测系统的灵敏性和测量结果准确性。再利用锁相放大的相关性解调，得出相应的谐波信号。波长调制法在痕量气体检测中应用广泛，尤其是在低吸收条件下具有显著优势。

波长调制技术的实现主要是在低频慢扫信号（锯齿波）上叠加高频（频率为 ω）的正弦信号，此时激光器的出射光频率表达式见式（4-24）。

$$\nu(t) = \nu_c + b\cos(\omega t) \qquad (4-24)$$

式中　ν_c——扫描电流信号对应的激光频率；

b——调制信号对应的频率调制幅度。

吸光度 $A(\nu)$ 可表达为式（4-25）。

$$A(\nu) = \alpha\left[\nu_c + b\cos(\omega t)\right]cL \tag{4-25}$$

对式（4-25）进行傅里叶级数展开，见式（4-26）。

$$\alpha\left[\nu_c + b\cos(\omega t)\right] = \sum_0^\infty A_n\cos(n\omega t) \tag{4-26}$$

式中　c——气体浓度；

$\quad L$——吸收光程长度；

$\quad A_n$——n 次的吸收。

第 n 次的谐波分量表示为式（4-27）。

$$A_n(\nu_c) = \frac{2}{\pi}\int_o^\pi \alpha\left[\nu_c + b\cos(\omega t)\right]cL\cos(n\omega t)\,\mathrm{d}(\omega t) \tag{4-27}$$

根据泰勒级数展开为式（4-28）。

$$A_n(\nu_c) = \frac{b^n cL}{2^{n-1}n!}\frac{\mathrm{d}^n\alpha(\nu)}{\mathrm{d}\nu^n}\bigg|_{\nu=\nu_c} \quad n \geq 1 \tag{4-28}$$

由上述公式可知，谐波分量和激光的初始光强、压强、光程、待测气体浓度以及吸收系数的 n 阶导数有关。在实际的浓度测量中，除了浓度值未知以外，其余量均是已知量，检测出谐波分量就可通过谐波分量反演出浓度值。随着谐波次数 n 的增大，谐波信号幅值不断减小，信号的幅值越大，越容易被检测到，因此 n 越小越好。同时，由于奇次谐波在吸收谱线中心频率处的相对幅值大小为 0，而偶次谐波在吸收谱线中心频率处的相对幅值恰好为最大值，即峰值。综合以上两点，二次谐波分量是最常用的提取目标。解调手段采用锁相放大器技术，输入高频（f）正弦信号后，解调出频率在 $2f$ 处的谐波分量，然后反演出待测气体浓度。

二、激光吸收光谱检测器的特点

由于目前商业化的近红外 DFB 激光器的输出波段普遍位于 700~1800nm 之间，处于油中溶解气体的泛频吸收带，红外吸收度很小，这就导致激光吸收光谱检测器需要配合长光程的光学吸收池才能获得较高的检测灵敏度。这使得激光吸收光谱检测器具有以下显著特点：

（1）高选择性。激光光源输出谱线可精确对准被激励气体的吸收谱线，因此该技术具有较高的选择性，能够有效地排除其他气体的干扰。

（2）较高的检测限。波长调制光谱技术叠加了高频调制信号，能有效抑制背景噪声，极大地提高了检测灵敏度，结合长光程的光学吸收池，可以实现较高的检测限。

（3）适应范围广。根据应用需求选择不同的激光器可以使其具有很好的适应性。

（4）结构复杂。长光程的光学吸收池对装配和安装的机械准确度都有较高要求，环境适应能力较弱。

（5）气室容积大。长光程的光学吸收池容积大，需要较大的脱气量，对脱气装置的性能要求较高。

第八节　其他检测器

从目前已经在变电站现场投运的在线监测产品来看，其对变压器油中溶解气体的检测原理大多是基于色谱检测技术和光声光谱检测技术，这两种技术已相对成熟，被广泛应用在变电站现场。近年来，也有基于光纤气体传感器、固态钯合金氢气传感器以及半导体气敏传感器阵列等技术的在线监测装置不断问世。

一、光纤气体传感器技术

光纤气体传感器是一种新型的变压器 DGA 在线监测技术，它基于不同的气体组分有不同的吸收峰带，进行气体含量的检测。其传输的是光信号，而不是电信号，因此具有较好的抗干扰性，并可进行远距离传输。光纤气体传感器克服了传统色谱分析及其他在线监测技术的不足，可以实现真正意义上的在线监测、分析及诊断，为变压器的运维人员提供及时、准确的决策依据。

（一）光纤气体传感器技术工作原理

任何介质对任意波长的电磁波能量都会或多或少地吸收，完全不吸收电磁波能量的介质是不存在的。当光通过介质时，光的强度会随着介质的增厚而减小。介质中的分子、原子及离子会和光子作用，光子会发生能量转移，而介质中的分子、原子及离子在吸收能量后，能级会发生跃迁。

玻尔理论说明，原子在发生跃迁时，自身要吸收或辐射能量，具体体现为吸收或辐射光子。原子发生跃迁而所需的能量则由跃迁能级差决定。如原子从 E_0 初定态跃迁至 E_1 终定态时，它所需的光子能量由这两种定态的能量差所决定，即 $hv = E_0 - E_1$。这表明原子发光的光谱是一组不连续明线光谱，而原子吸收光子也是有选择性的。只有当光子的能量与物质粒子的基态和激发态能量差相等时，才能被粒子吸收，而多余的能量并不会被吸收。光子被吸收之后，粒子由基态跃迁到激发态，但粒子在激发态的停留时间非常短暂，很快就会通过自发发射释放光子，重新回到基态。粒子在重回基态所发射的光子的方向是任意的，不一定会射向原方向。此时，原方向上的光子相当于被散射掉了，即原方向上光强度产生了衰减，可通过测量原方向上光强度的衰减信息，来进一步获得待测气体的含量。对于多组分气体，由于分子结构特征的不同，决定了不同分子具有不同的吸收光谱，通过测量特定波长光波吸收情况，即可实现待测气体含量的测定。

（二）光纤气体传感器技术特点

光纤气体传感器的检测信号可以光信号的形式，通过光纤进行远距离传输，避免信号衰减和电磁干扰，可靠性高。光纤气体传感器的响应速度快、抗电磁干扰能力强、稳定性好、选择性好，可以确保在线监测系统的长期可靠运行。光纤气体传感器在分析气体成分及含量时，无需使用色谱柱，只需光谱分析即可，测量过程中也不会造成待测气体含量发生变化，具有非常好的稳定性及准确性；无需载气、标气等消耗品，维护率低，使用寿命长。

此外还可发挥光纤气体传感器的优势，将气体检测、超声波检测以及温度检测等技术进行融合，建立一个检测多参数的变压器在线监测系统，继而实现对变压器的油中气体、局部放电、油温等参数的远程在线检测，提升变压器的事故预防及处理能力，确保变压器的安全运行。

但目前光纤气体传感器技术还不够成熟，仅能检测甲烷、乙烯、乙炔及一氧化碳这四种气体，后续仍需进一步完善，实现对氢气、乙烷及二氧化碳气体的检测。光纤气体传感器技术在变压器的在线监测方面具有巨大的潜力及优势，进一步的研究提升必将给变压器的在线监测技术带来突破。

二、基于固态钯合金氢气传感器的在线监测技术

在变压器的大部分故障中，氢气都是非常重要的特征气体，并且氢气可在变压器故障发生的初期指示较大的问题。因此大多数的单组分气体在线监测技术均是针对氢气而研发的。近几年，基于固态钯合金氢气传感器的单氢在线监测装置在变压器在线监测中得到了广泛的应用（见图4-29）。

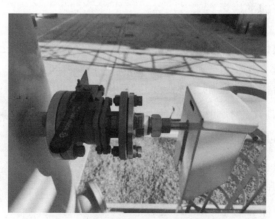

图4-29　固态钯合金氢气传感器

（一）固态钯合金氢气传感器工作原理

固态钯合金氢气传感器的工作原理是基于金属钯与氢气的专一性选择。当氢气分子接触到钯合金表面时，氢气分子会被催化成氢原子，氢原子可以被钯合金吸附进入钯合金晶格中，引起晶格膨胀及相变，进而造成钯合金电导率产生变化，即引发钯合金的电阻发生变化。当氢气含量增加时，钯合金表面吸附的氢气原子增多，导致钯合金电阻值增大；反之，当氢气含量减小时，钯合金电阻值减小，而钯合金阻值的变化又跟氢气含量的变化呈线性关系，因此可以通过测量钯合金电阻值的变化来确定变压器油中氢气的含量。

（二）基于固态钯合金氢气传感器的在线监测技术特点

固态钯合金氢气传感器是一种新兴的变压器单氢气在线监测技术，它具有以下特点：

（1）选择性高。固态钯合金氢气传感器不受一氧化碳、烃类等可燃气体的干扰，是真正意义上的氢气专一技术。

（2）响应速度快。可直接插入变压器油中，测量油中的氢气含量，无需进行油样采集、脱气等步骤，响应速度更快。

（3）实时监测。能够持续不断地监测油中氢气体浓度的变化，提供实时的监测结果。

（4）测量的准确性高。传感器芯片位置集成了加热器和温度传感器，降低了环境温度波动对芯片性能的影响，极大地提升测量的准确性。

（5）安装位置灵活。可以根据需要进行灵活的安装。

（6）设备维护成本低。装置无需载气、标准气等易耗品，可直接插入油中进行分析，无需脱气，整体维护成本低。

此外，固态钯合金氢气传感器还可进一步集成微水及压力检测单元，作为传统变压器在线监测技术的有益补充，帮助提早发现变压器的潜在故障，提高变压器故障的快速检测及处理能力，保障电网的平稳运行。

三、半导体气敏传感器阵列技术

所谓的半导体气敏传感器阵列技术，其实是相对分立式气体敏感器而言的。人们出于选择性目的，将多个气敏传感器组合在一块，最终所形成的传感器阵列，就是阵列式气敏传感器（见图4-30）。它是一种高精度的气体辨识技术，既可以实现简单气体中的组分及含量的检测，同样也适用于复杂环境中，对组分气体中各个组分及含量的检测。与分立式气敏传感器相比，阵列式气敏传感器不再过度依赖气敏传感

图4-30 阵列式气敏传感器

器的选择性，有效解决了其他气体干扰的问题，并在此基础上进一步融合了模式识别技术，提高了多组分气体检测的准确性。

（一）半导体气敏传感器阵列技术原理

半导体气敏传感器阵列技术中多采用电阻型的半导体气敏传感器，它主要是基于待测气体分子与半导体表面接触时，会引发反应，导致半导体表面的电导率的发生变化，即自身阻值发生变化，而这种变化与气体组分含量呈正相关关系，基于此实现待测气体组分检测。

此外，模式识别单元还可以对传感器阵列的输出信号进行处理，以实现多组分气体的定性及定量分析。目前模式识别的算法大多采用基于 BP 神经网络的模式识别算法。BP 神经网络算法功能强大，便于理解，可以实现输入和输出信号之间的非线性映射，而在半导体气敏传感器阵列技术信号的处理中，输入和输出信号之间恰好是非线性的，因此在模式识别中 BP 神经网络被广泛应用，且效果很好。

（二）半导体气敏传感器阵列技术特点

半导体气敏传感器阵列技术由于其优越的气敏特性、较高的实用价值，受到了越来越多的学者的关注，其主要特点如下：

（1）半导体气敏传感器阵列技术的气敏特性高，对气体的选择性高，而且有效避免了多组分气体交叉敏感的现象。

（2）其响应速度快，可以实现变压器油中气体的实时监测。

（3）其尺寸小巧、重量轻，自动化程度高，易于集成到各种设备或系统中。

但半导体气敏传感器阵列技术的数据建模过程十分复杂，且其在使用过程中容易受气敏传感器中毒老化、气敏传感器及气敏传感器阵列的机械结构受损等因素的影响，从而导致气敏传感器的气敏特性衰退，进而影响气敏传感器阵列的检测性能。

四、氦离子检测器技术

氦离子检测器技术利用氦离子化检测器，辅以十通阀中心切割及反吹技术，能够实现对变压器油中溶解气体 7 种组分（H_2、CH_4、C_2H_6、C_2H_4、C_2H_2、CO、CO_2）的分离和测定，一次进样分析时间约 7min，检出限达到 1×10^{-9} 量级，特别对于特征气体 C_2H_2 和 H_2 分别可达 5×10^{-9} 和 11×10^{-9}。与传统气相色谱法相比，新型氦离子化气相色谱法操作简便，检测器的出峰信号值大大增强，检出限提高了 5～80 倍，且无须氢气做辅助气，减少了安全隐患。这对于及时发现特高压变压器内部存在的潜伏性故障具有重要意义，有助于确保电网的安全经济运行。

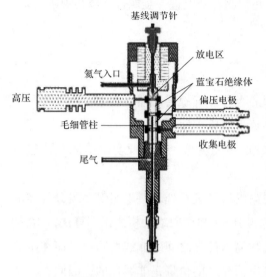

图 4 - 31　PDD 检测器结构

（一）氦离子检测器技术工作原理

PDHID（简称 PDD）型检测器是一个无辐射的脉冲放电离子检测器，如图 4 - 31 所示。

PDD 检测器在氦气中用一个稳定的，低能耗的脉冲直流放电使氦气电离作为离子源。经过流量计、色谱柱的流出物进入电离区域的氦气流中，被从氦电离产生的电子、高能光子等光离子化。产生的电子聚集在由两个偏压电极组成的收集电极周围。离子化的主要模式是由双原子的 $He_2(A^1\sum_u^+)$ 跃迁至游离的 $2He(1S1)$ 发生光离子化，这就是著名的 Hopfield 跃迁。从 He_2 产生的光子的能量在 $13.5 \sim 17.7eV$ 之间。

（二）氦离子检测器技术特点

氦离子检测器技术在变压器油中溶解气体检测中的应用，主要体现在其高灵敏度、快速分析和操作简便的特点。

PDD 检测器是一个无破坏性（0.01% ~ 0.1% 电离）和高灵敏的检测器。其最小的检测限在皮克量级范围，该量程内检测器对有机化合物的 5 次检测其响应值仍呈现线形关系。这个响应值对永久性气体在其检测下限 1×10^{-9} 范围内呈现正的响应值（标准电流增加）。

PDD 检测器对除氖以外的所有气体都具有很好的响应值。氖具有 21.56eV 的电离电势，这个电离电势和亚稳的 He * 的能量（19.8eV）接近但比从 He_2 电离产生的光子的能量大，因此氖具有很低的离子化效率，对检测器的响应值也非常低。

若在电弧气流中掺杂入其他气体，检测器会像具有选择性的光电离检测器一样并正常运行。如掺杂 Ar 对有机化合物进行检测，掺杂 Kr 对不饱和的化合物进行检测，或者掺杂 Xe 对多聚的芳香族化合物进行检测。

第九节　检测器性能评价

一种检测器能否被推广使用，可以从下面几方面进行比较。当然一个检测器的好坏也并非绝对。另外，了解检测器的评价指标，除有利于选用检测器外，对选择检测器的最佳操作条件以及鉴别检测器的工作是否正常也是有益的。

一、线性

不同类型检测器的响应值 R_i 与进入检测器的组分浓度、质量或质量流量 Q 之间的关系可用 $R_i = CQ^n$ 表示，其中 C 为常数。当 $n = 1$ 时，表示该检测器为线性响应；当 n 不为 1 时，表示该检测器为非线性响应。变压器油中溶解气体在线监测技术中所涉及的检测器基本均为线性检测器。

二、线性范围

进入检测器的组分量与其响应值保持线性关系，或其灵敏度保持恒定所覆盖的区间，称为线性范围。其下限为该检测器的检测限；当响应值偏离线性达到 ±5% 时，为其上限。通常用检测器可以保持线性响应时的最大组分量与最小组分量的比值表示线性范围。

三、检测限

检测限是指检测器能够检测到的最低气体浓度或质量。检测限越低，检测器的灵敏度越高。

四、灵敏度

检测器的灵敏度是对进入检测器样品的转换能力大小的衡量，其物理意义是单位样品量进入检测器时检测器输出信号的大小，常用 S 表示。而同一检测器对不同物质的灵敏度有时也相差很大。为了使同类检测器能进行性能比较，常用对标准物质的响应作为标准。

五、响应时间

样品在载气中的浓度（或质量流速）发生阶跃变化时，检测器输出由零开始增加到最终稳定值的 90% 所需的时间，称为响应时间，又称为时间常数。样品各组分是通过流动和扩散才到达检测器敏感区的，响应时间就是对这个过程快慢的度量。光学检测器常用 T_{90} 表示响应时间。

六、重复性

即检测器在相同条件下多次检测同一气体时，所得到结果的一致性，通常用标准偏差和相对标准偏差表示。

七、恢复时间

恢复时间指检测器从标准气体恢复到零点气体时，信号恢复快慢的一个参数。恢复时间常用 RT90 表示，它的意思是从检测器通气平衡状态恢复到 10% 信号所花的时间。如 C_2H_2 标准气是 $50\mu L/L$，检测器信号从 $50\mu L/L$ 回到 $5\mu L/L$（$50\mu L/L \times 10\% = 5\mu L/L$）的这段时间就是 RT90。

八、需气量

需气量指检测器完成一次检测需要的最小样气体积，以标准大气压、25℃条件下计量。这个指标严重影响脱气装置的设计。

第五章 油中溶解气体在线监测装置的通信技术方案

第一节 通信技术概述

通信技术是变电站在线监测技术的关键组成部分，其决定着设备运行状态监测信息能否快速、有效地进行传输，为远方的运维人员提供有效信息。目前，国内电力公司为确保变电站内部通信的安全性和可靠性，防止不同安全级别的数据交叉污染，采用了分区架构，分为安全Ⅰ区（控制区）、安全Ⅱ区（非控制区）、安全Ⅲ区（生产管理区）、安全Ⅳ区（管理信息区）。

对于油中溶解气体在线监测装置，需要传输的监测数据包括配置数据和图谱数据，其中，配置数据是指采用二进制形式用以描述数据属性的数据，如时间、通道数、气体含量等；图谱数据是指油色谱出峰图，整体上数据量相对较小。另外，国内电力公司主要将该类监测装置放置在安全Ⅱ区或安全Ⅳ区，通信技术主要包括站内通信、站端与远程监测中心通信两种场景，具体包括有线、无线通信技术。

一、有线通信技术

有线通信技术主要利用变电站内已有的通信线路进行数据传输，且在变电站内通常会配置综合处理单元、智能网关等类似装置，其遵循 DL/T 860 通信规约接收并上送在线监测装置发送的数据。有线通信主要包括无源光网络（passive optical network，xPON）、工业以太网、串口通信等。

（一）无源光网络

xPON 是新一代光纤接入技术，在抗干扰性、带宽特性、接入距离、维护管理等方面均具有巨大优势。整个系统包括以太网无源光网络（ethernet passive optical network，EPON）、千兆无源光网络（gigabit passive optical network，GPON）等，其是由光线路终端（optical line terminal，OLT）、光分配网（optical distribution network，ODN）、光网络单元（optical network unit，ONU）组成的面向工业控制应用的光纤宽带传输系统。xPON 系统可组成星型、树型、总线型、环型和双上联型等网络架构。

xPON 系统光信号在封闭介质内传输，辐射性较小，泄漏及侦听难度极大，安全性较高。各个 ONU 与 OLT 设备之间通过无源分光器采用并联方式组网，一个或多个 ONU 故障或掉电不会影响 OLT 和其他 ONU 的正常运行。EPON 单 PON 口提供上、下行对称的 1.25Gbit/s 传输速率，GPON 单 PON 口提供下行 2.5Gbit/s，上行 1.25Gbit/s 传输速率，xPON 系统最大传输距离可达 20km。

（二）工业以太网

工业以太网是面向工业控制应用的一种新型以太网技术，与 IEEE 802.3 标准兼容。其主要由工业以太网三层交换机、二层交换机等组成，多采用以环形结构为主的网络组网方式。设备符合工业等级要求，具备抗强电磁干扰、高电压馈入、雷击保护等功能，可以在运行条件恶劣和电磁环境复杂的场合使用。

工业以太网光信号在封闭介质内传输，辐射性较小，泄漏及侦听难度极大，安全性较高。单个端口带宽为 100、1000Mbit/s，采用光纤方式最大传输距离可达 20km，双绞线方式小于 100m。

（三）串口通信

串口通信技术是通过一个接一个的比特（bit）顺序传输数据的技术，是在线监测装置与后台主机间最常用的通信方式之一，其通信协议主要是 RS485 串口通信。

RS485 采用差分通信，信号通过两根线（A 和 B）进行传输，具有更长的通信距离，最大传输距离可达 1200m，传输时抗噪声干扰性能较好，且支持多点通信，可以连接多个设备形成总线型结构，节点接入数量最高为 32 个。

目前，对于站端有后台主机的油中溶解气体在线监测装置，主要通过 RS485 进行通信。

二、宽带无线通信技术

宽带无线通信技术主要利用移动运营商网络或局域网进行数据传输。当采用移动运营商网络时，可以和远程监测中心实现点对点通信，跳过站内综合处理单元等网络节点，通信稳定性相对较好；局域网主要实现站内设备间数据采集和共享，无法直接与远程主站进行数据交互。宽带无线通信技术主要包括 4G 无线虚拟专网、5G 软切片、5G 硬切片、Wi-Fi、WAPI、星闪技术等。

（一）4G 无线虚拟专网

4G 无线虚拟专网基于移动运营商 4G 网络，采用 APN、VPN 等技术，在电力系统终端、主站侧部署安全防护措施，构建面向电力行业的无线通信网络。电力终端采用专用 SIM 卡接入该网络，网络侧仅能实现逻辑隔离，因此通常需要安装加密装置，以保障通信的安全性。

4G 无线虚拟专网覆盖范围广、组网灵活、带宽高，但在偏远山区变电站，受运营商基站覆盖范围限制，可能存在信号较差的情况，性能受网络负荷影响，速率波动较大，但基本可以满足传输油中溶解气体监测数据。峰值下行速率 100Mbit/s、上行速率 50Mbit/s，平均速率可达 5~10Mbit/s，端到端传输延时小于 100ms。

（二）5G 软切片

5G 软切片通过租用电信运营商 5G 无线网络，采用 SDN 技术构建基于"DNN + QoS"的虚拟通道，实现虚拟专网的逻辑分离。

5G 软切片网络上行速率可达 150~300Mbit/s，下行速率可达 1~2.5Gbit/s，传输时延小于 50ms。单基站覆盖半径约为 300~800m，理论连接能力为 100 万个终端/km²。5G 软切片安全性、可靠性与 4G 无线虚拟专网类似。

（三）5G 硬切片

5G 硬切片通过租用电信运营商 5G 无线网络，采用硬切片技术实现资源块（RB）预留，达到时频资源完全独享，近似物理隔离，能更好保证通信通道可靠性。

5G 硬切片在 1% RB 资源预留时，上行速率可达 1~2Mbit/s，下行速率可达 5~20Mbit/s，传输时延小于 50ms。5G 单基站覆盖半径和理论连接能力与 5G 软切片相同。5G 硬切片技术近似专网专用，基本能够保障切片内业务不受其他业务影响。

（四）Wi-Fi

Wi-Fi 底层执行 IEEE 802.11 标准规范，采用上、下行对称调制方式，工作频段为 2.4GHz（2.4~2.4835GHz）和 5GHz（5.15~5.25GHz，5.725~5.85GHz）可组成星形、网状网络。

Wi-Fi 设备发射功率不大于 50mW，接收机灵敏度约为 -80dBm，单跳通信距离小于 100m，Wi-Fi 6 网络理论峰值速率可达 9.6Gbit/s。Wi-Fi 由于协议开放、加密方式简单，且采用二元非对称认证，其安全性相对较差，目前几乎不直接应用该技术进行数据传输。

（五）WAPI

WAPI（WLAN authentication and privacy infrastructure）是由我国自主创新的一种无线局域网安全协议，基于 IEEE 802.11 系列无线协议集，工作频段、发送功率、接收机灵敏度、单跳通信距离、峰值速率与 Wi-Fi 相同。

WAPI 基于三元对等网络安全架构的实体鉴别技术（TePA-EA），在网络架构上引入在线可信第三方（AS 鉴权服务器），有效解决网络安全中普遍存在的访问控制和安全接入问题，实现了用户、接入点、网络三者之间真正的双向身份鉴别，在防范非法接入、中间人攻击、假热点及伪基站等方面具有明显的优势，可有效弥补 Wi-Fi 在网络架构和协议设计方面的缺陷和漏洞，安全性较高，目前在变电站内应用较为广泛，主要用于站端各类装置采集数据汇集。

（六）星闪技术

星闪技术是国际星闪无线短距通信联盟发布的新型无线短距通信标准技术，是一种宽带无线通信技术。与蓝牙技术相比，星闪技术在性能、传输距离、通信方式等方面具有显著优势。星闪技术能够实现高速宽带无线通信，支持点到点和多点通信方式，同时支持多用户同时通信。其性能指标远超蓝牙，能够实现 $20\mu s$ 的延迟，这在无线连接技术中是首次进入微秒级。此外，星闪技术的带宽范围极大，可以达到 100kbit/s ~ 12Mbit/s，这使得它在高速数据传输方面具有明显优势。

星闪技术由我国通信产业积累的经验和技术创新应用而来，是我国科技自立自强的一个重要里程碑。此技术在兼顾大带宽和低能耗基础上，为新兴场景带来高可靠、精同步、高并发、低时延的更优体验。

三、窄带无线通信技术

窄带无线通信技术是专为低数据速率通信需求设计的无线通信方式，特别适用于物联网（IoT）、远程监测、遥控和传感等领域，该类技术通常用于多传感器设备的数据汇集，且适合电池供电的应用场景，如避雷器在线监测、局放在线监测等，可大量减少传输线缆的铺设，降低安装成本。窄带无线通信技术主要包括 LoRa、ZigBee、DL-IoT、HRF 等。

（一）LoRa

LoRa 是由美国 Semtech 公司推出，是一种基于扩频技术的低功耗窄带远距离通信技术，主要用于物联网终端的接入。LoRa 通信技术可遵循 LoRaWAN 协议、CLAA 协议、LoRa 私有网络协议和 LoRa 数据透传协议。LoRa 网络工作于非授权频段，支持 433、470、490MHz

及 2.4GHz 等非授权频段。

LoRa 网络带宽峰值速率为 37.5kbit/s，体验速率 10kbit/s。终端到网关时延小于 300ms，端到端时延为秒级。城区最大覆盖范围可达 3~5km，郊区可达 10~15km。

由于油中溶解气体在线监测装置安装数量不多，且需要敷设电缆获取电源，因此较少采用该类技术。

（二）ZigBee

ZigBee 由国际 ZigBee 技术联盟推出，是一种应用于短距离和低速率下的无线通信技术。ZigBee 底层采用 IEEE 802.15.4 标准规范，工作在 2400~2483.5MHz 频段，网络拓扑为 Mesh 网，由一个主节点管理若干子节点，一个主节点最多可管理 254 个子节点。

ZigBee 物理层通信速率小于 250kbit/s，接收灵敏度为 -101dBm，单跳通信距离小于 100m。ZigBee 采用空闲信道评估等技术提高抗同频干扰能力。通过周期性监听和定时唤醒的方式实现低功耗，同时也导致时延长达秒级。ZigBee 提供了三级安全模式，包括无安全设定、使用接入控制清单（ACL）防止非法获取数据以及采用高级加密标准（AES - 128）的对称密码。

该技术满足电力公司输变电设备物联网微功率无线网通信协议中 IEEE 802.15.4 物理层的要求。

（三）DL - IoT

DL - IoT 技术是一种自主可控的窄带低功耗物联网无线通信技术，工作在 230MHz 频段和 470MHz 频段。电力专用 230MHz 授权频段干扰小，不受 470MHz 频段 50mW 发射功率限制，且可使用更宽的频谱，可提供较高的通信带宽和较好的网络覆盖。

DL - IoT 采用 MFSK - 0FDM 调制解调方式，支持多跳中继，终端带宽可达 16kbit/s，AP 侧 8 信道并发可达 128kbit/s。城区复杂情况下覆盖可达 1~2km，单跳时延 50ms。DL - IoT 采用轻量化加密算法及网元鉴权机制。

（四）HRF

HRF 技术是一种自主可控的窄带低功耗物联网无线通信技术，工作在 470~510MHz 频段。HRF 由主节点 CCO（中央协调器）、代理节点 PCO（代理协调器）和从节点 STA（站点）构成。

HRF 主节点 CCO 设备最大支持 1000 个连接，最大通信速率不低于 156kbit/s，网络时延小于 100ms；具备 Mesh 组网能力，支持动态路由切换，支持树形多跳组网，点对点单跳通信距离可达 300m，组网可达 2km。

第二节　技术适配分析

在通信技术性能方面，本节将从技术性、安全性、经济性三个方面进行分析对比，并对目前各个电网公司常用的通信技术进行阐述。

一、技术性适配分析

（一）通信带宽

xPON：EPON 单 PON 口提供上、下行对称的 1.25Gbit/s 传输速率；GPON 单 PON 口提供下行 2.5Gbit/s，上行 1.25Gbit/s 传输速率。

工业以太网：单个端口带宽为 100、1000Mbit/s。RS485：最高传输速率为 10Mbit/s。

4G 无线虚拟专网：峰值速率为 10 ~ 100Mbit/s。

无线虚拟专网（5G 软切片）、无线虚拟专网（5G 硬切片）：软切片提供上行 150 ~ 300Mbit/s，下行 1 ~ 2.5Gbit/s；硬切片带宽取决于 RB 资源预留情况，对于 1% RB 资源预留，可提供上行 1 ~ 2Mbit/s，下行 5 ~ 20Mbit/s。

Wi – Fi：IEEE 802.11.ax 峰值速率为 9.6Gbit/s。

WAPI：IEEE 802.11.ax 峰值速率为 9.6Gbit/s。

星闪：峰值速率为 12Mbit/s。

LoRa：峰值速率为 37.5kbit/s。

ZigBee：峰值速率为 250kbit/s。

DL – IoT：单终端带宽可达 16kbit/s，AP 侧 8 信道并发可达 128kbit/s。

HRF：最大通信速率不低于 156kbit/s。

（二）连接覆盖

xPON：单 PON 口最大传输距离支持 20km。

工业以太网：与工业以太网交换机光器件性能相关，单以太网口最大支持 80km。

RS485：大面积长距离传输超过 1.2km。

4G 无线虚拟专网：4G 单基站覆盖半径约为 1km，平均连接能力与无线专网相同。

4G（TD – LTE）无线专网：230MHz 无线专网覆盖范围在市区内为 3 ~ 5km，农村地区为 15～20km。1800MHz 专网覆盖范围在市区内为 1～3km，农村地区在 5～10km。

无线虚拟专网（5G 软切片）、无线虚拟专网（5G 硬切片）：5G 单基站覆盖半径为 300～800m，理论连接能力为 100 万个终端/km²，理论连接能力为现网 4G 网络的 10～100 倍，目前尚无相关实际测试数据。

Wi–Fi：单跳通信距离小于 100m。

WAPI：单跳通信距离小于 100m。

星闪：单跳通信距离 10～100m 之间，支持最大 4096 台设备互联。

LoRa：城区最大覆盖范围为 3～5km，郊区为 10～15km。

ZigBee：单跳通信距离小于 100m。

DL–IoT：城区复杂情况下覆盖 1～2km。

HRF：点对点单跳 300m，组网 2km。

（三）传输时延

xPON：传输平均时延为每千米 5ms，业务端到端传输时延与光缆传输距离成正比，时延均小于 10ms。

工业以太网：传输平均时延为每千米 5μs，业务端到端传输时延与光缆传输距离成正比，时延均小于 10ms。

RS485：按特定串行波特率进行数据，双绞线信号传输时延毫秒级。

4G 无线虚拟专网：传输时延为 100ms～1s（无安全装置），串联接入了具有纵密及认证功能的装置及安全接入区，端到端相比 4G 无线公网有所增加。

无线虚拟专网（5G 软切片）、无线虚拟专网（5G 硬切片）：传输时延小于 50ms，串联接入具有纵密认证功能、安全接入区等安全装置后，端到端时延将进一步增加。

Wi–Fi：传输时延为 10～50ms。采用 MESH 组网时，级联越多，时延越大。

WAPI：传输时延为 10～50ms。采用 MESH 组网时，级联越多，时延越大。

星闪：传输延迟能做到 20μs 延迟，这是人类无线连接技术首次进入微秒级，而 Wi–Fi 目前的延迟最低为 10ms。

LoRa：终端到网关时延小于 300ms，端到端时延为秒级。

ZigBee：端到端时延为秒级。

DL–IoT：端到端单跳时延 50ms。

HRF：端到端网络时延小于 100ms。

（四）可靠性

xPON：物理层，光纤不受电磁干扰和雷电影响，可以在自然条件恶劣的地区和电磁环境复杂的场合使用。网络层，光纤网络与配电网拓扑结构紧耦合并形成环状网络，具备

$N-1$ 保护能力，但同时也易受线路迁改影响。

工业以太网：物理层，光纤不受电磁干扰和雷电影响，可以在自然条件恶劣的地区和电磁环境复杂的场合使用。网络层，光纤网络与配电网拓扑结构紧耦合并形成环状网络，具备 $N-1$ 保护能力，但同时也易受线路迁改影响。

RS485：使用双绞线进行高电压差分平衡传输，具有良好的抗噪声干扰性。

4G 无线虚拟专网：无线信道易受人为、自然界的电磁频率干扰。信道共享，易出现流量拥塞，导致终端与系统间传输数据丢包、误码，对系统可用性造成一定影响。

无线虚拟专网（5G 软切片）、无线虚拟专网（5G 硬切片）：无线信道易受人为、自然界的电磁频率干扰。软切片可靠性与 4G 无线虚拟专网类似，5G 硬切片技术近似专网专用，能够保障切片内业务不受其他业务影响，终端采集成功率、控制正确率、系统可用性得到有效保证。

Wi-Fi：采用非授权频段，无线信道易受同频段通信网络、人为、自然界的电磁频率干扰，降低了无线传输的可靠性。

WAPI：采用非授权频段，无线信道易受同频段通信网络、人为、自然界的电磁频率干扰，降低了无线传输的可靠性。

星闪：在日常的数据或信息传输过程中，具有强大的抗干扰能力，因此可以在复杂的电磁环境中保持稳定的连接。此外，它还支持多设备同时连接，提供了更高的灵活性。

LoRa：采用 433、470、490MHz 及 2.4GHz 等非授权频段。无线信道易受同频段通信网络、人为、自然界的电磁频率干扰，降低了无线传输的可靠性。

ZigBee：采用非授权频段，无线信道易受同频段通信网络、人为、自然界的电磁频率干扰，降低了无线传输的可靠性。

DL-IoT：无线信道易受同频段通信网络、人为、自然界的电磁频率干扰，降低了无线传输的可靠性。

HRF：无线信道易受同频段通信网络、人为、自然界的电磁频率干扰，降低了无线传输的可靠性。

综上所述，针对油中溶解气体在线监测装置，主要分为站内通信和远端通信。在站内通信方面，主要为现场终端采集数据与后台主机之间的数据交互，则在有线通信技术方面，通常采用光纤或 RS485 即可满足要求；在无线通信技术方面，采用 LoRa、ZigBee、DL-IoT、HRF 等技术均可满足要求，但因监测装置传感器数量少，且现场终端均需工业电源供电，因此一般不采用该技术。

远端通信方面，主要为现场终端采集数据与远程监测中心之间的数据交互。在有线通信方面，xPON 及工业以太网均满足相关的技术要求；在无线通信技术方面，4G 无线虚拟专网、5G 软切片、5G 硬切片均能满足相关的技术要求。

二、安全性适配分析

（一）政策现状

国家及电力行业均出台了相关的规范对网络安全进行要求。如《网络安全法》《国家电网有限公司关于印发智慧物联体系安全防护方案的通知》《中国南方电网有限责任公司网络安全管理办法》等相关文件要求，业务终端通过无线网络（除 WAPI 网络外）接入安全Ⅲ区、Ⅳ区主站业务时应配置安全接入网关和信息安全隔离装置；站端业务装置接入安全Ⅳ区时应配置安全接入网关。

涉控、涉密类终端接入时，需采用硬件国产密码算法实现数据加密。边缘物联代理、传感终端等各类感知层终端应遵循专网专用原则，避免两大区共用 APN 专网或单一终端跨接两大区而造成大区间隔离体系被破坏。使用 WAPI 技术的场景无需通过安全接入网关接入，避免重复加密对业务数据传输性能的影响。

（二）光纤网络与无线网络对比分析

光纤网络隔离性强，安全边界明确，安全性高。无线网络安全边界模糊，安全性偏低。下面从非法入侵防范、信息抗干扰、数据防泄漏和篡改等方面开展分析。

1. 非法入侵防范

业务和通信终端主要部署在变电站各区域，涉及室内及室外环境，光纤网络和无线网络均存在通过物理破坏非法接入的风险。无线网络还存在通过侧信道攻击，复制 USIM 卡进而非法接入的风险。

2. 信号抗干扰

光纤通信因光纤材料特性，对电磁干扰、工业干扰有很强的抵御能力。无线网络易受电磁干扰影响，攻击者可通过无线发射器等手段干扰无线工作频段，导致通信中断，业务终端"致盲"，脱离管控。针对无线信号干扰暂无有效的防护措施，但干扰一般只能影响个别终端或基站，对整个网络影响较小。

3. 数据防泄露和篡改

光纤网络存在通过光纤微弯被"窃听"的风险，但攻击难度和成本较大；无线网络终端与基站间为无线通道（称为空中接口），可通过无线网络嗅探和伪基站技术，非法截获无线信号，导致业务数据泄露或控制指令被篡改，安全性较低。

（三）主要技术安全分析

xPON/工业以太网：为电力通信专网，可以实现严格的物理隔离，安全可靠性高。

RS485：可以实现严格的物理隔离，安全可靠性高。

无线虚拟专网（4G、5G软切片、5G硬切片）：在网络侧采用双向鉴权、空口加密、信令面完整性保护、IPsec传输加密、APN隔离等措施；在电力系统终端、主站侧采用双向认证、机卡绑定、MAC地址绑定等安全防护措施，网络安全性有所提升。

Wi－Fi、WAPI：Wi－Fi由于协议开放、加密方式简单，且采用二元非对称认证，其安全性相对较差。WAPI采用三元对等（TePA）网络安全技术架构，有效弥补了Wi－Fi在网络架构和协议设计方面的缺陷和漏洞，安全性相对Wi－Fi较高。

星闪作为全栈原创的新一代短距通信技术，具备低时延、高可靠、高同步精度、支持多并发、高信息安全和低功耗等卓越技术特性。空口接入层技术是星闪无线通信系统的核心。为了满足不同场景下的通信需求，星闪技术提供了星闪基础接入技术和星闪低功耗接入技术两种无线通信接口。

LoRa、ZigBee、DL－IoT、HRF：微功率无线普遍工作在免授权频段，安全性较差，且频段拥挤，抗干扰能力较差，可靠性较低。DL－IoT、HRF技术在变电场景应用较少，安全性能待验证。

综上所述，xPON及工业以太网等有线通信技术安全性高，能够满足各类业务的安全性要求。当采用无线通信技术时，需按照各电力公司网络安全相关文件要求，解决数据传输和完整性风险。4G技术标准已冻结，新增安全漏洞无法通过标准协议升级进行修复，存在一定安全风险。4G无线虚拟专网、5G软切片、5G硬切片在应用于监测类业务时，需考虑加密手段。星闪技术作为新一代短距无线通信优越性较多，会逐步得到推广和应用。

三、经济性适配分析

（一）单价测算依据

光纤专网：设备造价方面，光纤网络配套设备单价按1万元/台考虑，OLT单价约为15万元/套，ONU单价约为0.5万元/套；工业以太网交换机价格约为2万元/套。

4G无线虚拟专网、无线虚拟专网（5G软切片）：经济测算主要考虑流量服务费、终端模块费用、安全接入费用三部分。流量服务费方面，运营商流量服务约100元/年。终端成本方面，终端通信单元模块一次性投资，每个终端单价约0.1万元。安全接入成本方面，接入管理大区时，统一配置接入网关和隔离装置，共约60万元；接入生产控制大区时，统一配置汇聚侧纵向加密装置，共约4万元。每个终端不单独计列安全加密装置费用。

无线虚拟专网（5G硬切片）：经济测算主要考虑UPF租费、RB资源预留租费、终端5G通信单元模块费用、安全接入费用四部分。UPF租费方面，租用专用UPF下沉至地市，每套租费约为21.6万元/年。RB资源预留方面，硬切片按照单个基站1%RB通道预留，租费约为 0.6 万元/年。终端成本方面，终端通信单元模块一次性投资，每个终端单价约 0.1 万元。安全接入方面，接入管理大区时，统一配置接入网关和隔离装置，共约 60 万元；接入生产控制大区时，统一配置汇聚侧纵向加密装置，共约 4 万元。每个终端不单独计列安全加密装置费用。

LoRa、ZigBee、DL - IoT、HRF：终端单价为 0.05 万元/套，无线接入设备约 6 万元/套。安全接入成本方面，接入管理大区时，配置低端型安全接入网关，共约 15 万元。

WAPI：建设成本方面，WAPI 由核心层和接入层组成，其中核心层包括 AS（鉴权服务器）、AC（接入控制器），接入层包括 AP（无线访问接入点）和 STA（无线终端），AS（全省部署 1 台）按照 20 元/套证书进行测算，AC（最多管理 2048 个 AP）约为 13 万元/个，AP 单价为 0.2 万元/个，终端单价约为 0.1 万元/个。随着 WAPI 规模化应用，相关设备及模块价格将会随之降低。

星闪：建设成本方面整体费用与其他相比较低，终端 500 元/套，集中器 2000 元/套，网关 2 万/套，站内设备越多，费用会随之降低。

（二）单变电站经济性测算

以一座典型 500kV 变电站为例，各类业务接入终端数量约 200 台，视频监控类终端约 100 个，其他采集类终端约 100 个。Wi - Fi、WAPI 等宽带通信网络全覆盖约需 75 台接入点，LoRa、ZigBee、DL - IoT、HRF 等窄带通信网络全覆盖约需 3 套接入设备。从网络建设成本、终端建设成本和网络使用成本三个方向开展费用测算。

光纤专网：单变电站配置 1 套 OLT，配置 10 套 ONU，或配置 10 套工业以太网交换机，网络建设成本均约 20 万元。

4G 无线虚拟专网、无线虚拟专网（5G 软切片）：参考通信传输设备使用寿命，终端寿命周期按 10 年计算，内部收益率按 8% 计算。网络使用成本约为 47 万元，终端建设成本约 20 万元（不考虑安全接入成本）。

无线虚拟专网（5G 硬切片）：参考通信传输设备使用寿命，终端寿命周期按 10 年计算，内部收益率按 8% 计算，基站 RB 资源预留按 1% 计算。网络使用成本约 81.8 万元，终端建设成本约 20 万元（不考虑安全接入成本）。

LoRa、ZigBee、DL - IoT、HRF：网络建设成本约 33 万元，终端建设成本约 10 万元。

WAPI：单变电站配置 1 套 AC、75 套 AP，网络建设成本约 53 万元，终端建设成本约 20 万元（不考虑省集中部署的 AS 建设成本）。

Wi - Fi：单变电站配置 1 套 AC、75 套 AP、1 套安全接入网关，网络建设成本约 68 万元，终端建设成本约 20 万元。

综上所述，有线通信主要为设备及线缆投资，RS485 无设备投资，成本最低；xPON 和工业以太网增加了设备投资，成本较低，但有线通信建设运维难度大，人力资源投入多。宽带无线通信中，4G 无线虚拟专网、无线虚拟专网（5G 软切片）主要为流量费用、成本费等；无线虚拟专网（5G 硬切片）技术中需租用专用 UPF 设备及预留 RB 资源，现阶段费用较高，不适宜在采集类终端中大规模应用，但随着技术发展以及商业模式逐渐成熟，成本有望进一步降低；Wi‑Fi、WAPI 需要建设 AP、AC 设备，相比较专网的基站及核心设备，成本较低；Wi‑Fi 需要配置安全接入网关，网络建设成本高于 WAPI。窄带无线通信主要包括网关、模组等小型设备，产业链成熟，成本较低。

第三节　通信网络建设方案

一、技术要求

（一）保障设备运行状态参量安全稳定接入

数字化转型是大势所趋，通信技术是实现设备智能化、数字化的关键部分，但同时也是网络安全攻击的薄弱环节，对于监测装置操作可能会影响主设备安全运行的设备，如油中溶解气体在线监测装置会通过抽油、回油等环节影响主变压器正常运行，因此需要保障通信链路层面具有安全保障措施。

（二）推动变电站无线网络高质量建设

近年来，基于无线网络的设备态势感知技术已应用到越来越多的场景，其能够大幅降低多传感设备的电缆敷设工作量及成本，同时能够通过减少网络节点来提升通信的稳定性，因此需要推动变电站建设安全可靠的无线网络，实现站内通信、站端与远程监测中心间通信的规模化应用。

（三）完善监测终端接入协议

对于不同的通信技术，在 DL/T 860 标准基础上，需充分考虑通信协议规范的差异性，如有线通信、无线通信在模型配置、数据接口等的区别，以适配不同地区、不同通信条件下数据传输需求。

二、通信架构

目前，针对油中溶解气体在线监测装置，国内电力公司主要通过安全Ⅱ区、安全Ⅳ区接入，整体的通信系统架构如图 5-1 所示。主站系统主要是部署于省、市公司业务系统，分为安全Ⅱ区、安全Ⅳ区，两个大区间通过正反向隔离装置、防火墙实现数据互通，整体遵循纵向加密、横向隔离的建设思路。为实现从终端到主站系统的安全通信，通信网络的整体架构可分为过程层、站控层和主站层 3 个部分。

（一）过程层

过程层主要涉及监测装置相关设备，监测装置根据不同的需求，可设置不同的通信方式，其中通信场景可分为监测装置和后台通信、监测装置和主站层通信（见图 5-1）。监测装置和后台通信方面，可采用 RS485、WAPI、LoRa、ZigBee、DL-IoT、HRF 等通信技术；监测装置和主站层通信方面，可采用 4G 无线虚拟专网、5G 软切片、5G 硬切片等通信技术。

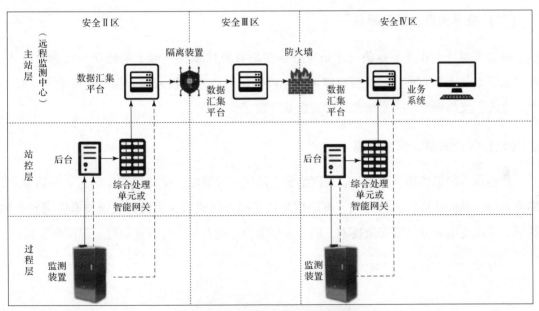

图 5-1　在线监测通信网络架构

⎯⎯⎯→ 有线通信链路　------→ 无线通信链路

（二）站控层

站控层主要涉及监测装置后台、综合处理单元、交换机等设备，对于油中溶解气体监测装置，在该层通常不涉及无线通信技术。站控层主要采用 xPON、工业以太网技术进行数据交互。

（三）主站层

主站层主要涉及数据汇集平台、交换机、隔离装置、防火墙、业务系统等软硬件设备，根据不同的通信模式，选择配置不同类型的交换机、路由器、加密服务器等，以适配不同的数据接入方式。

三、建设方案

（一）因地制宜、全面覆盖

统筹兼顾地区资源和应用场景差异，构建"有线＋无线""宽带＋窄带"的通信一体化技术方案，实现变电站通信接入网全覆盖。以"需求与现状适配、改造与建设衔接"为原则，新增站点及业务，选用适配的通信接入方案，实现变电业务"一站式"接入；存量站点和业务，在保持原有接入模式的基础上，结合站内业务系统改造逐步调整通信接入方式，有序提升变电业务智能化水平。

（二）技术先进、适度超前

综合考虑变电业务与通信技术适配性，在现有通信系统基础上依托新一代通信技术，建设满足当前业务需求、适度预留容量的光纤传输网和通信接入网，保障传统业务、赋能新兴业务，支撑新型电力系统背景下变电业务数字化转型。

（三）依法合规、安全可靠

严格落实国家法律、法规和企业网络安全防护相关要求，坚持"安全分区、网络专用、横向隔离、纵向认证"总体原则。有序推进通信接入网建设，积极开展新技术应用安全性论证，实现变电业务终端安全接入，助力新型电力系统背景下各专业运行、建设和发展。

第四节　工作建议

电力系统是国家重要基础设施之一，其网络安全问题越来越受到重视。为了应对网络安全威胁，世界各国纷纷出台了相关政策和法规，如欧洲联盟（简称欧盟）的《网络安全战略》、美国的《联邦政府迫切需要采取行动，更好地保护国家关键基础设施》报告、中国的《中华人民共和国网络安全法》和《关键信息基础设施安全保护条例》等。

根据《中华人民共和国网络安全法》，我国对公共通信和信息服务、能源、交通、水利、金融、公共服务、电子政务等重要行业和领域，以及其他一旦遭到破坏、丧失功能或者数据泄露，可能严重危害国家安全、国计民生、公共利益的关键信息基础设施，在网络安全等级保护制度的基础上，实行重点保护。建设关键信息基础设施应当确保其具有支持业务稳定、持续运行的性能，并保证安全技术措施同步规划、同步建设、同步使用。

2022 年 11 月，国家能源局印发了《电力行业网络安全管理办法》和《电力行业网络安全等级保护管理办法》，时隔八年进行了修订，为加强电力行业网络安全监督管理，规范电力行业网络安全等级保护管理，规范电力行业网络安全工作，提高电力行业网络安全保障能力和水平提供重要的依据，同时也明晰了各主体的责任关系。

在国家标准方面，GB/T 36572—2018《电力监控系统网络安全防护导则》规定了电力监控系统网络安全防护的基本原则、体系框架、防护技术、应急备用措施和安全管理要求。GB/T 38318—2019《电力监控系统网络安全评估指南》深化了安全防护技术、应急备用措施和全面安全管理三个维度的评估指导。GB/T 36572—2018 适用于电力监控系统生产业务全流程和全生命周期的网络安全防护，既涵盖电力监控系统的发、输、变、配、用和电网调度等各业务环节，也适用于电力监控系统规划设计到退役报废的整个运行生命周期。

安全防护技术包含基础设施安全、体系结构安全、监控系统本体安全、可信安全免疫四个部分。在基础设施安全中明确规定生产控制大区所有的密码基础设施，包括对称密码、非对称密码、摘要算法、调度数字证书红外安全标签等应符合国家有关规定，并通过国家有关机构的检测认证。体系结构安全的基本要求是"安全分区、网络专用、横向隔离、纵向认证"。

为确保在线监测装置的网络安全，防止恶意攻击及数据泄露，根据一些工作经验，提出以下建议：

（1）设备选择与更新。选取可靠厂商的设备，在后台主机和系统方面进行选型，确保未来能够具备最新安全补丁和固件。

（2）访问控制实施。限制未授权人员访问在线监测装置，使用强密码和多因素身份验证进行保护。

（3）加密通信。传输数据时采用加密通信协议，确保与其他系统之间的通信安全。

（4）网络访问限制。将在线监测装置限制在特定网络范围内，仅允许授权设备访问。

（5）更新软件与补丁。确保在线监测装置的软件和安全补丁为最新版本，防止恶意软件和漏洞利用。

（6）员工培训。提高员工网络安全意识，确保其了解如何安全使用在线监测装置及识别潜在威胁。

（7）事件响应计划。制定应急预案以应对潜在的网络安全事件，开展网络攻防演习，确保事发时能迅速采取措施。

（8）定期评估。定期评估在线监测装置的网络安全状况，并采取相应措施加强安全性。

通过以上措施，可以进一步确保在线监测装置的网络安全，保障数据安全性及完整性。

第六章 油中溶解气体在线监测装置的技术规范和检验技术

第一节 变压器油中溶解气体在线监测装置技术规范

一、通用要求

在线监测装置的基本功能、绝缘性能、电磁兼容性能、环境适应性能、机械性能、外壳防护性能、连续通电性能、可靠性及外观和结构等通用技术要求应符合 DL/T 1498.1—2016《变电设备在线监测装置技术规范 第 1 部分：通则》的规定。

二、安全性要求

在线监测装置的接入不应使被监测设备或邻近设备出现安全隐患，并满足以下要求：

（1）油样采集与油气分离部件应能承受油箱的正常压力，取油接口和电磁阀耐受压力不小于 0.6MPa。

（2）对变压器油进行处理时产生的正压与负压不应引起油渗漏。

（3）不应破坏或降低被监测设备的密封性。

（4）不应使气体、水分或其他杂质进入被监测设备中。

三、结构要求

（一）油样采集要求

（1）宜采用循环油工作方式。采集油样应能代表本体油样状态，取样方式和回油不影响被监测设备的安全运行，应符合不污染本体油、循环取样不消耗油的要求。

（2）可采用非循环油工作方式。采集油样应能代表本体油样状态，取样方式不影响被监测设备的安全运行，分析完的油样不回注被监测设备，应单独收集处理，单次排放油量不大于200mL，收集油的容器应具有油量监测功能，对满油进行就地及远程告警。

（二）取油接口和电磁阀

满足油样采集与油气分离部件应能承受油箱的正常压力，取油接口和电磁阀耐受压力不小于0.6MPa要求。

（三）取样管路

油管应采用内抛光不锈钢或紫铜等材质，油管外应加装防护部件，根据变压器使用地区及变压器油型号的情况，加装管路伴热带、保温管等保温部件，以保证变压器油在管路中流动顺畅。

（四）载气

载气要求如下：

（1）使用瓶装压缩气体作为气源的，单瓶载气使用次数不小于2200次，并符合瓶装压缩气体相关安全规程要求。

（2）使用气体发生器等装置作为气源的，所产生气体的CH_4含量应小于$0.5\mu L/L$、CO_2含量应小于$25\mu L/L$，气体发生器使用寿命应与主机相同，宜配备载气气瓶作为备用。

（五）温湿度调节

具备控温、除湿等功能，满足装置内工作条件的要求。

四、功能要求

（一）基本功能

变压器油中溶解气体在线监测装置的基本功能、监测功能、数据记录功能、报警功能、通信功能应符合DL/T 1498.1—2016的规定。

（二）专项功能

1. 远程维护功能

远程维护功能应满足以下要求：

（1）支持远程维护和软件升级。

（2）支持软件重启、立即采样等远程控制命令。

（3）支持定值下发，包括告警阈值、采样周期等。

（4）支持在线监测装置基本信息（如软、硬件版本信息）、故障信息（软、硬件故障信息）等信息上传和远程查询。

（5）支持远程召唤历史数据和实时数据。

（6）支持远程查询和导出装置运行日志数据，日志内容包含但不限于：故障信息、告警信息、操作指令等。

（7）支持谱图通过就地工作站提取和通过 DL/T 860.72—2013《电力自动化通信网络和系统 第 7-2 部分：基本信息和通信结构—抽象通信服务接口（ACSI）》通信协议传输至站端后台及其他信息系统。

（8）采用交互式的图形化人机界面。

2. 状态监控功能

装置上送的故障编码应满足本书附录 A 要求。

（三）采样周期自动调整功能

具有采样周期自动调整功能，能设定为启用或不启用该功能。若启用，发现监测预警后自动进行二次采样验证，确认后自动缩短为快速采样周期，及时跟踪被监测设备运行状况。

（四）分析诊断功能

在线监测装置的数据分析和诊断功能应符合以下要求：

（1）应提供组分含量，能计算本书附录 B 中特征气体绝对增量和相对增长速率，以及 DL/T 722—2014《变压器油中溶解气体分析和判断导则》中的绝对产气速率、相对产气速率，并可采用报表、趋势图、单一组分显示、多组分显示等多种展示方式，气相色谱原理装置应提供检测结果原始谱图。

（2）具有数据分析和故障诊断功能，提供符合 DL/T 722—2014 要求的三比值法、大卫三角形法或立体图示法辅助诊断分析结果。

（五）现场校验接口

应具备专用的油样校验接口，现场校验接口应布置于装置机箱内部，采用独立通道，不占用检测用进油和回油接口，接入安全性应符合本书第六章第一节第二条安全性要求。现场校验接口采用标准的 $\phi6mm$ 接头，连接管路采用外径 $\phi6mm$ 金属管或耐油高分子聚合管。可具备气样校验接口，该气体校验功能应采用无用户干预全自动校验形式，所配备标准气体的性能有效期应不小于 3 年。

五、性能要求

(一) 总体要求

根据在线监测装置测量误差、最小重复性等指标及监测组分种类的不同,分为 A1、A2、B、C 级。

(二) 检测范围与测量误差

多组分 A1 级在线监测装置测量误差要求见表 6 - 1,多组分装置 A2、B、C 级测量误差要求见表 6 - 2,少组分装置 A、B、C 级测量误差要求见表 6 - 3。

(1) 实验室检验时,按照全部气体组分评定。运行中装置现场校验时,按照氢气、乙炔和总烃评定。

(2) 若产品说明书中标称的检测范围超出表 6 - 1 ~ 表 6 - 3 规定的,应按照说明书中的指标检验。

表 6 - 1   多组分 A1 级在线监测装置测量误差要求

检测参量	检测范围	测量误差限值 (A1 级)
氢气 (H$_2$)	2 ~ 20* μL/L	±2μL/L 或 ±30%
	20 ~ 1000μL/L	±30%
乙炔 (C$_2$H$_2$)	0.2 ~ 5* μL/L	±0.2μL/L 或 ±30%
	5 ~ 10μL/L	±30%
	10 ~ 50μL/L	±20%
甲烷 (CH$_4$)、乙烷 (C$_2$H$_6$)、乙烯 (C$_2$H$_4$)	0.5 ~ 10* μL/L	±0.5μL/L 或 ±30%
	10 ~ 150μL/L	±30%
一氧化碳 (CO)	25 ~ 100* μL/L	±25μL/L 或 ±30%
	100 ~ 1500μL/L	±30%
二氧化碳 (CO$_2$)	25 ~ 100* μL/L	±25μL/L 或 ±30%
	100 ~ 7500μL/L	±30%
总烃 (C$_1$ + C$_2$)	2 ~ 10* μL/L	±2μL/L 或 ±30%
	10 ~ 150μL/L	±30%
	150 ~ 500μL/L	±20%

注   测量误差限值不包含边界值。

* 在各气体组分的低浓度范围内,测量误差限值取两者较大值。

表 6 - 2　　　　　　　　　　　其他多组分在线监测装置测量误差要求

检测参量	检测范围	测量误差限值 （A2 级）	测量误差限值 （B 级）	测量误差限值 （C 级）
氢气（H_2）	5 ~ 20* μL/L	±2μL/L 或 ±30%	±3μL/L 或 ±30%	±4μL/L 或 ±30%
	20 ~ 2000μL/L	±30%	±35%	±40%
乙炔（C_2H_2）	0.5 ~ 5* μL/L	±0.5μL/L 或 ±30%	±1μL/L 或 ±30%	±1.5μL/L 或 ±30%
	5 ~ 10μL/L	±30%	±35%	±40%
	10 ~ 200μL/L	±20%	±30%	±40%
甲烷（CH_4）、 乙烷（C_2H_6）、 乙烯（C_2H_4）	0.5 ~ 10* μL/L	±0.5μL/L 或 ±30%	±1μL/L 或 ±30%	±2μL/L 或 ±30%
	10 ~ 600μL/L	±30%	±35%	±40%
一氧化碳（CO）	25 ~ 100* μL/L	±25μL/L 或 ±30%	±30μL/L	±40μL/L
	100 ~ 3000μL/L	±30%	±35%	±40%
二氧化碳（CO_2）	25 ~ 100* μL/L	±25μL/L 或 ±30%	±30μL/L	±40μL/L
	100 ~ 15000μL/L	±30%	±35%	±40%
总烃（$C_1 + C_2$）	2 ~ 10* μL/L	±2μL/L 或 ±30%	±3μL/L	±4μL/L
	10 ~ 150μL/L	±30%	±35%	±40%
	150 ~ 2000μL/L	±20%	±30%	±40%

注　测量误差限值不包含边界值。

*　在各气体组分的低浓度范围内，测量误差限值取两者较大值。

表 6 - 3　　　　　　　　　　　少组分装置测量误差要求

检测参量	检测范围	测量误差限值 （A 级）	测量误差限值 （B 级）	测量误差限值 （C 级）
氢气（H_2）	5 ~ 50* μL/L	±5μL/L 或 ±30%	±10μL/L 或 ±30%	±15μL/L 或 ±30%
	50 ~ 2000μL/L	±30%	±35%	±40%
乙炔（C_2H_2）	0.5 ~ 5* μL/L	±0.5μL/L 或 ±30%	±1μL/L 或 ±30%	±1.5μL/L 或 ±30%
	5 ~ 10μL/L	±30%	±35%	±40%
	10 ~ 200μL/L	±20%	±30%	±40%
一氧化碳（CO）	25 ~ 100* μL/L	±25μL/L 或 ±30%	±30μL/L	±40μL/L
	100 ~ 3000μL/L	±30%	±35%	±40%

续表

检测参量	检测范围	测量误差限值（A 级）	测量误差限值（B 级）	测量误差限值（C 级）
复合气体（H_2，CO，C_2H_4，C_2H_2）	5～50*μL/L	±5μL/L 或 ±30%	±10μL/L 或 ±30%	±15μL/L 或 ±30%
	50～2000μL/L	±30%	±35%	±40%

注 测量误差限值不包含边界值。

* 在各气体组分的低浓度范围内，测量误差限值取两者较大值。

（三）最小检测浓度

A1 级在线监测装置油中乙炔最小检测浓度不大于 0.2μL/L，油中氢气最小检测浓度不大于 2μL/L。A2 级在线监测装置油中乙炔最小检测浓度不大于 0.5μL/L，油中氢气最小检测浓度不大于 5μL/L。

（四）测量重复性

A1 级在线监测装置的测量重复性不大于 3%。A2 级在线监测装置的测量重复性不大于 5%。

（五）最小检测周期

多组分在线监测装置的最小检测周期不大于 2h，少组分在线监测装置的最小检测周期不大于 12h。

（六）响应时间

对于油中氢气和总烃，A1 级在线监测装置的响应时间不大于 2h，A2 级在线监测装置的响应时间不大于 3h。

（七）交叉敏感性

一氧化碳含量 >1000μL/L、氢气含量 <50μL/L 时，氢气检测误差符合表 6－1～表 6－3 中的要求。乙烷含量 >150μL/L、二氧化碳含量 >5000μL/L、其他烃类含量 <10μL/L 时，甲烷、乙烷、乙烯、乙炔检测误差符合表 6－1～表 6－3 中的要求。

六、使用寿命要求

在线监测装置使用寿命不小于 10 年。

第二节　油中溶解气体在线监测装置检验类别

一、检验类别

检验分型式试验、出厂试验、入网试验、交接试验和定期试验五类。变压器油中溶解气体监测装置检验项目按表 6-4 中的规定进行。

表 6-4　　　　　　　变压器油中溶解气体在线监测装置检验项目

序号	检验项目	依据标准	条款	型式试验	出厂试验	入网试验	交接试验	定期试验
1	结构和外观检查	DL/T 1498.1—2016	5.3	●	●	●	●	●
2	基本功能检验	DL/T 1498.1—2016	5.4	●	●	●	●	●
3	专项功能检验	DL/T 1498.2—2016	7.2	●	●	●	●	*
4	绝缘电阻试验	DL/T 1498.1—2016	5.6.1	●	●	●	*	*
5	介质强度试验	DL/T 1498.1—2016	5.6.2	●	●	●	*	*
6	冲击电压试验	DL/T 1498.1—2016	5.6.3	●	●	●	○	○
7	电磁兼容性能试验	DL/T 1498.1—2016	5.7	●	○	*	○	○
8	低温试验	DL/T 1498.1—2016	5.8.2	●	○	*	○	○
9	高温试验	DL/T 1498.1—2016	5.8.3	●	○	*	○	○
10	恒定湿热试验	DL/T 1498.1—2016	5.8.4	●	○	*	○	○
11	交变湿热试验	DL/T 1498.1—2016	5.8.5	●	○	*	○	○
12	振动试验	DL/T 1498.1—2016	5.9.1	●	○	*	○	○
13	冲击试验	DL/T 1498.1—2016	5.9.2	●	○	*	○	○
14	碰撞试验	DL/T 1498.1—2016	5.9.3	●	○	*	○	○
15	防尘试验	DL/T 1498.1—2016	5.10.1	●	○	*	○	○
16	防水试验	DL/T 1498.1—2016	5.10.2	●	○	*	○	○
17	测量误差试验	DL/T 1498.2—2016	7.3	●	●	●	●	●
18	最小检测浓度试验	DL/T 1498.2—2016	7.4	●	●	●	●	*
19	测量重复性试验	DL/T 1498.2—2016	7.5	●	●	●	●	*

续表

序号	检验项目	依据标准	条款	型式试验	出厂试验	入网试验	交接试验	定期试验
20	最小检测周期试验	DL/T 1498.2—2016	7.6	●	●	●	●	○
21	响应时间试验	DL/T 1498.2—2016	7.7	●	●	●	○	○
22	交叉敏感性试验	DL/T 1498.2—2016	7.8	●	●	●	○	○

注　1.　●表示规定必须做的项目；○表示规定可不做的项目；＊表示必要时做的项目。

2.　依据 DL/T 1498.1—2016《变电设备在线监测装置技术规范　第 1 部分：通则》，DL/T 1498.2—2016《变电设备在线监测装置技术规范　第 2 部分：变压器油中溶解气体在线监测装置》。

二、型式试验

型式试验试验项目按表6-4中的专项检验项目以及 DL/T 1498.1—2016 中的通用检验项目逐项进行，并出具型式试验报告。

有以下情况之一时，应进行型式试验：

（1）新产品定型。

（2）连续批量生产的装置每四年一次。

（3）正式投产后，如设计、工艺材料、元器件有较大改变，可能影响产品性能时。

（4）产品停产一年以上又重新恢复生产时。

（5）出厂试验结果与型式试验有较大差异时。

（6）国家技术监督机构或受其委托的技术检验部门提出型式试验要求时。

（7）合同规定进行型式试验时。

三、出厂试验

每台装置出厂前，应由制造厂的检验部门进行出厂试验，检验项目按表6-4中规定的专项检测项目以及 DL/T 1498.1—2016 中的通用检验项目逐项进行，全部检验合格后，附有合格证方可允许出厂。

四、入网试验

新产品、改型产品或产品初次进入电网应用时，应进行入网检测试验。试验合格后，方可入网应用。检验项目按照表6-4中入网检测的检验项目执行。

五、交接试验

（1）按照到货全检的原则对到货安装的在线监测装置进行验收试验，检验项目按照

表6-4中的交接试验项目执行。

（2）A1级在线监测装置，应在现场进行试验；其他等级在线监测装置，可在现场或实验室进行试验。若在实验室进行交接试验，安装至现场后应进行抽检，抽检比例不小于25%。

（3）在现场开展交接试验，若批次实施至全检，可参考以下抽样规则和结果评定。

1）抽样规则。

a. 同一批次同一厂商供货数量在5台及以下，按实际供货数量全部抽取。

b. 同一批次同一厂商供货数量在5台以上，按实际供货数量的不少于20%抽取，但单批样品不应少于5台；按照相同比例继续抽样检验，直至样品的100%。

2）结果评定。

a. 对单批样品逐台检验，若有大于70%的样品合格时，则判该批次合格；否则判该批次不合格。

b. 若出现2个批次不合格，则判为整个批次不合格。厂商需对剩余批次样品与已检不合格样品进行限期整改。

c. 若有不大于1个批次不合格，则判为整个批次合格。厂商需对已检不合格样品进行限期整改。

d. b或c中，整改后样品作为一个整改批次进行全检，当达到30%装置不合格（至少1台）时，则判为整改批次不合格。

（4）交接试验中"测量误差试验"选取低浓度、中低浓度和中浓度油样测试，按照全部气体组分评定。

（5）检验合格的在线监测装置予以接收，检验不合格的在线监测装置不予接收，可根据相关规定启动退换货程序。

（6）在线监测装置安装验收原则如下。

1）安装要求。

a. 装置的安装位置在符合安全原则下宜就近安装。油取样接口应设置在循环油回路上，避免安装于死油区；监测装置若安装在变压器本体取油阀处，应通过三通阀过渡；应安装现场校验接口；采用循环油工作方式时，进油口与回油口应各自安装独立的阀门；采用非循环油工作方式时，分析完的油样不允许回注主油箱，应单独收集处理。

b. 油取样管路安装前及安装过程中采取两级密封防护，确保全密封不漏油，油路管道应有进油、出油等明显标识，不能影响变压器的正常维护，不能影响正常的离线取油样。

c. 油中溶解气体在线监测装置连接管路，应采用紫铜管或不锈钢管，外面包裹硬质保护管，硬质保护管与取样管路采取同轴固定方式，在气温较低地区使用的装置，应配置管路加热装置。

　　d. 油中溶解气体在线监测装置的接入允许带电操作时，应排空外接油路中的空气，避免使变压器本体中带入气泡。

　　2）安装后检查。

　　a. 监测装置安装位置合适，不得影响被监测设备正常运行。

　　b. 外观整洁无破损，监测装置的电路、油路、气路布线规范、美观，铭牌、标识规范清晰。

　　c. 监测装置电气回路接线应排列整齐、标识清晰、绝缘良好，连接导线截面符合设计标准。

　　d. 监测装置电气连接绝缘良好，符合动热稳定要求，油路、气路的连接无渗漏、锈蚀，满足密封要求。

　　e. 电缆（光缆）连接正常，接地引线、屏蔽接地牢固，无松动、虚接现象；电缆（光缆）引线应排列整齐，屏蔽和接地良好，电缆（光缆）孔应封堵完好。

　　f. 监测装置接地可靠，密封良好，驱潮装置工作正常。

　　g. 监测装置应运行正常，无渗漏油、欠压、漏气等现象，数据上传正确。

　　3）验收程序。在线监测系统的验收分为预验收、试运行和最终验收。预验收主要考核装置的外观、监测准确度和各项控制功能，试运行是在线监测系统通过预验收后应进行不少于1个月的挂网运行考核，最终验收主要考核系统的各项功能及技术要求（如数据通信功能、诊断分析功能、装置性能指标等）。

　　4）验收试验。按照表6-4交接试验中要求的试验项目进行。

　　5）交接资料。在线监测装置及系统移交使用后，厂家和施工方应向使用方提供以下资料，所提供的资料应完整，符合验收规范、技术协议等要求。

　　a. 工程概况说明。

　　b. 工程竣工图。

　　c. 产品说明书。

　　d. 维护手册。

　　e. 系统技术方案。

　　f. 系统技术方案变更文件。

　　g. 出厂试验报告。

　　h. 出厂合格证。

　　i. 安装调试报告。

　　j. 交接试验报告。

　　k. 装置及系统通信相关资料。

　　l. 备品备件移交清单。

　　m. 专用工器具移交清单。

n. 安装软件备份。

o. 试运行报告。

六、定期试验

定期试验是现场运行单位或具有资质的检测单位对现场装置性能进行的测试，即现场校验。检验项目按表6－4中规定的项目进行，详见本书第七章第四节现场校验内容。

第三节　油中溶解气体在线监测装置性能测试方法

一、油样制备

向油样制备装置中注入变压器油，然后通入一定量的配油样用气体并与变压器油充分混合，配制出一定组分含量的油样。制备的油样中气体组分含量由实验室气相色谱仪按GB/T 17623—2017《绝缘油中溶解气体组分含量的气相色谱测定法》中方法测定。油样按所含气体组分含量应满足下列要求：

（1）多组分监测装置检验。配制油样所含氢气、乙炔和总烃含量满足表6－5、表6－6要求。

（2）少组分监测装置检验。参考表6－5和表6－6，介于最低检测限值和最高检测限值两者之间的油样不少于3个。

（3）一般配制含多气体组分的油样，必要时也可以配制含单一气体组分的油样。

表6－5　　　　　　　　　　多组分A1级在线监测装置配制油样浓度范围　　　　单位：μL/L

气体组分	油样1	油样2	油样3	油样4
H_2	2～20	50～100	100～200	500～1000
C_2H_2	0.2～1.0	1～5	5～20	20～50
总烃（$C_1 + C_2$）	2～10	50～100	100～200	200～500
CO	25～100	300～600	600～1000	1000～1500
CO_2	25～500	1000～3000	3000～5000	5000～7500

表 6-6   其他多组分在线监测装置配制油样浓度范围   单位：μL/L

气体组分	油样 1	油样 2	油样 3	油样 4
H_2	5 ~ 20	50 ~ 100	100 ~ 200	500 ~ 2000
C_2H_2	0.5 ~ 1.0	1 ~ 5	5 ~ 20	50 ~ 200
总烃（$C_1 + C_2$）	2 ~ 10	50 ~ 100	100 ~ 200	500 ~ 2000
CO	25 ~ 100	300 ~ 600	600 ~ 1000	1500 ~ 3000
CO_2	25 ~ 500	1000 ~ 3000	3000 ~ 5000	7500 ~ 15000

二、测量误差试验

在同一样本中取两份油样，分别采用在线监测装置和实验室气相色谱仪进行检测分析，将两者检测数据进行比对。油样的采集、脱气，油中溶解气体的分离、检测等步骤，应按照 GB/T 7597—2007《电力用油（变压器油、汽轮机油）取样方法》和 GB/T 17623—2017 的方法执行。测量误差试验测试 4 组油样，油样要求满足表 6-5 和表 6-6，每组油样测试 4 次，选取第 3 组和第 4 组数据的平均值为测定值，按照式（6-1）和式（6-2）计算测量误差，所有气体组分的测量误差应满足表 6-1 和表 6-3 要求。

$$E_a = C_o - C_1 \qquad\qquad (6-1)$$

$$E_r = \frac{C_o - C_1}{C_1} \times 100\% \qquad\qquad (6-2)$$

式中 E_a——绝对误差；

        C_o——在线监测装置检测数据；

        C_1——实验室气相色谱仪检测数据；

        E_r——相对误差。

三、最小检测浓度试验

试验方法及步骤见"二、测量误差试验"按照表 6-5 或表 6-6 中油样 1 配制出油样。其中，A1 级在线监测装置检验：氢气接近 2μL/L（正偏差≤30%），乙炔接近 0.2μL/L（正偏差≤30%）。A2 级在线监测装置检验：氢气接近 5μL/L（正偏差≤30%），乙炔接近 0.5μL/L（正偏差≤30%）。

按照"二、测量误差实验"中方法进行试验，先对空白油进行测试，装置零值响应，再切换至油样 1，装置对氢气和乙炔应有稳定的非零响应值，记录连续 3 次的响应值。

合格判据：氢气和乙炔组分测量误差应满足"二、测量误差实验"的要求。

四、测量重复性试验

(一) 多组分监测装置

对于多组分监测装置，配制总烃≥50μL/L的油样，对相同油样连续监测分析次数不少于8次，取连续6次测量结果，重复性以总烃测量结果的相对标准偏差 RSD 表示，按照式 (6-3) 计算。

$$RSD = \sqrt{\frac{\sum\limits_{i=1}^{n}(C_i - \overline{C})^2}{n-1}} \times \frac{1}{\overline{C}} \times 100\% \tag{6-3}$$

式中　RSD——相对标准偏差；

　　　　n——测量次数；

　　　　C_i——第 i 次测量结果；

　　　　$\overline{C}$——n 次测量结果的算术平均值；

　　　　i——测量序号。

合格判据：A1 级在线监测装置应满足 $RSD \leqslant 3\%$ ，A2 级在线监测装置应满足 $RSD \leqslant 5\%$ 。

若计算结果中总烃 RSD 合格，同时甲烷、乙烷、乙烯、乙炔的 RSD 却全部不合格，应判定该试验项目为不合格。

(二) 少组分监测装置

对于少组分监测装置，配制氢气或乙炔≥50μL/L的油样，对相同油样连续监测分析次数不少于8次，取连续6次测量结果，重复性以测量结果的相对标准偏差 RSD 表示，按照式 (6-3) 计算，应满足 $RSD \leqslant 5\%$ 。

五、最小检测周期试验

按照在线监测装置技术说明书中给定的最小检测周期，设定为连续工作方式，参数设置应与 "测量误差试验" 和 "测量重复性试验" 保持一致。启动装置，待在线监测数据平稳后，记录装置从本次检测进样到下次检测进样所需的时间，记录 3 次试验时间，计算平均值作为最小检测周期。

合格判据：多组分在线监测装置的最小检测周期应 ≤2h。少组分在线监测装置的最小检测周期应 ≤12h。

六、响应时间试验

准备空白油样和油样 3 两种油样，装置以最小检测周期连续检测。先将装置接入空白油样中，待装置显示氢气和总烃数值小于 2μL/L 后，迅速切换至油样 3，切换油样应从在线监测装置本体进油管处切换。待装置示值稳定（连续两次测定值小于平均值的 10%）后停止检测，读取从切换油样 3 时刻至达到稳定示值的 90% 的时间，作为装置的响应时间。

合格判据：对于油中氢气和总烃，750kV 及以上变电站装置的响应时间≤2h，500kV 及以下变电站装置的响应时间≤3h。

七、交叉敏感性试验

交叉敏感性试验要求如下：

（1）氢气与一氧化碳的交叉敏感测试。配制一油样，其中一氧化碳含量 > 1000μL/L、氢气含量 < 50μL/L，在线监测装置进行油中气体含量检测。

（2）烃类之间及二氧化碳的交叉敏感测试。配制一油样，其中乙烷含量 > 150μL/L、二氧化碳含量 > 5000μL/L、其他烃类含量 < 10μL/L，在线监测装置进行油中气体含量检测。

（3）交叉敏感性应符合一氧化碳含量 > 1000μL/L、氢气含量 < 50μL/L 时，氢气检测误差符合表 6 – 1 ~ 表 6 – 3 的要求。乙烷含量 > 150μL/L、二氧化碳含量 > 5000μL/L、其他烃类含量 < 10μL/L 时，甲烷、乙烷、乙烯、乙炔检测误差符合表 6 – 1 ~ 表 6 – 3 的要求。

八、专项功能试验

（一）数据传输试验

1. 远程（监控室）维护功能

应满足如下要求：

（1）支持远程维护和升级装置软件。

（2）支持软件重启、立即采样等远程控制命令。

（3）支持定值下发，包括告警阈值、采样周期等。

（4）支持装置基本信息（如软、硬件版本信息）、故障信息（软、硬件故障信息）等信息上传和远程查询。

（5）支持远程召唤历史数据和实时数据。

（6）支持远程查询和导出装置运行日志数据，日志内容包含但不限于故障信息、告警信息、操作指令等。

（7）支持谱图通过就地工作站提取和通过 DL/T 860.72—2013 通信协议传输至站端后台及其他信息系统。

（8）采用交互式的图形化人机界面。

2. 装置状态监控功能

具有自我诊断、内部故障报警信息等上送后台功能，进油量体积、核心模块温度值、柱前压力值应定量显示，具备载气剩余压力值上送及低压提醒功能。

3. 自动加速监测功能

具有自动加速监测功能，能设定为启用或不启用该功能。若启用，发现监测预警后自动进行二次采样验证，确认后自动缩短为快速采样周期，及时跟踪变压器运行状况。

（二）数据分析功能检查

在线监测装置处于正常工作状态时，检查软件系统应满足以下要求：

（1）应提供组分含量，能计算特征气体绝对增量和相对增长速率，以及 DL/T 722—2014 中的绝对产气速率、相对产气速率，并可采用报表、趋势图、单一组分显示、多组分显示等多种展示方式，气相色谱原理装置应提供检测结果原始谱图；

（2）具有数据分析和故障诊断功能，提供符合 DL/T 722—2014 要求的三比值法、大卫三角形法或立体图示法辅助诊断分析结果。

九、通用技术条件试验

通用技术条件试验项目包括基本功能检验、绝缘性能试验、电磁兼容性能试验、环境适应性能试验、机械性能试验、外壳防护性能试验、连续通电试验以及结构和外观检查，这些项目的试验方法、试验后监测装置应满足的性能要求应符合 DL/T 1432.1—2015《变电设备在线监测装置检验规范 第 1 部分：通用检验规范》中的相关规定。

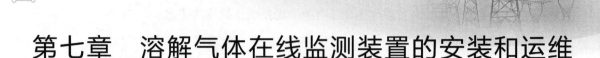

第七章　溶解气体在线监测装置的安装和运维

第一节　溶解气体在线监测装置安装前现场勘测

变压器油色谱在线监测安装前的现场环境勘测是确保仪器正常运行的关键环节。本章将详细介绍现场环境勘测的具体内容、方法和注意事项，以期为实际操作提供参考。

一、现场安装环境勘测主要内容

（1）了解本次计划安装在线色谱仪器的厂家、型号、规格、基本性能指标、安装要求。

（2）了解对应变压器的型号、规格、出厂日期等信息。

（3）核实设备的安装位置、固定方式、接地连接位置、接线方式、防尘、防水等要求，安装环境是否满足设备厂家给出使用环境要求。

（4）油路管布局勘测。对油路管布局进行评估，包括油路管的走向、保护方式等，以确保仪器正常运行并兼顾施工便捷性。

（5）电路勘测。检查现场电路状况，核实电源电压、负荷等是否符合仪器要求，以及接地措施是否完备。

（6）通信勘测。检查现场通信网络状况，确保网络覆盖面和质量满足仪器数据传输的要求。在线监测设备的安装和使用环境应符合相关标准和规范，以确保设备能够正常运行和数据准确可靠。

二、现场安装环境勘测详细方法

（一）变压器油色谱在线监测设备现场勘测前的准备工作

1. 技术要求与标准

在进行现场勘测之前，需要了解相关的技术要求和标准，以确保勘测过程和结果的准确性。具体包括：

（1）熟悉变压器油色谱在线监测设备的基本原理和技术要求。

（2）掌握变压器的基本结构和运行特性。

（3）了解相关行业标准和规范，如电力设备在线监测技术规范等。

（4）确保勘测设备和工具的精度和可靠性，包括测量仪器、安装工具等。

（5）确保勘测过程中的安全措施到位，如佩戴安全帽、使用绝缘工具等。

2. 现场勘测前的准备

在现场勘测之前，需要进行一系列准备工作，以确保勘测的顺利进行和结果的准确性。具体包括：

（1）准备相关资料，包括变压器的基本资料、在线监测设备的说明书、相关行业标准等。

（2）准备勘测设备和工具，包括测量仪器、安装工具、安全用品等。

（3）确定勘测人员和分工，确保勘测过程中的沟通和协作。

（4）制定勘测计划和时间表，合理安排时间和行程。

（5）对现场环境进行预先了解，包括现场地形、建筑物布局、交通情况等。

3. 现场勘测常用工具清单（见表 7 - 1）

表 7 - 1　　　　　　　　　　　　现场勘测常用工具清单

序号	名称	规格	数量	备注
1	螺纹牙规	公制、英制	各 1	使用样板规
2	游标卡尺	0 ~ 150mm（10 分度）	1 把	—
3	盒尺	5m	1 把	—
4	小管钳	—	1 把	—
5	活扳手	150mm × 36mm	1 把	—
6	螺丝刀	4in 十字、平口（1in = 3.33cm）	各 1 把	—
7	相机	—	1 台	拍摄现场各角度照片

（二）被监测设备基本信息采集

变压器油色谱在线监测设备现场勘测时，对被监测设备要进行以下信息的勘测：

（1）变压器型号和制造厂信息。这些信息对于正确选择和使用油色谱在线监测设备非常重要。

（2）变压器油标号。油色谱在线监测设备的油路可靠性受油标号影响。

（3）变压器油循环方式。在线监测的设备要能够适应变压器油的循环方式。

（4）变压器周围的环境因素。如温度、湿度、大气压等，这些因素可能影响在线监测设备的性能。

（三）变压器和油色谱在线监测连接阀门选择

本节将根据现场常用阀门类别以及不同变压器配备阀门种类和数量的不同，对如何选择阀门进行优先级分类描述，并根据施工难度进行阀门选择搭配，读者可结合现场实际情况酌情选择。

第一选择：变压器厂家预留在线色谱用法兰（蝶阀）。一般位于中、下部。但要注意小部分变压器的充氮灭火装置阀门和色谱用阀门一模一样，要注意区分。

第二选择：变压器实验室取油用阀门（或称为取样活门）。位于中部和下部。

第三选择：实验室取油阀门。实验室取油阀门作为进油阀门，其他符合要求的阀门作为回油阀门。

第四选择：放（注）油阀。只可作为回油阀门，尽量不要选择用于取油阀门。

第五选择：较高的阀门。常出现于电抗器、换流变压器、110kV 变电站、220kV 变电站。

（四）不同类型的阀门测量方法

1. 实验室取样口（取油活门）螺纹式阀门测量要点

如果是公制普通螺纹，需测量螺纹的公称直径、螺距、深度等。

如果是管螺纹（包括圆柱管螺纹和圆锥管螺纹），需测量螺纹的直径（大径、小径）、牙数（每 25.4mm 内的牙数）、螺纹深度等。

测量螺距时，除了要首先分清公制和英制外，需使用比已测量的螺距尺寸大一点和小一点的验证是否合适。

2. 法兰测量要点

如果是法兰（圆形），需记录型号，然后测量法兰的外圆大小、固定螺栓孔的直径和中心距、厚度等。

3. 蝶阀测量要点

如果是蝶阀（方形），需记录型号，然后测量蝶阀的长、宽、四个孔之间的中心距、固定螺栓孔的直径和中心距、蝶阀厚度等。并在条件允许的情况下拆开阀门，核实内部结构、密封方式，并测量记录内部尺寸。

（五）变压器油色谱在线监测安装位置勘测

安装位置对变压器油色谱在线监测系统的监测数据有重要影响。在勘测过程中，需要重点考虑安装位置的可行性和优越性。在避开干扰源的情况下，安装位置的选择应优先考虑以下因素：

（1）尽量靠近变压器主体进行安装。可缩短油路循环管的长度，油路循环管越短，在线监测系统的响应速度就越快，同时也减少了管路损耗和误差。

（2）维护和操作方便性。安装位置应该便于巡视和操作人员进行维护和检修。

（3）对变压器运行的影响。在选择安装位置时需要尽量减少对变压器正常运行的影响，如不能阻碍变压器的散热、不能影响变压器的维护和检修等。

（4）经济性。在选择安装位置时需要考虑工程量和成本等因素。在线监测系统的安装成本是较高的，因此需要在保证监测效果的前提下，选择最经济合理的方案。

总的来说，在选择变压器油色谱在线监测系统的安装位置时需要综合考虑以上因素，并权衡它们之间的优劣，做到既经济又实用，方便日后的维护和操作，同时又能最大程度地发挥监测作用，保障变压器的安全稳定运行。

（六）管路测量和连接勘测

1. 油色谱在线监测油路管路勘测的内容和方法

（1）了解油路管路的基本情况。在进行油路管路勘测前，需要根据设备制造厂商给出的油路管相关的技术参数和技术要求，了解油路管路的材质、规格、结构、布局、连接方式、用途和运行情况等相关信息。

（2）准备勘测工具。需要准备必要的测量工具，如卷尺、游标卡尺、量角器、水平仪等，以及油管路清洗工具、防护工具和记录用具等。

（3）确认油路管路的完整性。确认油路连接中间是不允许续接。

（4）测量油路管路的尺寸。使用测量工具对油路管路的长度、弯曲等尺寸进行测量并记录。

（5）检查油路管路的连接方式。检查油路管路的连接方式是否牢固可靠，是否会存在松动、渗漏等现象。

（6）检测油路管路的通过路径。通过观察和测量，检测油路管路的通过路径是否存在导致油路异常的问题源，如振动源、发热源等。

（7）记录油路管路的布局情况。记录油路管路的布局情况，了解各个部件之间的连接关系及方式和使用数量情况。

（8）分析油路管路的工作性能。根据勘测结果，分析油路管路的工作性能是否符合设计要求，如流量、压力、阻力等参数是否正常。

需要注意的是，在进行油色谱在线监测油路管路勘测时，需要遵守相关安全规定和操作流程，确保人员和设备的安全。同时，需要结合实际情况进行勘测，注意细节和数据的准确性。

2. 油色谱在线监测油路管路勘测注意事项

（1）油管路的密封性和流量特性应符合监测系统的要求。

（2）油管路的安装位置和环境应有利于监测系统的操作和维护。

（3）油管路的安装位置应便于取样和维修。

（4）油管路中要减少或者避免管路、阀门的死角，以防止油液中的杂质沉积。

（5）油管路的流程应简洁、科学、呈流线形，以减少油液的阻力。

（6）油管路的监测系统应安装在易于观察和操作的地方，以便于及时发现和解决问题。

（7）油管路路径应注意避免振动和冲击，以防止油液泄漏和污染环境。

（8）油管路的监测系统应注意避免机械磨损，以防止油液泄漏和污染环境。

（七）电源勘测选取

在变电站中为变压器油色谱在线监测装置选择供电位置时，需要考虑以下因素：

（1）电源的可靠性和稳定性。变压器油色谱在线监测装置需要稳定的电源供应，以保障其正常工作，因此应选择电源可靠、稳定的供电位置，避免因电源问题导致装置故障或数据失真。

（2）电磁干扰。变压器油色谱在线监测装置应避免放置在强电磁干扰的环境中，以减少对监测数据的干扰，因此应选择远离大型电气设备、输电线路等干扰源的位置。

（3）环境条件。变压器油色谱在线监测装置对环境条件要求较高，特别是温度和湿度，因此应选择环境温度和湿度适宜、灰尘少的位置。

（4）维护方便性。在选择供电位置时，应考虑日后维护和检修的方便性，应选择易于到达、便于维护和更换电源设备的位置。

（5）安全因素。供电位置应安全、稳定，避免放置在可能受到机械损伤或人为破坏的位置。

（6）节约成本。在满足以上条件的前提下，也应考虑建设成本和运行维护成本，选择性价比高的方案。

综合考虑以上因素，可以选择在变电站内的配电装置室内或附近为变压器油色谱在线监测装置供电。

（八）通信勘测

（1）物理连接材质。确认光缆（单模、多模）、通信电缆等材质及规格要求。

（2）确认通信接口。确认网口、光口接口类型，如常见的 ST、LC、SC 等接口类型。

（3）确认通信物料连接布线路径，并测算所需数量。

（4）确认数据服务器放置位置。如需放置屏柜内，则需确认屏柜长宽高，颜色代码，以及屏柜电源提供位置，所需材料数量。

（九）施工方准备及工作重点

（1）准备工具和材料。根据安装位置和现场环境，准备必要的工具和材料，如梯子、螺丝刀、手套、润滑油等。

（2）准备技术资料。熟悉油色谱在线监测设备的原理、性能指标、操作方法等，以便于安装和维护。

（3）确保电源和信号线正确连接。根据设备厂家提供的接线图，正确连接电源线和信号线，并确保接线牢固可靠，以防止事故发生。

（4）安全注意事项。在施工过程中，要注意安全，特别是在高处作业时要采取必要的安全措施，防止发生意外事故。

（5）施工完毕后清理现场。在施工完毕后，要清理现场，确保整洁美观，以防止其他人员误操作而损坏设备。

（6）与相关部门进行协调。协商过程中，要与相关部门进行协调，包括工艺流程的控制、设备安装的位置、电源和信号线的连接等。

（7）确定施工方案。协商过程中，要确定具体的施工方案，包括设备的安装位置、施工步骤、时间安排等，以确保施工的顺利进行。

（8）遵守相关规范和标准。协商过程中，要遵守相关规范和标准，如国家相关行业的安全规范、设备厂家提供的安装指南等，以确保施工质量和安全。

（9）确保施工时间和质量。协商过程中，要明确施工时间和质量的要求，并制订相应的施工计划和质量控制措施，以确保施工按时按质完成。

（10）合理利用资源。在协商过程中，要合理利用资源，包括人力、物力、财力等，以确保施工的顺利进行，同时也要考虑环保和节能等方面的要求。

（11）明确责任和义务。协商过程中，要明确双方的责任和义务，包括设备的安装调试、验收交付、费用支付等方面的事项，以确保双方的利益得到保障。

（12）设备的安装时间表。使用方需要与施工方协商设备的安装时间，包括设备的到货时间、安装开始和结束时间等，以确保设备能够按时安装完毕，并尽早投入使用。

（13）设备的安装费用。使用方需要与施工方协商设备的安装费用，包括安装的人工、材料、设备等费用，以确保设备的安装成本合理，并符合使用方的预算。

综上所述，设备使用方、设备供应商需要与施工方协商确认的内容通常包括设备的施工方案、安装细节、电源和信号线连接方式、调试和校准方法、维护和保养要求、操作和培训计划、验收标准、售后服务和技术支持计划、质量保证和交货周期以及价格和付款方式等方面。在协商确认过程中，设备供应商需要充分了解设备的性能和特点、施工方案、相关规范和标准等情况，并与施工方充分沟通和协商，以确保设备的安装和质量符合预期要求，并保证长期的稳定运行和维护。

第二节　溶解气体在线监测装置现场安装要求

一、站内安全措施及注意事项

现场作业危险点及预控措施见表 7-2。

表 7-2　　　　　　　　油色谱设备现场作业危险点及预控措施

危险点	预控措施
安全技术措施不严密或不完善，有疏漏	（1）编制人要有高度责任感，有严谨科学的工作态度，编制技术措施前应认真进行调查研究，明确措施的针对性和可操作性。 （2）审批人要严细认真，把好审批关。 （3）未经审批严禁实施
未经三级安全教育，不懂安全防护和安全操作知识	（1）认真执行三级安全教育制度，认真开展安全活动。 （2）严格安全考试制度，禁止弄虚作假。 （3）明确安全职责及必要的安全知识，强化安全操作技能培训
无安全技术措施或未交底施工	（1）安全措施应交底、履行全员签字手续后方可施工。 （2）施工人员对无安全措施或未交底有权拒绝施工。 （3）严格按经审批的方案和安全措施施工，若对方案或措施有疑问时，应征询审批人的意见
设备运输	（1）应提前查看路线，做到心中有数。 （2）编制具体运输措施，核对好设备的型号，防止拉错设备
主变压器设备	在主变压器附近工作时禁止使用明火，并有相应的防火措施
交叉作业	各班组要相互配合、协调工作，防止因沟通不及时对设备和人员造成伤害
违反规定，派不符合要求的人员上岗	（1）严格身体检查制度，禁止职业禁忌者或其他不合格要求者上岗。 （2）特种作业人员必须经培训合格，持证上岗。严禁无证作业、无证驾驶，严格按要求开展安全文明施工标准化工作，规范现场管理
危险设备场所无安全围栏、警示标识	（1）危险设备、场所必须设置安全围栏和安全警示标识。 （2）警示标识应符合有关标准和要求

危险点	预控措施
防止高处坠落及落物伤人	（1）进入现场必须戴安全帽。 （2）装拆检修架时，需将安全带系在牢固的金属件上。 （3）检修架各连接紧固件需紧固，底脚稳固，护栏安装牢靠，跳板表面不得有油污。 （4）不得肩扛重物上下梯子。 （5）每日开工前，工作负责人要认真检查检修架和跳板状况，发现缺陷立即处理。 （6）高处作业人员必须使用安全带，并且使用全方位防冲击安全带。安全带必须拴在牢固的构件上，不得"低挂高用"。施工过程中随时检查安全带是否拴牢。 （7）每次使用前，必须进行外观检查，安全带断股、霉变、虫蛀、损伤或铁环有裂纹、挂钩变形、接口缝线脱开等严禁使用。 （8）上下传递物件不得抛掷，应使用传递绳
防止触电伤害	（1）梯子、检修支架等大件物体应放倒搬运，并采取可靠措施，防止检修支架倒向带电侧。 （2）工作中加强监护，不允许单人作业
防止误登感电	（1）工作前向作业人员交代清楚邻近带电设备，并加强监护。 （2）不许跨越遮栏，严禁攀登运行设备构架
防止机械伤害	（1）严格执行一般工具的使用规定，使用前严格检查，不完整的工具禁止使用。 （2）调试断路器时统一指挥，进行操作时工作人员必须离开断路器转动部位。 （3）严格执行机械管理制度，定期检修、维护和保养
物体打击	（1）进入施工区的人员必须正确佩戴安全帽，帽带要系紧。 （2）严禁坐、踏安全帽或把安全帽挪做他用
施工电源	（1）加强使用前及使用过程中的检查，保护中性线与工作中性线不得混接，开关箱剩余电流保护装置灵敏可靠，漏电保护装置参数应匹配，严格执行"一机、一闸、一保护"的要求。 （2）加强使用前及使用过程中的检查，保护中性线与工作中性线不得混接，开关箱剩余电流保护装置灵敏可靠，漏电保护装置参数应匹配，严格执行"一机、一闸、一保护"的要求，箱内闸具必须符合要求，定期检查。 （3）当施工现场与外电线路共用同一供电系统时，电气设备应根据当地要求做保护接零，或做保护接地，不得一部分设备做保护接零，另一部分设备做保护接地

二、在线监测主机固定施工方法

（一）主机固定

1. 水泥基础安装方式

（1）主机安装位置不能影响主机前、后门的打开，开工前要预判确认基础是否合格，如图7-1所示。

（2）根据设备固定孔在地基上对打孔位置进行标记。电锤打孔后，使用膨胀螺栓进行主机安装。

（3）如果固定时受场地限制无法采用四个螺栓固定，可使用对角两个螺栓进行稳固。

2. 三脚支架安装方式

三脚支架方式常用于技改项目，在水泥基础制作较为烦琐的变电站，使用膨胀螺栓固定在油池侧壁上，如图7-2所示。

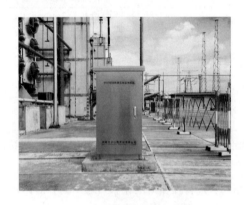

图7-1　水泥基础安装方式　　　　图7-2　三脚支架结构

3. 四方支架安装方式

四方支架方式常用于技改项目，在水泥基础制作烦琐，油池侧壁无法安装三脚支架的情况下使用，如图7-3所示。此种方式要注意选定安装位置要求与水泥基础一致，其安装方式分以下两种：

（1）靠近油池侧壁安装，可以分别在底部和侧面进行固定。

（2）安装在油池内任意位置，使用膨胀螺栓固定底部。

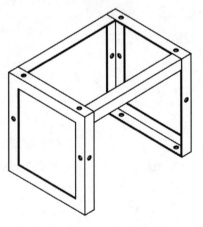

图7-3　四方支架结构

4. 槽钢支架安装方式

槽钢支架方式常用于变压器周边只有水泥地面的情况，如室内站、地下站。槽钢支架可以左右安装也可以前后安装，但前后安装时槽钢需要露出约45mm。

（二）接地制作方法

1. 扁铁接地

由专业人员对扁铁进行改造，接地连接完毕后按标准涂上黄绿漆。

2. 软线接地

确认设备接地点与专用接地之间的距离，截取专用接地软铜线，并在两端制作接地铜鼻子，一端连接主机接地孔，另一端连接专用接地点。

三、管路铺设

（一）阀门拆装作业规程

1. 风险评估

阀门拆装作业风险点及防控措施见表7-3。

表7-3　　　　　　　　　　　　阀门拆装作业风险点及防控措施

风险点	风险点描述	防控措施
人员高处坠落风险	高处作业中从高处跌落造成骨折、严重危及生命	（1）正确使用安全带，使用前检查完整性、采用"高挂低用"原则。 （2）合理使用绝缘梯，作业梯应放置在地面或其他支撑，爬梯的工作角度能大于60°。搬运时要两个人搬运。 （3）选择足够长度的爬梯，并有专人在下面扶持
高处坠物风险	阀门或工具高处掉落造成打击性外伤，严重者骨折、危及生命	（1）高处作业下部严禁有人。 （2）攀爬梯子时手中不得携带材料或工具。 （3）周边作业的人员必须正确佩戴安全帽。 （4）使用工具严禁上下抛掷
喷油风险	阀门在安装中不慎阀体脱落或忘关闭阀门造成大量的油渗漏，导致变压器瓦斯动作、跳闸	（1）拆阀门前确认阀门处于关闭状态。 （2）在拆装阀门过程中使用合理的扭力，防止阀门根部断裂。 （3）学会掌握根据出油量及出油时间判断阀门是否关闭或开关密封不严。 （4）制定阀门安装方案，提前学习并掌握阀门的结构

风险点	风险点描述	防控措施
误动设备风险	误碰阀门周边的充氮灭火喷头、调压机构等，导致设备损坏，造成经济损失和设备故障	（1）施工时注意与周边的设备保持距离，严禁踩踏调压机构。 （2）在开工前强调现场风险点，进行宣贯。 （3）提前观察呼吸器位置，施工时注意避开呼吸器，其为塑料材质，属于易碎品
人身触电	与带电体保持安全距离不足	（1）不乱动无关设备。 （2）与带电体保持足够的安全距离，110kV 为 1.5m，220kV 为 3m，330kV 为 4m，500kV 为 5m，1000kV 为 8.7m，±500kV 为 6m，±1000kV 为 9.3m
踏空风险	电缆沟盖板、主控室盖板、油池格栅网、基坑等	非必要不在盖板上行走，如需行走，注意多观察，对有异常的盖板进行试探，放缓行走速度；路上行走注意基坑，途中注意观察地形

2. 拆除准备

在安装前必须了解阀门内部结构、打开和关闭方式，模拟安装次序。观察变压器本体上油温表，若油温过高，则阀门拆装时需预防烫伤。

观察阀门四周没有明显的障碍物，并在阀门下方放置容器收集残油，并准备好油渍擦拭物品。

3. 旧阀门拆卸

（1）拆卸防尘帽操作方法。

1）使用大小合适的扳手轻轻扭动防尘帽，确认松动方向，防止扳手过大、用力过猛造成阀门根部断裂喷油。

2）旋开防尘帽时需要缓慢进行并观察阀门根部，可用合适工具固定器根部，防止阀门根部被带动或断裂。松动防尘帽，待没油后再缓慢完全拆下防尘帽，操作中观察阀芯是否存在连轴转的情况，如有阀芯脱落的情况立刻停止操作并恢复防尘帽。

3）打开阀门之后测试出油口是否能正常出油，然后安装密封垫，试装定制阀门，验证阀门螺纹及密封垫是否正确。

（2）拆卸蝶阀操作方法。

1）在蝶阀总开关关闭的情况下，采用对角方式逐个松动螺帽（禁止一次直接拆下一颗或多颗螺栓，同时用扳手卡住里侧螺帽防止松动，严禁拆卸阀门里侧螺帽造成阀门脱落喷油事故。如果遇到通丝的螺栓，拆除螺杆后可能造成连带开关和防尘帽一起脱落的油阀，需要停电检修时安装），用一字螺丝刀撬开盖板，撬开密封垫，缓慢放空蝶阀内部残油，确定无残油持续流出的情况下，再拆掉螺母、防尘盖板、密封垫，对本体阀上门灰尘进行清理。

2）当阀门处于较高位置时，应按规定使用绝缘梯和安全带。绝缘梯须两人配合使用，一人扶梯一人登高，安全带"高挂低用"。

（3）拆卸法兰操作方法。

1）确认取样阀总阀关闭的情况下对角缓慢松动螺帽，用一字螺丝刀撬开盖板，撬开密封垫，放空蝶阀内部残油，确定无残油持续流出的情况下，再拆掉螺母、防尘盖板、密封垫，对本体阀上门灰尘进行清理。

2）当阀门处于较高位置时，应按规定使用绝缘梯和安全带。绝缘梯须两人配合使用，一人扶梯一人登高，安全带"高挂低用"。

（二）常见阀门安装方法和注意事项

（1）阀门正式安装。所有阀门原则上需要使用厂家定制的密封垫，禁止同时安装两个密封垫。法兰"平面＋凹面"的密封结构，密封垫一般要求为氟硅橡胶材质。试装正常后，再正式安装。

（2）密封垫定位。用一字螺丝刀调整垫片位置，确保垫片在中间位置安装，以免密封垫圈密封不严，导致渗漏。

（3）紧固螺栓。按对角四个螺栓分别紧固，均匀用力，防止受力不均导致密封不严。

（三）管路铺设及制作

1. 油路设计防护标准

（1）常温地区：油管＋铝塑管＋镀锌管（槽盒）＋部分树脂管＋部分波纹管。

（2）寒冷地区：油管＋铝塑管＋伴热带＋镀锌管（槽盒）＋部分树脂管＋部分波纹管。

2. 油路管铺设

（1）根据前期勘察设计的路线，从阀门至主机基础位置铺设镀锌管，然后把带有铝塑管保护的油管依次穿过镀锌管，两端预留适当的余量，再进行镀锌管的连接，按设计要求进行固定。

（2）阀门侧铝塑管需要多出镀锌管，根据镀锌管与阀门之间的距离确定铝塑管的保留长度，并截取对应长度的波纹管对无镀锌管部分进行波纹保护，波纹管需穿入镀锌管内并进行封堵。

（3）油路铺设及安装完毕后，按变电站要求悬挂油路警示牌、油路起点与终点标识牌。

（四）加装伴热带

（1）对于低于 −15° 的寒冷地区，为保障油路顺畅，需要为油路管加装伴热带，伴热带需要紧挨油路管并贯穿全程。其保护方式与油路管一致，一端在主机内连接电路，另一端在主变压器阀门侧附近，全程做好绝缘保护。

（2）伴热带在阀门侧穿出镀锌管后，铝塑管裸露部分全部使用波纹管进行保护，铝塑管之后裸露的铜管和伴热带使用树脂管进行保护，然后外部使用波纹管，安装方法如图 7−4 所示。

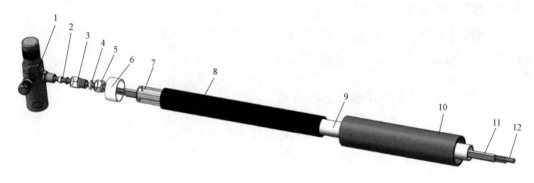

图 7−4　油管安装

1—在线取样阀；2—卡套（前卡 + 后卡）；3—防护两通（卡套接头带）；4—O 形圈；

5—螺帽；6—堵头；7—透明树脂管；8—PA 波纹管；9—铝塑管；

10—镀锌管；11—伴热带；12—油管

（3）伴热带端口使用封帽加密封固定胶的方法进行封堵。伴热带根据现场阀门周边油管盘弯形状，一般可留出距离阀门根部半米长度的油管不进行加热。

四、屏柜安装

根据变电站现场情况及设计图纸，对于后台服务器单独放置的，需要进行屏柜的加装，在设计位置增加一面油色谱在线监测装置屏柜。其安装步骤如下：

（1）屏柜的固定。可以用螺栓连接，也可以焊接，屏柜接地线是用软线接到下面接地铜排上。

（2）将后台计算机、显示器、光纤熔接盒、光纤收发器等安装到屏柜内，屏柜内所有设备布局应合理。其线缆跳线等线束槽盒布置走向，要做到规整、美观。

（3）屏柜所需的供电线缆铺设后，优先制作屏柜内电源线，并确保进线电缆由专门的空气断路器进行控制，再进行其供电线缆端的制作，通电前需要进行电压的测量。

第三节 溶解气体在线监测装置的日常运维

一、日常运维工作内容

（一）日常巡视

巡视时要对装置进行全面的外观检查，查看外壳是否存在物理损坏，如划痕、裂缝、变形等，确保装置的防护性能不受影响。

检查装置的安装支架是否牢固，有无松动、位移迹象，保证装置在运行过程中稳定可靠。

同时，仔细查看连接电缆的外皮是否完好无损，有无破损、老化、鼠咬等情况；顺着电缆检查各个接头部位，确保接头连接紧密，无氧化、松动现象，防止因接触不良导致信号传输中断或异常。

此外，清理装置表面的灰尘、油污等杂物，保证良好的散热条件，避免因散热不良引发设备故障。巡视装置周边环境，查看是否存在积水、高温源、强磁场，以及其他可能影响装置正常运行的干扰因素，如有异常应及时采取措施消除隐患，为装置创造一个安全、稳定的运行环境。

（二）油路和气路检查

（1）油路、气路连接密封无渗漏、泄漏，发生渗漏、泄漏时需查找漏点并封堵。

（2）检查载气、标准气体气瓶压力，气瓶压力小于厂家规定的最低运行压力值时应更换。对载气更换周期异常的装置，应进行气密性检查并进行处理。

（3）采用非油循环工作方式的装置，定期检查储油桶油位并及时处理废油。

（4）被监测设备进行在线滤油时，应关闭装置的进出口阀门，并停用装置。

（5）被监测设备大修或更换时，运维人员应将装置与被监测设备相连部件拆除，妥善保存。

（三）电源巡检

（1）站用电源进行切换时，需检查装置是否正常运行。

（2）关注电源指示灯的状态，正常情况下电源指示灯应持续稳定亮起，颜色通常为绿色（具体颜色依装置而定）。如果发现电源指示灯熄灭，首先应检查装置的电源插头是否插紧，插座是否通电，电源线是否存在破损或短路情况。使用万用表测量电源输入电压是否在装置规定的额定电压范围内，若电压正常，则可能是装置内部的电源模块出现故障，此时应及时联系厂家技术人员进行维修或更换电源模块，确保装置能够获得稳定可靠的电源供应，维持正常运行。

（3）运行指示灯用于指示装置内部系统的运行状态，正常工作时一般会规律闪烁（闪烁频率和模式因装置而异）或保持常亮（部分装置设计如此）。若运行指示灯出现异常闪烁，如快速闪烁、间歇性熄灭或常亮不闪烁等情况，可能表示装置内部的微处理器、数据采集系统或其他关键部件出现故障，导致程序运行异常或死机。此时可以尝试对装置进行重启操作，观察重启后运行指示灯是否恢复正常。若重启后问题仍然存在，应记录详细的故障现象，并联系厂家技术支持团队，协助进行进一步的故障排查和诊断，可能需要对装置的软件进行更新、修复或对硬件进行检修、更换，以恢复装置的正常运行。

（四）监控与通信控制单元

（1）定期对系统软件进行升级维护。

（2）监控与通信控制单元通信连接应通畅。

（3）对于具备通信功能的监测装置，通信指示灯的状态反映了装置与上位机或监控系统之间的数据传输情况。在数据传输过程中，通信指示灯应按照一定的频率闪烁，如每发送或接收一次数据闪烁一次（具体闪烁方式依通信协议而定）。如果通信指示灯不亮，首先检查通信线路的连接是否牢固，插头有无松动、脱落，通信线缆是否有破损、折断等情况。检查通信参数设置是否正确，包括 IP 地址、子网掩码、波特率、奇偶校验等，确保与上位机或监控系统的通信参数保持一致。可以尝试重新插拔通信线缆、重启通信设备（如交换机、路由器等），观察通信指示灯是否恢复正常闪烁。若经过上述处理后通信问题仍然未解决，应联系专业的通信技术人员或厂家售后工程师，对通信模块进行进一步的检测和维修，确保装置能够与监控端实现稳定、可靠的数据通信，保证监测数据能够及时上传和接收，以便运维人员实时掌握变压器的运行状况。

（4）告警指示灯是装置发出异常情况警报的重要指示，一旦告警指示灯亮起，运维人员应立即高度重视，迅速查看装置显示屏或上位机监控系统弹出的告警信息，明确告警的类型、级别以及具体的故障参数，如气体浓度超标数值、装置硬件故障代码等。根据告警信息，按照预先制定的告警处理流程进行相应的处理操作，及时采取措施排查故障原因，消除潜在的安全隐患，确保变压器的安全运行。同时，对告警事件进行详细记录，包括告警发生的时间、处理过程和结果等信息，以便后续进行故障分析和统计，为优化运维策略提供依据。

（五）干燥检查

1. 干燥剂状态检查

定期查看装置内部的干燥剂状态。常见的干燥剂如变色硅胶，正常情况下为蓝色，当干燥剂吸收水分达到一定程度后会变为粉红色。检查时，若发现干燥剂变色部分超过总体积的2/3，表明干燥剂已经受潮失效，需要及时更换干燥剂。更换干燥剂时，应选择符合装置要求的合格产品，并确保安装正确，密封良好，防止湿气再次进入装置内部，保持装置内部的干燥环境，避免因潮湿导致电气元件短路、腐蚀或影响监测精度等问题。

2. 密封性能检查

仔细检查装置的柜门、接线盒、通风口等部位的密封情况，查看密封胶条是否完好无损，有无老化、变形、脱落等现象，密封部位的外壳有无裂缝、孔洞等导致密封不严的问题。使用手感或专业的密封性检测工具检查柜门关闭后是否紧密，有无明显的缝隙漏风现象。对于发现的密封问题，应及时采取措施进行修复，如更换密封胶条、使用密封胶封堵裂缝和孔洞等，确保装置具有良好的密封性能，有效防止外部湿气侵入装置内部，维持装置内部稳定的湿度环境，保障装置的正常运行和使用寿命。

（六）数据检查

1. 查看谱图

通过装置配套的上位机软件或显示屏，定期查看气体色谱图。正常的色谱图中，氢气、甲烷、乙烷、乙烯、乙炔、一氧化碳、二氧化碳等气体应在各自特定的保留时间位置出现清晰、尖锐、对称的峰形，且峰高和峰面积与气体浓度具有相应的比例关系。观察谱图中是否存在杂峰、拖尾、分叉、峰形扁平或异常加宽等情况，若出现这些异常现象，可能表示气体分离柱的性能下降、传感器故障、检测系统受到干扰或存在其他潜在问题。此时需要进一步对装置进行校准、维护或检修，如清洗气体分离柱、更换传感器、检查检测系统的电路连接和屏蔽情况等，确保气体检测的准确性和可靠性，为后续的数据分析提供准确的基础数据。

2. 查看数据

发现特征气体数据有明显增长趋势或超过注意值时应依据 DL/T 722—2014 进行分析判断并及时上报。

记录并仔细比对装置显示的各气体浓度数据，重点关注氢气、乙炔等关键气体的浓度变化情况，以及各种气体浓度之间的相互关系和比值变化。将当前数据与历史数据进行纵向对比，观察气体浓度是否存在突然升高、持续增长、波动异常等趋势，同时与同类型变压器的正常运行数据范围进行横向对比，判断本变压器的气体数据是否处于合理区间。若发现某气体浓度超出正常运行范围，应立即对数据进行多次核实，排除数据采集过程中的偶然误差因素，如检查采样管路是否存在堵塞、泄漏或采样泵工作是否正常等情况。若数据确实异常，结合变压器的运行工况、负载情况、近期检修维护记录以及其他相关参数，综合分析判断可能存在的故障类型和严重程度，如过热故障可能导致氢气、甲烷等气体浓度升高，放电故障则可能使乙炔等气体含量明显增加，为采取进一步的处理措施提供依据，如加强监测频率、安排停电检修等，及时发现并解决变压器潜在的安全问题。

3. 数据稳定性检查

统计一段时间内（如一周或一个月）各气体浓度数据的波动情况，通过计算数据的标准偏差、极差等统计参数来评估数据的稳定性。正常情况下，各气体浓度数据应在一定的范围内波动，波动幅度相对较小且符合统计学规律。如果某气体浓度数据的波动超出正常范围，可能表示装置的采样系统、传感器性能不稳定或受到外界环境因素的干扰。检查采样系统是否存在泄漏、堵塞、泵阀动作异常等问题，传感器是否受到温度、湿度、电磁干扰等环境因素的影响导致测量精度漂移，可通过对采样系统进行清洗、维护、校准传感器以及改善装置的运行环境等措施来排查和解决数据稳定性问题，确保监测数据能够真实、准确地反映变压器油中溶解气体的浓度变化情况，为准确判断变压器的运行状态提供可靠的数据支持。

（七）告警监视

建立完善的告警监视系统，确保能够及时、准确地接收和记录装置发出的所有告警信息。通过装置自身的声光告警装置，在现场第一时间提醒运维人员注意异常情况发生；同时，上位机监控软件应具备弹窗提示功能，将告警信息详细显示在监控屏幕上，包括告警时间、告警类型（如气体浓度超标、装置故障、通信中断等）、具体的告警参数（如超标气体的名称及浓度值、故障代码等）以及告警级别（按照严重程度分为四级告警，四级告警根据监测项目的不同，分为注意值1、注意值2、告警值、停运值四级）。此外，还应配置短信报警平台，将重要的告警信息及时发送到运维人员的手机上，确保即使运维人员不在监控现场，也能在第一时间得知装置的告警情况，以便迅速采取相应的处理措施，防止故障进一步扩大，保障变压器的安全稳定运行。

二、日常维护常用工具和备件

在线系统出现故障时需确保已经检查过系统电源正常，维修常用工具及配件清单见表7-4。在进行维修前首先应与在线监测厂家联系确认故障现象，进一步确认工作方案、维修方法及操作步骤，然后按照故障排查的程序（诊断故障、找故障源、实施措施、检查效果）进行工作。

表7-4   维修常用工具备件、清单

序号	工具及配件名称	规格型号	数量	备注
1	钥匙	所有门	若干	
2	工具包	包含万用表、扳手等	1套	
3	配件	原厂配件	若干	
4	耗材	连接件、载气	若干	

三、在线装置问题分类

(一) 常见问题分类和处置方法

装置问题按照对被监测设备以及装置运行的影响程度，分为危急（Ⅰ类）、严重（Ⅱ类）、一般（Ⅲ类和Ⅳ类），对因监测装置问题引起的设备监测异常数据，按Ⅱ类问题处理。

（1）Ⅰ类问题是指会威胁到被监测设备安全运行并需立即处理的问题；

（2）Ⅱ类问题是指影响装置正常运行或监测数据异常需尽快处理的问题；

（3）Ⅲ类和Ⅳ类问题是指性质一般，程度较轻，对设备和装置安全可靠运行影响不大的问题。

(二) 在线监测装置问题分类

在线监测装置问题分类见表7-5。

表7-5   在线监测装置问题分类

类型 序号	问题分类	问题等级	是否运行单位自行处理	是否需要运行单位监护
1 装置外观				
1.1	面板无显示、指示灯熄灭	Ⅱ	否	否
1.2	在线监测端子箱防火、防潮、防小动物的封堵脱落	Ⅱ	是	否
1.3	装置外壳变形、脱漆、装置外壳腐蚀面积或厚度未超过30%	Ⅲ	是	否
1.4	装置外壳腐蚀面积或厚度超过30%、橡胶件老化开裂、箱体进水	Ⅱ	否	否

续表

序号 \ 类型	问题分类	问题等级	是否运行单位自行处理	是否需要运行单位监护
1 装置外观				
1.5	二次电缆发生断裂	Ⅱ	否	否
1.6	二次电缆或接地线出现松散情况	Ⅲ	否	否
1.7	结构件（焊接、拼装等）松动，结构变形，箱门卡涩	Ⅲ	否	否
1.8	结构件（焊接、拼装等）连接处撕裂，结构变形，箱门开闭困难	Ⅱ	否	否
2 在线监测主机类				
2.1	主站服务器硬件故障			
2.1.1	硬盘故障	Ⅱ	否	否
2.1.2	电源故障	Ⅱ	否	否
2.1.3	主板故障	Ⅱ	否	否
2.1.4	显示屏故障	Ⅱ	否	否
2.1.5	网卡故障	Ⅱ	否	否
2.2	主站服务器软件故障			
2.2.1	通信程序问题	Ⅱ	否	否
2.2.2	数据转发程序问题	Ⅱ	否	否
2.2.3	处理程序问题	Ⅱ	否	否
2.2.4	系统问题	Ⅱ	否	否
2.3	站端计算机硬件故障			
2.3.1	硬盘故障	Ⅱ	否	否
2.3.2	电源故障	Ⅱ	否	否
2.3.3	主板故障	Ⅱ	否	否
2.3.4	网卡故障	Ⅱ	否	否
2.4	站端计算机软件问题			
2.4.1	通信程序问题	Ⅱ	否	否
2.4.2	数据转发程序问题	Ⅱ	否	否
2.4.3	处理程序问题	Ⅱ	否	否
2.4.4	系统问题	Ⅱ	否	否
2.4.5	采集程序问题	Ⅱ	否	否
2.4.6	数据显示时间与实际时间不一致，时标错乱	Ⅱ	否	否

续表

类型 序号	问题分类		问题等级	是否运行单位 自行处理	是否需要运行 单位监护
2 在线监测主机类					
2.5	主机失电				
2.5.1	屏柜的空气 断路器跳闸	空气断路器 故障	Ⅱ	是	否
		空气断路器容量不足	Ⅱ	否	否
2.5.2	施工或操作断电		Ⅱ	是	否
2.6	IED 故障				
2.6.1	SC 故障		Ⅱ	否	否
2.6.2	SC 死机		Ⅱ	否	否
2.6.3	IED 死机		Ⅱ	否	否
2.6.4	IED 故障		Ⅱ	否	否
2.6.5	对时问题		Ⅱ	是	否
2.6.6	清理缓存		Ⅱ	否	否
2.7	规约兼容				
2.7.1	装置规约不符合最新规约要求，生产厂商 无法进行技术升级，与主站系统无法兼容		Ⅱ	是	否
2.8	通信故障				
2.8.1	采集通道中断		Ⅱ	是	否
2.8.2	外部通信故障		Ⅱ	否	否
2.8.3	网络线故障		Ⅱ	否	否
2.8.4	串口卡故障		Ⅱ	否	否
2.8.5	网络配置问题		Ⅱ	是	否
2.8.6	交换机故障		Ⅱ	否	否
2.9	其他				
2.9.1	技改检修		Ⅱ	是	否
2.9.2	如选择其他需进行具体描述		Ⅱ	否	否
3 变压器油中溶解气体在线监测类					
3.1	巡视检查缺陷				
3.1.1	渗漏油油滴速度快于每滴 5s 或形成油流		Ⅰ	否	否
3.1.2	连续滴淌，不快于每滴 5s		Ⅱ	否	否

类型 序号	问题分类		问题等级	是否运行单位 自行处理	是否需要运行 单位监护
3 变压器油中溶解气体在线监测类					
3.1.3	挂油珠，有明显且湿润的油迹		Ⅲ	否	否
3.1.4	气瓶总阀压力小于2MPa 或减压阀低压 出口压力小于0.4MPa		Ⅱ	否	否
3.1.5	取油阀和回油阀阀门处于关闭状态		Ⅰ	是	否
3.1.6	连接件（气管、油管）松脱		Ⅱ	否	否
3.1.7	连接件（气管、油管）断裂、部件损伤		Ⅱ	否	否
3.1.8	色谱就地柜温度调节装置故障		Ⅱ	否	否
3.1.9	废油箱油位告警		Ⅱ	否	否
3.2	主部件缺陷				
3.2.1	脱气模块	油泵	Ⅱ	否	否
		电磁阀	Ⅱ	否	否
3.2.2	分离模块	色谱柱	Ⅱ	否	否
3.2.3	检测模块	传感器	Ⅱ	否	否
		检测器	Ⅱ	否	否
3.2.4	主板模块	通信板	Ⅱ	否	否
		控制板	Ⅱ	否	否
3.3	零配件缺陷				
3.3.1	电磁阀故障	气源阀故障	Ⅱ	否	否
		油阀故障	Ⅱ	否	否
3.3.2	气瓶减压阀故障		Ⅱ	否	否
3.3.3	电源模块问题		Ⅱ	否	否
3.3.4	存储卡故障		Ⅱ	否	否
3.3.5	交换机故障		Ⅱ	否	否
3.3.6	温控模块	空调故障	Ⅱ	否	否
		加热棒故障	Ⅱ	否	否
3.3.7	搅拌子故障		Ⅱ	否	否
3.3.8	真空泵故障		Ⅱ	否	否
3.3.9	接线问题		Ⅱ	否	否

类型 序号		问题分类		问题等级	是否运行单位 自行处理	是否需要运行 单位监护
3　变压器油中溶解气体在线监测类						
3.3.10	软件问题	采集软件问题		Ⅱ	否	否
		系统问题		Ⅱ	否	否
		配置问题		Ⅱ	否	否
3.3.11	柱前压变化			Ⅱ	否	否
3.4	图谱和监测数据					
3.4.1	分离度不合格	出峰时间偏离		Ⅱ	否	否
		组分峰重叠或拖尾		Ⅱ	否	否
3.4.2	最小检测浓度 不合格	部分组分不出峰		Ⅱ	否	否
		全组分不出峰		Ⅱ	否	否
3.4.3	比对数据误差	比对误差超过 DL/T 1498.2 中 C 级要求		Ⅱ	否	否
		比对误差超过 DL/T 1498.2 中 C 级要求的 1.5 倍		Ⅱ	否	否
3.5	装置性能检验					
3.5.1	校正因子 变化率	H_2、烃类组分单位浓度 峰强度值与出厂原始值相 比，降低超过 40%		Ⅱ	否	否
		H_2、烃类组分单位浓度 峰强度值与出厂原始值相 比，降低超过 60%		Ⅱ	否	否
		H_2、烃类组分单位浓度 峰强度值与出厂原始值相 比，降低超过 80%		Ⅱ	否	否
3.5.2	校验数据 误差	比对误差超过 DL/T 1498.2 中 C 级要求		Ⅱ	否	否
		比对误差超过 DL/T 1498.2 中 C 级要求的 1.5 倍		Ⅱ	否	否
3.5.3	最小检测浓度	最小检测浓度不符合 要求		Ⅱ	否	否

序号 类型	问题分类		问题等级	是否运行单位自行处理	是否需要运行单位监护
3 变压器油中溶解气体在线监测类					
3.5.4	在线监测数据的有效性	测量重复性超标、数据超出有效范围	Ⅱ	否	否
3.6	备品备件				
3.6.1	主部件故障，生产厂商因停产、设备升级等原因无法提供装置能够兼容的备件导致无法修复		Ⅱ	否	否
3.7	其他				
3.7.1	技改检修		Ⅱ	否	否
3.7.2	标样问题		Ⅱ	否	否
3.7.3	整机更换		Ⅱ	否	否

四、典型故障和消缺手段

(一) 检修人员可以操作的内容

1. 油阀及油路渗漏油及处理方法

现象：在线色谱监测装置主变压器侧取样阀门渗油（见图7-5）。

处理方案：使用合适的扳手紧固阀门固定螺栓，紧固后若仍渗油，关闭油阀总开关。关闭油阀总开关后此阀门的离线取样口不能使用，联系厂家前来维修处理。

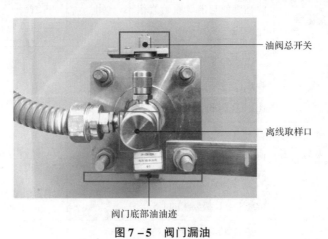

图7-5 阀门漏油

2. 装置渗漏油及处理方法

现象：在线色谱监测装置内部、装置周围渗漏油（见图7－6）。

处理方案：在厂家指导下排查确定渗漏油位置，并指导进行相应的处理。若确定为相关模块问题，则联系厂家前来维修处理。

装置内部有油迹　　　　　　　装置周围有油迹

图7－6　在线色谱监测装置漏油

3. 站内 CAC 计算机硬件故障

现象：

（1）服务器偶见现场鼠标，键盘在操作时，CAC 计算机无响应。

（2）显示器屏幕中显示蓝色背景和提示文字（简称蓝屏，见图7－7）。

（3）显示器电源灯正常但是黑屏无任何图像。

图7－7　计算机硬件故障

处理方案：重新启动服务器，所有配套软件已设置自启动。通过按 CAC 计算机的复位（RST）按钮，来重启 CAC 计算机。

4. 通信设备故障

现象：通信传输中断，数据无法上传。

处理方案：

（1）光纤收发器光口跳线连接接触不良，FX 信号灯不闪烁可重新插接或者更换对应跳线。

（2）网线松动接触不良，网口灯不闪烁，重新插接。

（3）FX 光口跳线插接错误，可以通过两端打光判断出正确的两根并进行校正（见图 7 - 8）。

图 7 - 8　通信设备

5. 载气气瓶维护方法

当气瓶总压力≤2MPa 时，更换气瓶步骤如下：

（1）关闭仪器电源空气断路器，关闭载气钢瓶总阀。

（2）拆掉减压阀出口连接处气路封帽，取出钢瓶，拆下减压阀。

（3）新瓶顺时针打开总阀放气 0.1s 吹掉瓶口杂质，装上减压阀、放入设备内，连接气路管。

（4）打开钢瓶总阀，检查减压阀低压表压力是否在 0.25 ~ 0.3MPa 范围内，如不是则调整。

（5）对钢瓶总阀、减压阀等各气路接口处进行试漏，确保不漏气（见图 7 - 9）。

（6）对设备空气断路器进行上电操作，关闭设备前后门。

注意事项：

（1）载气钢瓶中存储高压气体，拆卸和运输过程应遵守相关压缩气体管理规定。

（2）特别注意减压阀上的传感器和气路管，不要在拆装过程中造成损伤。

（3）注意减压阀安装角度，阀出口朝右上方，压力表盘面向自己。

（4）安装减压阀之前，取下尼龙防护帽后，先将钢瓶总阀打开一下，吹扫钢瓶出口，注意不能让任何污染物或水进入系统气路或减压阀。

气源模块进气口

钢瓶总阀

高压表

低压表

减压阀

载气钢瓶

图 7 – 9　装置钢瓶连接

（5）完成后对气路连接各个接头处进行检漏，确保不会漏气。

6. 通信及网络

常见故障现象：

（1）在现场站内 CAC 计算机查看数据可正常显示，但是局端（省端）平台无最新数据显示。

（2）现场站内 CAC 计算机无最新数据。

处理方案：

（1）测试网络通信是否通畅，可用 Windows 系列操作系统自带的 ping 命令测试网络是否通信正常（见图 7 – 10）。

（2）使用 ping 命令测试目标的 IP 地址，如果测试不通，则证明变电站对外网络不通，可联系网络公司或网络管理人员协助排查网络不通的原因。

（3）使用 ping 命令测试目标的 IP 地址，如果提示网络通畅，则重启站内 CAC 计算机，启动正常后，再次检查数据是否可以正常上传，如仍不能，则需要联系设备厂商进行技术支持。

目标IP地址

通信异常

目标IP地址

通信正常

图 7 – 10　通信及网络故障

7. 在线监测数据异常处置原则

告警信息根据监测项目的不同，分为注意值 1、注意值 2、告警值、停运值四级，在首次达到阈值处置要求如下。

（1）数据达注意值 1，未达注意值 2。当在线监测数据触及注意值 1 但尚未达到注意值 2 时，现场需依据在线监测的下一周期复测数据进行确认，以判断数据异常是偶发性波动还是潜在问题的初步信号，避免不必要的过度反应，确保运维工作的精准性与高效性。

（2）数据达注意值 2，未达告警值。一旦数据达到注意值 2 却未触及告警值，应立即自动或人工远程启动油色谱在线监测装置的复测流程，同时将装置采样周期调至最小检测周期（气相色谱型不超 2h，光声光谱型不超 1h），充分借助远程智能巡视系统与状态综合监测装置实施重点监视，以便及时捕捉数据的细微变化趋势，为后续分析提供详细依据，实现对潜在故障的早期精准预警。

（3）数据达告警值，未达停运值。在监测数据达到告警值但未达到停运值的情况下，现场人员要先行远离异常设备及其相邻间隔区域，防止潜在风险对人员安全造成威胁，随后迅速启动复测并将采样周期缩至最短，同时依靠远程智能巡视系统和状态综合监测装置加强监视力度，持续关注设备状态变化，为后续决策提供全面且及时的信息支持，确保在复杂情况下仍能精准掌控设备状况。

（4）数据达停运值。若在线监测数据达到停运值，现场人员务必即刻远离异常设备及相邻间隔区域，保障人身安全，并迅速启动复测且将装置采样周期调至最小，第一时间通过电话向各级生产管控中心、生产管控中心以及对口调度部门报告异常信息，明确后续处置将依据复测结果展开；同步启动专家团队进行深入分析，利用远程智能巡视系统与状态综合监测装置严密监视设备状态。特别地，当乙炔 4h 增量达 $2\mu L/L$ 或 2h 增量达 $1.5\mu L/L$ 时，需向对口调度部门报备紧急拉停风险，清晰告知复测确认后将紧急停运设备，便于调度部门提前调整运行方式或功率，有效防范因设备紧急拉停引发的电网风险，而现场也应依据预案做好紧急拉停的各项准备工作，确保在极端情况下电网运行的稳定性与安全性不受严重冲击。

（二）需设备厂商提供技术支持

1. 设备工控系统

现象：整机电源正常，但工控系统不启动。

处理方案：

（1）测量空气断路器 AC220V 是否正常，观察电源指示灯是否亮起，测量工控板 DC12V 电压是否正常。

（2）测量工控板电池电压是否大于 DC1.8V（注：工控板无 DC12V 电源输入情况下不可取下电池测量）。

（3）检查 IP 地址是否同一个号段，是否冲突，IP 地址能否 PING 通。

（4）检查网口灯闪烁及本地网络连接是否正常。

（5）空气断路器断电 30s 后给电，能否听到启动"滴"一声。

如无法处理，联系厂家技术支持更换或厂家技术人员更换。

2. 光通信模块

现象：通信传输中断，数据无法上传。

处理方案：

（1）有 24V 供电电压，但是"RUN"运行灯不亮，核查光纤收发器供电端子接线牢固程度，经复位电源后仍无法启动，需更换收发器模块。

（2）光纤断，可使用打光笔进行打光。如光纤断，需要更换光纤。

3. 通信系统故障现象及处理方法

现象：通信传输中断，数据无法上传。

处理方案：

（1）不同厂家的光纤收发器可能存在不兼容的情况，如现场和后台的光纤收发器型号不一致，必须保证两端的光纤收发器规格一致，如千兆口与百兆口不能混用。

（2）网络 IP 地址被封锁或者后台网卡被封，需要现场使用笔记本电脑进行测试。

（3）光纤熔接不达标、盘纤不标准，导致数据传输不通或者丢包。

（三）需设备厂家现场处理的现象

1. 电路主板故障现象及处理方法

（1）现象：数据为 0（电路主板原因）。

处理方案：在厂家指导下检查主板信号采集和通信处各接线是否正常，重新紧固各接线端子。若处理后还不正常，则联系厂家前来维修处理。

（2）现象：环境温度不加热。

处理方案：在厂家指导下，在装置断电状态下检查温控及交流输入输出部分各接线是否正常，在装置上电状态下测量温控及交流输入输出部分各电压是否正常。若处理后还不正常，则联系厂家前来维修处理。

（3）现象：主板指示灯不亮。

处理方案：在厂家指导下，检查主板直流电源输入是否连接正常，测量电压是否正常。若处理后还不正常，则联系厂家前来维修处理。

2. 气路模块

现象：

（1）在线色谱数据和实验室数据差异较大，且经厂家确认无法校准的情况下，需要更换气路模块。

（2）在线设备检定数据时与标准油数据差别较大，同时本体油在线与离线差别也较大，经厂家判断差别不成线性的情况下，需要更换气路模块。

（3）在运行过程中，数据为 0 或者无数据，经厂家提供技术支持联合检测和调试后，同时判定气路模块异常。

3. 气路模块更换步骤

（1）打开设备后门，关闭设备电源，将左侧电路屏蔽罩取下，露出电路板。

（2）将气路模块背后所有连接线束和气路管取下。

（3）关闭油路，拆除油路管。

（4）打开设备前门，拆开固定气路模块的 4 个螺栓，取下气路模块，更换新的气路模块。

4. 气路模块更换后调试方法

（1）设备接线恢复后与厂家技术人员取得视频联系，检查并确保接线无误。

（2）根据厂家技术人员指导，打开油色谱设备空气断路器。

（3）打开笔记本电脑，连接热点，和厂家技术人员建立远程连接。

（4）利用网线连接工控板网口和笔记本电脑。

（5）待厂家技术人员操作完毕后，从工控板上拔下自带网线，恢复原来的通信网线。

（6）整理现场，关闭设备前、后门。

第四节　现场校验

一、现场校验方案

多年实践证明，变压器油中溶解气体分析技术能有效和可靠地发现油浸式电力变压器内部潜伏性故障。但由于在线监测装置生产厂家技术水平参差不齐，实际运行时受诸多因素影响，导致装置安装之后或运行一段时间后，测量准确性和稳定性变差，并频繁出现误报警，增加了运维单位现场维护和对比试验的工作量，也严重影响了在线监测工作的正常开展，不能满足状态监测的要求，给电网安全带来严重的隐患。因此，定期开展变压器油中溶解气体监测装置的检验对提高装置的运行可靠性十分必要。

（一）监测装置组成和影响装置测量准确性的因素

1. 监测装置组成

变压器油中溶解气体在线监测装置主要由油样采集单元、油气分离单元、气体分离和检测单元、数据采集与控制单元、通信单元以及辅助部分构成。油样采集单元是指在线监测装置与变压器油箱相连的管路系统，完成从设备中取出待测变压器油。油气分离单元主要实现油中溶解的特征气体与变压器油的分离，常采用的方式包括真空分离法、膜渗透分离法以及动态顶空分离法等。气体分离单元主要实现特征气体的分离，常采用色谱柱分离的方式，当然像光声光谱检测原理和红外光谱检测原理的油中溶解气体在线监测装置则不需要气体分离部分。气体检测单元主要完成特征气体的定量检测，并产生相应电学信号，主要的方式有气相色谱法、红外光谱法、光声光谱法、传感器法等。数据采集与控制单元主要完成检测电信号的采集和数据处理，同时对检测过程进行控制等。通信单元用于实现与控制部分的通信及远程维护。辅助部分则主要包括气瓶、管路、接口、阀门以及控温装置等。

变压器油中溶解气体在线监测装置测试流程为：设备本体的变压器油经过取样管路进入到在线监测装置中，在油气分离环节将油中溶解的特征气体从油中分离，分离后的油会被循环至设备本体或被当废油进行收集。分离得到的混合气体会根据不同检测单元的需求再进一步分离成单组分气体或直接进入检测环节进行检测。气体检测单元产生的电信号由数据采集单元进行采集、分析、处理形成最终检测结果并进行储存。因此，任一环节出现问题，将可能导致在线监测装置运行不稳定或监测数据出现误差。

2. 影响装置测量准确性的因素

依据上述监测装置组成和检测原理，与当前广泛应用的离线色谱仪对比，影响装置测量准确性的因素主要有以下几个方面。

（1）载气压力、流量的影响。气相色谱仪通过保留时间对被检测的气体组分定性。通过离线色谱进行检测时，每次试验前都要采用标准混合气对定性参数（保留时间）、定量参数（校正因子）进行标定，然后与油中脱出特征气体进行比对，计算油中特征气体的浓度。而在线监测装置在出厂和维护时均标定好，在日常检测时并不进行标定，如果色谱峰保留时间变化，而在线色谱监测装置仍按原有的保留时间识别，从而引起识别错误（如将乙烷识别为乙炔，或将乙炔未识别出），出现误判断。乙炔的预警值很低（330kV 变压器、电抗器通常为 $1\mu L/L$），因而易引发误报警和漏报警等情况。

（2）脱气率的影响。英国中央发电局研究认为，产生测量误差的原因多半来自脱气阶段。对油中溶解气体进行离线色谱检测时，脱气通常采用标准的振荡脱气法，脱气装置与色谱仪不关联，因此可认为脱气率恒定。在线监测装置中，油气分离系统和色谱检测系统是相关联的，在线监测装置的灵敏度、最小检测体积分数等都与脱气率相关。在装置使用过程，由于元件老化或者其他原因而使脱气率变化，将导致测量结果出现误差，影响报警体积分数的准确性。

（3）载气纯度及色谱柱的影响。载气不纯将造成气相色谱仪的基线噪声增大。油中溶解气体在线监测装置灵敏度发生变化时，若较大的噪声出现在乙炔的保留时间上，在线监测装置会将噪声识别为乙炔，引起误报警。

色谱柱将随着使用时间的增加而逐渐老化，致使其分离效能降低，从而影响检测气体组分在色谱柱中的保留时间以及峰面积。色谱的峰面积是用以对气体含量进行定量分析的。在线色谱装置在出厂时便设置好了固定的校正因子，其值不随色谱柱的效能降低而改变，因此影响测量准确性。

（4）检测器性能变化的影响。如果检测器的性能降低，色谱的峰面积将会减小，从而导致检测结果偏小，直接影响报警浓度的准确性；另外，检测器的清洁度也对检测准确性有影响。如果气体检测装置发生污染，色谱中将出现杂峰。由于在线监测装置对气体色谱采用自动分析，无法识别和剔除杂峰，若杂峰出现在乙炔的保留时间上时，将会发生误报警。

（二）检验方式

变压器油中溶解气体在线监测装置校验技术主要有标准气体法、数据比对法和标准油样法等三种方法。

1. 标准气体法

配置一组或多组不同浓度的标准气体，令其通过在线监测装置的色谱检测单元进行检测，从而实现对在线监测装置的对比与校验。采用标准气体对比法校验周期短，并且能够实现对检测器灵敏度、色谱柱效能、载气流量变化等因素进行校验。但是，当脱气单元的脱气率、油样采集及气体进样的定量管发生变化时，本方法不能对其进行校验，因此没有兼顾到油气分离单元的标准气体对比法并不能对整套装置的各部分产生的误差进行有效的校验。

2. 数据比对法

需要从油箱中取运行中的变压器油，送至实验室通过离线色谱仪进行离线检测，将离线结果与变压器在线监测装置的检测数据进行对比。这是对在线监测装置进行标定和校验的传统方法。本方法观察两者是否一致，从而判断在线监测装置是否可靠运行。

本方法优点是简单易行，便于实现。然而，对于大部分正常运行的变压器，其内部反映潜伏性故障的特征气体含量很低，甚至尚未产生，因此该方法对一些重要特征气体的检测准确性并不能很好地校验。同时，本方法采集油样进行色谱分析，每次只能得到一组单一数据，对装置的报警值和最小检测浓度都无法进行校验，因此利用离线色谱检测结果与在线数据进行比较的方法具有很大的局限性。

3. 标准油样法

用标准油样接入油中溶解气体在线监测装置进行校验。此方法能对油中溶解气体在线监测装置的准确度进行全面校验，并可以真实地模拟变压器油中溶解气体在线监测装置的工作条件，属于一种仿真型校验，可校验在线监测装置的最小检测浓度、报警浓度、出峰时间、交叉敏感性、重复性等重要指标。相比于前两种校验方法，采用含有不同浓度溶解气体的多个标准油样进行检验已成为目前在线监测装置校验的主流方法。该校验方式首先将变压器空白油与特征气体以一定配比混合，达到气液溶解平衡。然后利用实验室离线色谱仪对油浓度继续进行标定，使标定浓度数据接近其配比的理论浓度。最后将配制的理论浓度油样作为标准油样，存储在密封良好、可模拟变压器出油压力、便于携带的标准油样存储装置中，直接用于油中溶解气体在线监测装置的检验。用已知理论浓度的标准油样为标准样品，实现对变压器油中溶解气体在线监测装置的检验，可从油样采集单元到输出单元全部检测过程进行检验对比。不同于传统的实验室色谱数据对比法，这种方案可对油中溶解气体在线监测装置的乙炔等关键气体检测准确性进行检验。

（三）标准油的配制

1. 标准油配制原理

标准油的配制原理是：利用分配定律，在温度和压力一定的密闭空间内，将一定体积的空白变压器油与一定体积的标准气体充分混合，使气、液两相达到动态平衡，排出平衡后的气体，即获得含有一定浓度溶解气体的标准油。配制的标准油至少含有 CH_4、C_2H_4、C_2H_6、C_2H_2、H_2、CO、CO_2 等七种组分。

2. 常用配制方法

标准油配制主要由标准气体、空白油、密闭容器、温控装置、油气两相混合装置等组成。空白油储存在一定体积的密闭容器中，根据标准气体组成和气体加入空白油中方式的不同，标准油配制方法主要分为混合标准气法和单一标准气法两种。

（1）混合标准气法。将一定体积的混合标准气（含有 H_2、CH_4、C_2H_4、C_2H_6、C_2H_2、CO、CO_2 等七种组分，以 N_2 为底气）和空白油注入密闭容器中，在 50℃ 恒温和一定压力条件下，通过水平振荡或循环泵强制循环的方式充分混合后，排出平衡气体得到标准油［见图 7－11（a）］，其中，空白油进入密闭容器之前需要充入 N_2 进行饱和或真空脱气。该法简单易行，但需要通过配制不同浓度混合标准气体来配制不同理想浓度的标准油，实际操作起来比较麻烦，不能采用一瓶固定浓度混合标准气随意配制任意理想浓度的标准油。

在实际应用中，可以通过"母液稀释法"即首先配制一份各种组分浓度都较高的油样作为母液，然后根据配制油样需要，将不同体积的母液加入装有大量新变压器油的系统内进行稀释，得到所需梯级等比例的标准油样。

（2）单一标准气法。根据理论计算的每种气体所需加入量，将上述七种单一组分浓度标准气依次加入一定体积空白油中，加气结束后，在50℃恒温和一定压力条件下，通过水平振荡或循环泵强制循环的方式，使空白油和加入的标准气充分混合后，排出平衡气体得到标准油［见图7－11（b）］。其空白油处理方法与混合标准气法一样，需要进行N_2饱和或真空脱气处理。由于采用单一组分标准气，通过控制不同标准气加入量，即可配制任意目标浓度的标准油。该法操作相对繁琐，需要将每种标准气逐一加入油中，每种标准气体的进气体积计算比较困难。为了准确计量标准气加入量，应尽可能减少气体死体积的影响，对配油系统的软件与硬件设计要求都较高。这种方法的优点是可以配制含有任意组分和理想浓度的标准油，便于对在线监测装置进行不同浓度点的校验。因此，现在标油配制装置的设计逐渐由混合标准气法向单一标准气法转变。

对于常规配油装置，由于配油量较大，油样配制过程中涉及的环节和影响因素较多，标准油配制后一般用实验室气相色谱仪对标准油进行定值检验，依据偏差大小评定标准油配制的准确度。

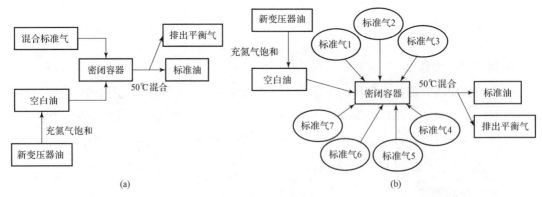

(a)   (b)

图7－11　标准油配制方法

（a）混合标准气法；（b）单一标准气法

3. 标准油配制数学模型

不同配制方法对标准油的准确配制影响较大，其关键在于正确建立配制方法对应的数学模型。由配油原理可知，想要准确配制理想浓度的标准油，必须准确计量标准气体的量。因此，标准气体的进气方式及其进气量计算数学模型是保证准确配油的关键，不同的配制方法采用的数学计算模型也不同。以下为空白油经过氮气充分饱和后的标准油配制数学模型。

（1）混合标准气法数学模型。在恒温50℃和恒压条件下，混合标准气与空白油在密闭容器中经过重新分配，达到气、液两相的动态平衡。由于空白油预先通入高纯氮气充分饱和，达到溶解气体平衡，因此平衡后空白油和脱出气体的体积可等同于恒定50℃配制时实际空白油和实际加入混合标准气的体积。根据物料平衡原理和分配定律，配油前后气相与液相中物质的量之和应相等，则混合标准气法配制标准油的数学模型见式（7-1）。根据混合标准气体中各组分浓度和加气量，可得到所配制标准油中溶解气体的浓度。

$$V_g \cdot c_{is} + V_k \cdot c_{ik}/0.929 = V_g \cdot c_{il}/(0.929 \cdot K_i) + V_k \cdot c_{il}/0.929 \tag{7-1}$$

$$c_{il} = \frac{0.929 \cdot c_{is} \cdot V_g + c_{ik} \cdot V_k}{V_g/k_i + V_k} \tag{7-2}$$

其中

$$V_k = V_{k,0}[1 + 0.0008(50 - t)] \tag{7-3}$$

$$V_g = V_{g,0}[323/(273 + t)] \tag{7-4}$$

式中　V_g——配油平衡后的气相体积，mL；

　　　$V_{g,0}$——配制环境下混合标准气的进气体积，mL；

　　　c_{is}——混合标准气中 i 组分的体积分数，1×10^{-6}；

　　　V_k——配油平衡后标准油的体积，mL；

　　　$V_{k,0}$——配制环境下加入空白油的体积，mL；

　　　c_{ik}——20℃、101.325kPa下空白油中气体 i 组分的体积分数，1×10^{-6}；

　　　c_{il}——20℃、101.325kPa下配制出的标准油中溶解气体 i 组分的体积分数，1×10^{-6}；

　　　K_i——气体 i 在常压下、50℃时的平衡分配系数；

　　　t——实验室温度，℃；

　0.929——油中溶解气体浓度的温度校正系数（从50℃校正到20℃）；

　0.0008——绝缘油配制热膨胀系数，L/℃。

通过设置其中一种气体在标准油中的理想浓度 c_{il}，可求出配油平衡后的气相体积 V_g，见式（7-5）。

$$V_g = \frac{V_k \cdot (c_{il} - c_{ik})}{0.929 \cdot c_{is} - c_{il}/k_i} \tag{7-5}$$

式（7-5）结合式（7-4）就可算出混合标准气的进气体积 $V_{g,0}$，然后根据式（7-2）算出剩余6种组分在标准油中的浓度 c_{il}。

由以上公式可知，对于已知浓度的混合标准气，该数学模型只能设定一种气体的理想浓度，一旦这种气体在标准油中的浓度设定后，其他气体在标准油中的浓度将不可更改。如果想要实现设定每种标准气体在标准油中的理想浓度，则需要对混合标准气中各组分浓度进行调整。

在实际应用该数学模型时，为了便于标准化操作，一般将空白油和标准气进气体积均设定为定值，因此混合标准气中各组分浓度就直接决定了标准油配制的浓度。如果想配制目标浓度的标准油，依据式（7-2）分别计算出需要配制的混合标准气中各组分浓度。这种配油方法和数学模型的优点是利于标准化操作，一次进气可减少配油误差，适合于加气量和空白油量均为固定值的标准油配制装置；缺点是对混合标准气而言，各组分浓度一旦确定，就不能再根据需要改变不同气体在标准油中的浓度比例，工作极不方便。

当公式中空白油中溶解气体含量对所配制标准油浓度影响小到可以忽略不计时，可用式（7-6）计算标准油中溶解气体各组分浓度。DL/T 1463—2015《变压器油中溶解气体组分含量分析用工作标准油的配制》就是采用这种配油方法和数学模型。

$$c_{il} = \frac{c_{is} \cdot V_g}{V_g/k_i + V_k} \times 0.929 \tag{7-6}$$

采用式（7-6）配制标准油时，对于处理好的空白油应在密闭容器中充氮保存，以防空气中 CO_2 污染。

（2）单一标准气法数学模型。单一标准气法的数学模型原理与混合标准气法一样，只是配油前后的气相体积发生了变化。单一标准气法是每种标准气逐一进入密闭容器，每进入一种标准气都会对前面进入的标准气浓度进行稀释，因此必须在进气之前计算出每种标准气的进气量。根据式（7-1）可以看出等式两边的气相体积不再相等，在标准气浓度、空白油体积与浓度、标准油中气体理想浓度都确定的情况下产生了 2 个未知量，即 X_i 和 X，计算公式见式（7-7）。

$$X_i \cdot c'_{is} + V_k \cdot c_{ik}/0.929 = X \cdot c_{il}/(0.929 \cdot K_i) + V_k \cdot c_{il}/0.929 \tag{7-7}$$

其中

$$X_i = X_{i,0}\left[323/(273+t)\right] \tag{7-8}$$

式中　X_i——配油前标准气 i 恒温到50℃时的体积，mL；

　　　$X_{i,0}$——配制环境下标准气 i 的进气体积，mL；

　　　c'_{is}——单一标准气 i 组分的体积分数，1×10^{-6}；

　　　X——配油平衡后气相总体积，mL。

未知量 X 与 X_i 之间的关系见式（7-9）。

$$X = \sum_{i=1}^{7} X_i \tag{7-9}$$

显然，通过式（7-7）和式（7-9）无法解出 2 个未知量，因此需要新建数学模型。首先假定 $X=1$，利用式（7-7）计算出每种标准气的 X_i，然后算出 $\sum_{i=1}^{7} X_i$。如果 $\sum_{i=1}^{7} X_i < X$，则对 X 设定一个任意增量，该增量用于对 X 进行不断加和后再假定，再计算出 $\sum_{i=1}^{7} X_i$，直到满足条件 $\sum_{i=1}^{7} X_i = X$ 为止。如设定增量为3，则继续假定 $X=1+3=4$，然后算出 $\sum_{i=1}^{7} X_i$，再用 $\sum_{i=1}^{7} X_i$ 和 X 比较，直到 $\sum_{i=1}^{7} X_i = X$ 为止，$\sum_{i=1}^{7} X_i$ 也就是 X 为平衡后气相总体积，以此刻

的 X_i 值并利用式（7－8）得到气体 i 的进气体积 $X_{i,0}$。

利用式（7－7）~式（7－9）及增量设置的数学模型可实现用任意浓度的单一标准气配制出任意理想气体浓度的标准油，可针对不同变压器在线监测装置的具体情况配制不同浓度的标准油，大大提高了方法的适应性，更有利于自动智能化配油技术的发展。另外，在配油过程中还需要注意以下事项。

1）增量设置。增量虽然是任意设置，但理论上认为增量设置越小，计算结果越准确。然而对于油量较大的标准油配制来说，没有必要过于精细，增量设置过小则需要更多的计算步骤来满足式（7－9）的成立。因此，为了提高计算效率，增量最好设置为整数，而且对于不同的标准油中气体理想浓度应当有不同的设置方法。

增量设置原则：高浓度配油设定为较大的增量，低浓度配油设定为较小的增量。具体可通过比较当 $X=1$ 时计算出来的 $\sum_{i=1}^{7} X_i$ 与 X 相差的程度，如果二者相差过大，就增大增量，反之则减少。如果采用自动智能化仪器进行配油，则增量的设定可通过软件设置为高、中、低三档来进行调节，以提高芯片的计算速度。

2）自动配油技术中标准气输出的准确性。单一标准气法配油技术应用于自动化配油装置后将发挥混合标准气法无可比拟的优势。该数学模型的关键在于标准气进气体积的计算，因此自动配油装置对标准气进气体积的准确计量和气路设计成为准确配油的关键。自动配油装置利用单一标准气法数学模型输入式（7－7）中的已知量，可计算出每种标准气的进气体积。用气体流量计检测出装置的实际气体输出流量，与计算出来的标准气进气体积相比较，二者一致就能够保证标准气输出准确。气路设计要避免不同标准气之间的交叉污染以及管路死体积带来的计量误差。

3）标准气浓度的选择。选用标准气浓度大小也会成为配油误差的来源之一。标准气浓度过大会使得加气量变小，对于配制低浓度标油容易造成配油误差增大；标准气浓度过小引起加气量变大，可能超过配油容器的容量上限，密闭配油容器中空白油与上部标准气的体积比一般不小于 8：1。混合标准气法通过设定气体 i 配油理想浓度和标准气体积的极限值，利用混合标准气法数学模型，就可计算出配制一定容量标准油所需标准气浓度的适当范围。单一标准气法标准气浓度选用范围计算相对麻烦，需要同时设定气体 i 配油理想浓度、平衡后气相总体积和标准气 i 加气量三种因素的极限值，才能通过数学模型计算出配制一定容量标准油所需标准气 i 浓度的适当范围。

4. 标准油储存稳定性试验

标准油成功配制后储存期间的稳定性同样重要，如果配油后一定时间内油中溶解气体变化太大，运输到变压器在线监测系统现场就可能导致误诊率大大升高。标准油储存方式一般有 2 种：①配油容器直接保存；②用便携式密封储油容器转移出来保存。储油容器的材质及气密性都会影响标准油中各组分浓度的稳定性。目前市面上的密封储油容器烃类气体在 30 天之内的储存稳定性较好，H_2 的储存稳定性稍差。

（四）在线监测装置现场校验的技术参数

DL/T 2145.1—2020《变电设备在线监测装置现场测试导则 第 1 部分：变压器油中溶解气体在线监测装置》对在线监测装置需要满足的技术条件和检验项目提出了要求，并对每项技术参数做了详细规定。

1. 结构及外观检查

通过目视、手动逐项检查，装置的铭牌、外观和结构应满足表 7 - 6 要求。

表 7 - 6　　　　　　变压器油中溶解气体在线监测装置结构及外观技术要求

序号	项目名称	要求
1	铭牌	应有装置名称、型号、制造厂名、出厂编号、出厂日期等内容
2	外观	装置应无影响正常工作的变形、开裂、损伤、锈蚀、划痕等，各部分连接可靠，紧固件无松动
3	结构	装置油管路应牢固地连接在设备上，应使用不锈钢管或铜管。气体管路和油管路各接口连接应紧密牢固、无泄漏。装置密封和封堵应良好，箱体内部应无水迹和明显积灰。装置电源线、信号线等插接紧密，接地应良好，各开关、旋钮、按键等功能应正常，指示灯灵敏，数码显示清晰完整

2. 测量误差

测量误差是衡量在线监测装置准确性的重要指标。多组分气体在线监测装置测量误差需要满足 DL/T 1498.2—2016《变电设备在线监测装置技术规范 第 2 部分：变压器油中溶解气体在线监测装置》要求，对最低检测限值或计算值，测量误差取两者较大值，具体见表 7 - 7。

表 7 - 7　　　　　　多组分变压器油中溶解气体在线监测装置测量误差要求

检测参量	检测范围 （μL/L）	测量误差限值 （A 级）	测量误差限值 （B 级）	测量误差限值 （C 级）
氢气（H_2）	2 ~ 20*	±2μL/L 或 ±30%*	±6μL/L	±8μL/L
	20 ~ 2000	±30%	±30%	±40%
乙炔（C_2H_2）	0.5 ~ 5	±0.5μL/L 或 ±30%*	±1.5μL/L	±3μL/L
	5 ~ 1000	±30%	±30%	±40%

检测参量	检测范围 （μL/L）	测量误差限值 （A 级）	测量误差限值 （B 级）	测量误差限值 （C 级）
甲烷（CH_4）、 乙烷（C_2H_6）、 乙烯（C_2H_4）	0.5 ~ 10	± 0.5μL/L 或 ± 30% *	± 3μL/L	± 4μL/L
	10 ~ 100	± 30%	± 30%	± 40%
一氧化碳 （CO）	25 ~ 100	± 25μL/L 或 ± 30% *	± 30μL/L	± 40μL/L
	100 ~ 5000	± 30%	± 30%	± 40%
二氧化碳 （CO_2）	25 ~ 100	± 25μL/L 或 ± 30% *	± 30μL/L	± 40μL/L
	100 ~ 15000	± 30%	± 30%	± 40%
总烃 （$C_1 + C_2$）	2 ~ 20	± 2μL/L 或 ± 30% *	± 6μL/L	± 8μL/L
	20 ~ 4000	± 30%	± 30%	± 40%

＊　在各气体组分的低浓度范围内，测量误差限值取两者较大值。

（1）测量误差的现场检验方法。

1）设备油样法。取至少 2 份被监测设备的油样，按 GB/T 17623—2017 对被监测设备内油样中的溶解气体组分含量进行定值，并以此为参考值对在线监测装置的性能指标进行测试，计算测量误差。

2）标准油样法。采用配制的标准油样对在线监测装置的性能指标进行测试，工作原理如图 7 - 11 所示。如采用循环回油的测试方式（回油见图 7 - 12 中虚线所示），则宜在测试过程中从取样阀门处取样，用便携式色谱仪对标准油样浓度重新进行定值。

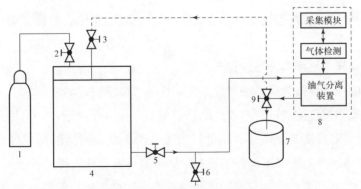

图 7 - 12　标准油样法工作原理

1—压缩空气气瓶或空气泵（增压用）；2—进气阀门；3—标准油样储存装置回油阀门；4—标准油样储存装置；
5—标准油样储存装置出油阀门；6—取样阀门；7—油桶；8—在线监测装置；9—阀门

标准油样浓度范围可参照表 7 - 8 要求。若设备本体油中气体组分含量（最近一次例行取样试验值）高于标准油样 3 浓度，标准油样 3 的浓度可按设备本体油中气体组分含量的110% ~120% 进行配制。需要验证装置最小检测浓度时，各组分含量可按照标准油样 1 的下限进行配制。

表 7 - 8　　　　　　　　　　　　　　　标准油样浓度范围　　　　　　　　　　　　单位：μL/L

气体组分	标准油样 1 （低浓度）	标准油样 2 （中浓度）	标准油样 3 （高浓度）
H_2	2 ~ 10	50 ~ 100	100 ~ 200
C_2H_2	0.5 ~ 1.0	5 ~ 10	10 ~ 20
总烃（$C_1 + C_2$）	2 ~ 10	50 ~ 100	100 ~ 200
CO	25 ~ 100	300 ~ 600	600 ~ 1200
CO_2	25 ~ 500	1000 ~ 3000	3000 ~ 6000

（2）测量误差的现场检验程序。

1）切断在线监测装置与上位机的网络连接或将系统设置为调试状态等。

2）将在线监测装置主机正常关机，关闭在线监测装置总电源开关。

3）关闭被监测设备侧的出油和回油阀门。

4）断开在线监测装置箱体侧的进油管和出油管连接头，用堵头分别封堵与被监测设备相连接的出油管和回油管。

5）按图 7 - 11 所示，将盛有标准油样 1 的全密封储油装置与在线监测装置进行连接，连接前用标准油样排尽连接管路里的空气。

6）启动在线监测装置，用标准油样对在线监测装置油循环回路进行清洗，清洗油量应不小于循环回路总体积的 2 倍，必要时脱气室可抽真空或用载气进行吹扫，取两次监测值作为测量值，两次监测值重复性应符合 GB/T 17623—2017 要求，否则宜增加监测次数直到满足要求为止。

7）将标准油样 1 更换为标准油样 2 并按第 5）、6）步完成测量。

8）将标准油样 2 更换为标准油样 3 并按第 5）、6）步完成测量。

9）将在线监测装置侧进油管与被监测设备重新连接，开启设备侧出油阀门，以被监测设备内的变压器油对监测装置循环回路进行清洗至少 2 次，清洗的油样应排入油桶，清洗后的油中各种气体组分监测值不应高于设备本体最近一次例行取样试验值的 110%。

10）将在线监测装置侧出油管与被监测设备重新连接，开启设备侧回油阀门。

11）恢复在线监测装置与监控系统的网络连接，将在线监测装置恢复到正常运行状态。

（3）结果计算。

1）相对测量误差按式（7-10）计算。

$$C_r = \frac{\overline{C} - C_{is}}{C_{is}} \times 100\%$$ （7-10）

式中 C_r——相对测量误差，%；

$\overline{C}$——在线监测装置测量值，$\mu L/L$；

C_{is}——标准油样浓度或设备油样的实验室检测浓度值，$\mu L/L$。

2）绝对测量误差按式（7-11）计算。

$$C_a = \overline{C} - C_{is}$$ （7-11）

式中 C_a——绝对测量误差，$\mu L/L$；

$\overline{C}$——在线监测装置测量值，$\mu L/L$；

C_{is}——标准油样浓度或设备油样的实验室检测浓度值，$\mu L/L$。

3. 测量重复性

测量重复性主要用以考核油中溶解气体在线监测装置是否稳定、可靠工作。需要满足对同一油样连续进行 6 次以上测量，测量结果的差异与平均值的比值不超过以下要求，同时，各次的测量结果都应满足表 7-7 中的测量误差范围。

总烃、氢气或乙炔含量≥50$\mu L/L$：RSD≤5%。

总烃、氢气或乙炔含量 20$\mu L/L$~50$\mu L/L$：RSD≤10%。

（1）测量重复性检验方法。

1）标准油样法。结合标准油样 2 的测量误差试验，连续检测 7 次，取最后 6 次的监测值计算测量重复性。对多组分监测装置以总烃测量结果计算测量重复性。

2）设备油样法。按生产厂家提供的装置技术说明书给出的最小检测周期，设定为连续工作方式，连续检测 6 次，对多组分监测装置以总烃监测值计算测量重复性，对少组分监测装置以氢气或乙炔监测值计算测量重复性。

（2）结果计算。测量重复性按式（7-12）进行计算。

$$RSD = \sqrt{\frac{\sum\limits_{i=1}^{n} (C_i - \overline{C})^2}{n-1}} \times \frac{1}{\overline{C}} \times 100\%$$ （7-12）

式中 RSD——相对标准偏差；

C_i——第 i 次的检测值；

$\overline{C}$——n 次检测值的算术平均值；

n——测量次数；

i——测量序号。

4. 最小检测浓度

最小检测浓度是指在线监测装置所能检知的最低浓度，是在线监测装置一个非常关键的指标，特别是油中乙炔含量的最小检测浓度，直接关系到在线监测装置能否早期发生变压器或电抗器内部的缺陷，并及时采取防范设备故障的措施。最小检测浓度的检测主要有以下两种方法。

（1）信噪比法。结合标准油样 1 的测量误差试验，从谱图中获取各组分的峰高信号 h_i 和噪声信号 N_i。按照式（7-13）计算在线监测装置各组分的最小检测浓度。现场测试时，基线噪声可以取测试时进样峰至第一个组分峰之间的最大波动幅度进行计算。当装置对标准油样 1 中的气体组分无响应时，可运用标准油样 2 或标准油样 3 的试验进行计算。

$$C_{imin} = \frac{2 \times N_i}{\overline{h_i}} \times C_{is} \qquad (7-13)$$

式中　C_{imin}——组分的最小检测浓度，$\mu L/L$；

　　　N_i——噪声，mV；

　　　$\overline{h_i}$——标准油样组分的平均峰高，mV；

　　　C_{is}——标准油样组分的浓度，$\mu L/L$。

（2）直观法。对无法获取原始图谱和各待测组分的峰高信号 h_i 和噪声信号 N_i 的在线监测装置，结合标准油样 1 的测量误差试验进行测试，装置应对标准油样 1 的气体组分有响应。

5. 分离度

分离度主要针对油色谱检测原理的在线监测装置，用于衡量两个相邻色谱峰的分离程度。目前现场的在线监测装置通常采用峰高作为响应值参量，因此可以直接通过在线监测分析图谱的峰高信息直接计算分离度，无需对系统积分程序进行升级，简单快捷。

检验程序为结合标准油样 2 的测量误差试验，利用检测图谱中的峰高数据按式（7-14）计算相邻组分间的分离度。

$$\theta = \frac{h_i - h_m}{h_i} \qquad (7-14)$$

式中　θ——分离度；

　　　h_i——相邻的两个色谱峰中小峰峰高，mV；

　　　h_m——相邻的两个色谱峰交点的高度，mV。

6. 交叉敏感性

交叉敏感性的测量主要针对不进行气体组分分离的在线监测装置，如光声光谱在线监测装置、传感器阵列法在线监测装置等，指某种气体含量的测量不应受到其他气体成分浓度大小的影响。

对于高浓度影响性气体的油样，交叉敏感性要求氢气以及烃类气体的测量误差仍应满足测量误差的要求而不受太大影响。

7. 响应时间

响应时间通常是指油中气体浓度发生变化，装置响应达到稳定值 90% 的时间。对于油中氢气和总烃，响应时间不大于 1 个检测周期。

准备空白油样和中浓度标准油样两种油样，装置以最小检测周期连续检测。先将装置接入空白油，装置显示氢气和总烃数值小于 $2\mu L/L$ 后，迅速切换至中浓度标准油样，待装置示值稳定后停止检测，读取从切换油样至达到稳定示值的 90% 的时间，作为装置的响应时间。

（五）在线监测装置现场校验工作要求和注意事项

1. 人员要求

开展在线监测装置的现场测试人员要求如下：

（1）了解在线监测装置的工作原理、技术参数和性能指标，掌握在线监测装置的操作程序和使用方法。

（2）熟悉在线监测装置现场测试的基本原理、测试步骤、诊断程序和缺陷定性的方法。

（3）具备一定的现场工作经验，熟悉并能严格遵守工作现场的相关安全管理规定。

2. 安全要求

现场测试过程需遵循以下安全要求：

（1）为保证人身和设备安全，现场测试应严格遵守电力安全工作规程的相关要求。

（2）应在良好的天气下进行，雷电、雨、雪、大雾等恶劣天气条件下避免户外测试。风力大于 5 级时，不宜在户外进行测试工作。

（3）现场测试时，应与设备带电部位保持足够的安全距离。

（4）现场测试时，要防止误碰误动设备，避免踩踏管道及其他二次线缆。

（5）现场测试时，应将高压气瓶和储油装置放置在平整地面或采取固定装置，防止倾倒。

（6）现场测试前，在监控方面，应切断装置与上位机的网络连接或将系统设置为调试状态等，测试数据应进行标识或屏蔽，保障测试数据不上传监控系统或不影响设备运行状态的判断。

3. 污染控制要求

现场测试不应造成被监测设备本体油污染和环境污染，防止污染的要求如下：

（1）现场测试时应确保监测装置的进、出油管与被监测设备有效隔离。测试前应认真检查油管路与设备的连接情况，关闭设备出油和回油管的阀门，并对管路出口进行封堵，避免测试油样流入设备。

（2）拆接管路时应避免漏油和喷油。

（3）测试完成后，应排尽装置油管路内的残油和空气，对油管路进行充分清洗，避免测试油样残留管路造成对设备本体油的污染。

（4）测试完成后，应将在线监测装置的管路恢复与设备的连接，将相关阀门恢复到测试前状态，并确认管路和阀门不渗漏油、不堵塞。

（5）测试完成后，宜用清洗剂喷洗并擦拭滴落在装置箱体表面与地面上的油迹。

（6）测试中的管路残油或清洗油不准直接向环境排放，应回收处理。

（六）在线监测装置现场校验结果超标原因及对策

1. 在线监测装置测试结果超标原因分析

在线监测装置测试结果超标原因及对策见表 7 - 9。

表 7 - 9　　　　　　　　　　　在线监测装置测试结果超标原因及对策

序号	测试项目	主要现象	原因	对策
1	结构及外观	（1）箱体变形、开裂、损坏、划痕和锈蚀，箱门卡涩等。 （2）结构件松动、部件松脱或线虚接。 （3）载气压力下降快、管路接头滴油、箱体内有水迹、内部积灰。 （4）指示灯或面板无显示	（1）箱体材质不良、基座沉降或外力破坏等。 （2）焊接、拼装或接线工艺不良。 （3）橡胶件老化或开孔处未封堵。 （4）指示灯或面板显示故障	（1）对基座进行加固。 （2）进行修理或补漆。 （3）检查部件的连接和接触情况并紧固或焊接。 （4）更换密封件，对进水点或开孔处进行封堵处理。 （5）更换指示灯或显示面板
2	基本功能检查	（1）无法就地或远程启动在线监测装置进行检测。 （2）无法调阅图谱进行分析诊断。 （3）装置自检频繁出错（光谱类装置）。 （4）调试数据误上传监控主站系统。 （5）箱体内散热不良、出现凝露现象等	（1）未开放检测周期的就地或远程设定和启动功能。 （2）风扇和散热片积灰，制冷或加热系统故障。 （3）原始图谱未开放。 （4）周围环境噪声或振动过大（光谱类装置）。 （5）调试功能不完善。 （6）风扇、空调或加热器故障	（1）开放相关功能。 （2）对软件进行升级。 （3）清洁风扇和散热片，或对空调或加热器进行修理。 （4）检查和调整装置安装支架是否牢固和水平

续表

序号	测试项目	主要现象	原因	对策
3	测量误差	测量误差超过 DL/T 1498.2 中 C 级要求	(1) 色谱柱污染或老化。 (2) 检测器污染或老化。 (3) 脱气室漏气或脱气率下降。 (4) 进样量不足。 (5) 交叉敏感干扰（光谱类和传感器阵列类装置）。 (6) 软硬件故障	(1) 更换或高温活化色谱柱。 (2) 清洗或更换检测器。 (3) 检查脱气室密封性和相关阀件动作情况，检修或更换脱气模块。 (4) 对装置的校正系数进行调整。 (5) 检查油速、油路阻力等。 (6) 对设备软硬件进行检查和修理
4	测量重复性	(1) 连续多次的检测结果之间偏差大。 (2) 出现鼓包、杂峰或峰形畸变。 (3) 出现跳变信号	(1) 基线不稳定。 (2) 色谱柱内有气体组分残留。 (3) 载气不纯。 (4) 检测器抗干扰能力差。 (5) 检测机构可动部件机械故障（光谱类装置）。 (6) 设备受到环境因素影响，如异常振动、撞击或电焊施工等干扰（光谱类装置）。 (7) 脱气率不稳定	(1) 检查工作条件（温控、载气流量等）是否稳定。 (2) 对系统进行吹扫或反吹。 (3) 检修或更换气源。 (4) 更换检测器。 (5) 检修或更换可动机械部件。 (6) 检修或更换脱气模块
5	最小检测浓度	小浓度油样峰形不明显或无响应	(1) 检测器污染或老化。 (2) 色谱柱受潮或污染。 (3) 脱气率下降。 (4) 基线噪声大	(1) 清洗或更换检测器。 (2) 更换或高温活化色谱柱。 (3) 检修或更换脱气模块。 (4) 检查工作条件（温控、载气流量等）是否稳定。 (5) 更换检测器电路板

序号	测试项目	主要现象	原因	对策
6	分离度	保留时间相近组分分离度差	（1）载气流量或温度异常导致出峰快。 （2）色谱柱污染导致峰展宽或拖尾	（1）检查工作条件（温控、载气流量等）是否符合要求。 （2）更换或高温活化色谱柱

2. 在线监测装置校正系数调整的原则

（1）通过拟合工作曲线确定校正系数的增益和偏移常数。对线性传感器可采用最小二乘法曲线拟合的方法，确定校正系数的增益和偏移常数。在线监测仪器和定值系统测试一组标准油样，得到某气体 i 组分含量的一组均值 (x_i, y_i)，其中，x_i 为在线监测仪器的检测均值，y_i 为定值系统的检测均值。如果通过前面的评估，检测误差大，达不到 A 级，甚至不合格，但在线监测装置的性能稳定，依据式（7-15）计算 correl(x, y)，如 correl(x, y) 不低于 0.99，则表明在线监测装置检测结果和定值系统相关性较好，可通过最小二乘法，按式（7-16）、式（7-17）计算斜率 b、截距 a，得到校准曲线 $Y = a + bX$。

$$\mathrm{correl}(x, y) = \frac{\sum (x - \bar{x})(y - \bar{y})}{\sqrt{\sum (x - \bar{x})^2 \sum (y - \bar{y})^2}} \qquad (7-15)$$

$$b = \frac{\sum (x - \bar{x})(y - \bar{y})}{\sum (x - \bar{x})^2} \qquad (7-16)$$

$$a = \bar{y} - b\bar{x} \qquad (7-17)$$

依据校准方程计算某在线监测装置检测结果 x_i 校准后的检测结果 Y_i，计算 Y_i 与 y_i 的绝对误差、相对误差，并进行分级，出具校准后的报告。通过该种方法，得到的残差和为 0，残差的平方和最小。监控平台通过技术手段，同时显示在线监测装置原生检测结果 X 以及再校准后的检测结果 Y，实现减小误差，提高准确度的功能。

除了上述传统的直线拟合方法，理论上可选择的曲线拟合函数的类型很多，包括多项式函数和幂函数等，主要适用于非线性传感器的校验。

1）多项式函数对于给定的一组数据 (x_i, y_i)，寻求 m 次多项式（$m \leqslant N$），见式（7-18）。

$$y = \sum_{j=0}^{m} a_j x^j \qquad (7-18)$$

使总误差最小，见式（7-19）。

$$Q = \sum_{i=1}^{N} \left(y_i - \sum_{j=0}^{m} a_j x_i^j \right)^2 \qquad (7-19)$$

由于 Q 可以看作是关于 $a_j(j = 0, 1, \cdots, m)$ 的多元函数，故上述拟合多项式的构造问题可归结为多元函数的极值问题。见式（7-20）~式（7-22），令

$$\frac{\partial Q}{\partial a_k} = 0, k = 0, 1, \cdots, m \tag{7-20}$$

得

$$\sum_{i=1}^{N} \left(y_i - \sum_{j=0}^{m} a_j x_i^j \right) x_i^k = 0, k = 0, 1, \cdots, m \tag{7-21}$$

即有

$$\begin{cases} a_0 N + a_1 \sum x_i + \cdots + a_m \sum x_i^m = \sum y_i \\ a_0 \sum x_i + a_1 \sum x_i^2 + \cdots + a_n \sum x_i^{m+1} = \sum x_i y_i \\ \cdots \\ a_0 \sum x_i^m + a_1 \sum x_i^{m+1} + \cdots + a_m \sum x_i^{2m} = \sum x_i^m y_i \end{cases} \tag{7-22}$$

这是关于系数 a_j 的线性方程组，通常称为正则方程组。可以证明，正则方程组有唯一解。

2）幂函数。对于给定的一组数据 (x_i, y_i)，用幂函数作为拟合函数对数据进行拟合，见式（7-23）

$$y = ax^b + c \tag{7-23}$$

式中 a, b, c——拟合系数。

为确定系数 a、b、c，需要对式（7-23）两边求一阶导数，见式（7-24）、式（7-25）。

$$x \frac{\mathrm{d}y}{\mathrm{d}x} = abx^b \tag{7-24}$$

也就是有

$$\frac{x}{b} \frac{\mathrm{d}y}{\mathrm{d}x} = ax^b \tag{7-25}$$

将式（7-25）代入式（7-16）并整理，可得式（7-26）。

$$x \frac{\mathrm{d}y}{\mathrm{d}x} = by - bc \tag{7-26}$$

令 $t = -bc$，则式（7-26）可将式（7-16）对应的非线性拟合问题转化为线性拟合问题，根据实际数据 (x_i, y_i)，采用数值微分公式求出对应的 $(\mathrm{d}y/\mathrm{d}x)_i$ 的值，然后根据基于最小二乘原理的线性函数拟合方法，可以得出式（7-27）中系数 b 的方程组。

$$\begin{cases} t \cdot N + b \sum_{i=1}^{N} y_i = \sum_{i=1}^{N} x_i \left(\frac{\mathrm{d}y}{\mathrm{d}x} \right)_i \\ t \cdot \sum_{i=1}^{N} y_i + b \sum_{i=1}^{N} y_i^2 = \sum_{i=1}^{N} y_i x_i \left(\frac{\mathrm{d}y}{\mathrm{d}x} \right)_i \end{cases} \tag{7-27}$$

解方程组（7-27），可以求出 b 的值，这里不一定要求出 t 的值。求得式（7-16）中的拟合系数 b 后，再次应用基于最小二乘原理的线性函数拟合方法，可以求出拟合系数 a 和 c。

（2）在线监测装置校正系数调整后，检测误差显著减小。对误差符合 A1、A2 的装置，调整后检测误差可减小至 5%；对测量误差结果符合 B 级和 C 级的在线监测装置，调整后检测精度等级可得到提升，甚至达到 A1、A2 级。

（3）对测量误差不符合 C 级的装置，如果浓度和信号强度相关性好，也可通过调整校正系数，提高检测的准确度。

（4）对浓度和信号强度相关性不显著的，建议联系装置厂家处理。

二、自动化校验方舱系统

目前绝缘油中溶解气体在线监测装置的现场校验工作才刚刚起步，按照 DL/T 1432.2—2016《变电设备在线监测装置规范　第 2 部分：变压器油中溶解气体在线监测装置》及 Q/GDW 10536—2017《变压器油中溶解气体在线监测装置技术规范》、DL/T 2145.1—2020《变电设备在线监测装置现场测试导则　第 1 部分：变压器油中溶解气体在线监测装置》的规定，其主要过程是：配制不同浓度的工作油样，在线监测装置检测工作油样，同时人工取样、实验室色谱仪检测，把实验室色谱仪的检测结果作为参考值，将在线监测装置的检测结果与参考值比较，计算在线监测装置的检测误差并进行分级。这种校验过程需要在线监测装置的厂家深度配合，人工完成校验工作，存在着标准油样配制难、工作效率低下等问题，因此针对这些问题，国网浙江省电力有限公司和杭州意能电力技术有限公司等单位开发了集参考油样的配制、现场校验、数据采集与评估及校准功能于一体的自动化校验方舱系统。

（一）设计原理与理论分析

溶解气体在线监测装置现场一体化校验方舱的设计的基本理念是检测误差最小化、校验过程自动化、校验环境的标准化。

（1）该系统使用了逼近真值的在线监测装置校准方法，提出最小二乘原理曲线拟合校准模型，实现被检装置的自动校正，在线监测装置的检测精度合格率提升 3 倍以上。

（2）该系统实现了与在线监测装置并联、同步运行的"1 + N"多油路定值方法，创建了"配油—定值—评估—再校准"全流程校准系统，开发了数据采集、展示、评估、再校准软件，首次研制了工作标准油样配制及定值装置、油路自动控制装置，实现了同步定值全过程自动化校准。

（3）首创的全天候方舱式在线监测装置现场校准实验室，集成全流程校准系统及环境、减振、安全控制系统，具备自移动、自升降和"黑启动"功能，实现了标准实验室条件下的在线监测装置原位校准，提升校准效率 3 倍以上。

溶解气体在线监测装置现场一体化校准系统的设计原理如图 7 - 13 所示，实物如图 7 - 14

所示。整套系统由人机交互系统、控制系统以及执行系统组成。通过人机交换界面和本地控制系统完成参考油样的配制与校验,待校绝缘油中溶解气体在线监测装置、参考油样定值系统连接参考油缸,通过 IEC 61850 等协议与工控机连接,系统自动依据校验程序开展校验,状态信息接入控制器(CAC)同步采集在线监测数据和参值,校验完成后,Web 系统对进行数据展示、数据处理、曲线拟合校准、报告输出等。

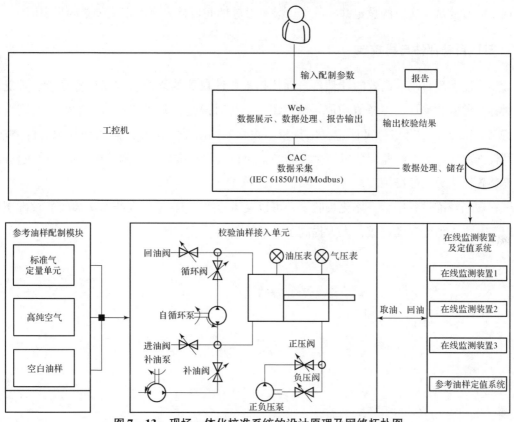

图 7-13 现场一体化校准系统的设计原理及网络拓扑图

图 7-14 溶解气体在线监测装置现场一体化校验方舱

（二） 自动配油与校验

自动配油模块包含低浓度油缸、中浓度油缸、高浓度油缸、空白油缸、废油缸、正负压泵及其配套的管道和阀门等通过人机交换界面输入配制参数，自动完成工作标准油样配制。然后通过校准系统完成油样的现场自动校验过程，包括不同浓度油样切换、管路清洗、实现不同重复试验次数的设定并实施等。装置校验期间可接入自动定值装置同步定值。

（三） 自动评估与再校准

系统能实现自动、高效的评估：自动依据被校验仪器的均值、重复性标准差、重复性相对标准差，自动计算参考值均值、绝对误差、相对误差，并能依据内置的评估原则自动进行 A、B、C、不合格等级评定，出具校验报告，同时采用最小二乘法曲线拟合的方法，得到校准曲线，对在线监测装置原生检测结果 X 以及再校准后的检测结果 Y 进行修正校准，提高装置监测数据的准确度。

在现场校准过程中，一体化校验平台可以灵活地接入 $1 \sim 3$ 台在线监测装置，校准工作可以 24h 无人值守自动完成，大大提高了校准效率。

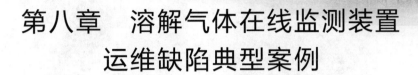

第八章 溶解气体在线监测装置运维缺陷典型案例

第一节 油管沉降漏油缺陷案例

一、案例简介

2021 年 5 月 22 日 6 时 5 分，调度通知运行人员某变电站 2 号主变压器本体轻瓦斯动作，现场检查为油色谱在线监测装置回油管脱落，阀口大量油流出。主变压器紧急转检修后，对取样阀进行关闭处理，在线监测装置暂时退运。对主变压器紧急补油，经高压试验及化学试验合格后，主变压器于 5 月 23 日晚恢复送电。

二、现场检查情况

2 号主变压器本体油位表显示为 0，后台发"油位低 & 轻瓦斯"信号；2 号主变压器本体上方查看无明显油滴。

经现场检查，主变压器油阀下部基础位置有大量渗漏油迹，在线装置回油管已经与中部取样阀分离，末端距离中部油阀约为 4～5cm，油色谱在线监测装置回油口处有油流流出，初步判断为主要漏油点（见图 8 - 1）。

三、相关历史缺陷故障及运维情况

（一）历史缺陷情况

该缺陷为公司首例，往年未发生过类似缺陷。

（二）历史故障情况

无。

（a）　　　　　　　　　　　　　　（b）

图 8 - 1　现场检查情况

（a）现场油迹；（b）主要漏油点

四、原因分析

根据现场检查情况分析，在线装置回油管脱落、回油口处漏油是造成本次"油位低 & 轻瓦斯"信号的主要原因。进一步分析在线装置回油管脱落的原因，根据回油管现场安装的情况，导致回油管脱落可能有两种因素：①回油管与油阀连接不牢固，稍有外力作用即脱落；②存在较大外力拉扯油管。

针对第一种可能性，进一步查看回油管与油阀的连接情况。该装置安装时间较早，回油管通过 M10 螺帽与油阀的油嘴螺纹连接，回油管通过聚四氟乙烯密封圈密封固定在螺帽内（见图 8 - 2）。

（a）　　　　　　　　　　　　　　（b）

图 8 - 2　油管检查情况

（a）油管与螺帽的连接；（b）螺帽与油嘴的连接

现场开展模拟拉力定性试验，结果表明一个成人在不借助工具的情况下无法将油管直接拉出。经咨询厂家，早期安装的在线装置的油管连接处均采用这种连接方式，目前未发生过油管被拉出的情况。说明这种连接方式应该能承受一定的拉力，在普通力下比如油管的自然重力、油管弯曲时产生的弹力等作用下油管不会轻易脱落。

针对第二种可能性，进一步检查现场情况，回油管经 PVC 管包裹后内置于镀锌钢管中，镀锌钢管埋于油池碎石坑中。正常安装时，镀锌钢管埋入深度为 30～50cm。查看现场情况，油池碎石坑位置地基沉降严重，油管下部镀锌钢管已经露出，说明因地基沉降碎石持续作用力于镀锌钢管上，镀锌钢管拉拽油管，油管拉直后，镀锌钢管已经没有下降的空间，因此漏出。另一端因主机基础沉降同样严重，镀锌钢管仍然埋于碎石中，如图 8-3 所示。据此分析，由于油池碎石坑位置地基沉降导致镀锌钢管对油管的持续拉扯，是油管脱落的主要原因。

(a)   (b)   (c)

图 8-3 油管检查情况

（a）油管总体情况；（b）镀锌钢管漏出；（c）主机沉降情况

进一步查阅该站点附近降雨观测点近期降雨记录，5 月 11 日、12 日、13 日、15 日有较大降雨量（见图 8-4），推测因近期降雨频密、雨量较大，可能导致油池下部地基土质受到影响，地基沉降有加速发展的趋势。

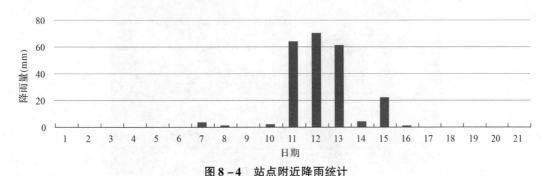

图 8-4 站点附近降雨统计

综合以上分析认为，油色谱在线监测装置在长期运行过程中，因油池碎石坑位置地基沉降，埋于碎石坑中的镀锌钢管下移，从而拉拽油管绷直到一个脱落的临界状态，同时因近期下雨频密雨量较大，导致油池下部地基土质受到影响，地基沉降加剧，使得镀锌钢管进一步拉拽油管，导致油管脱落，从而导致回油口漏油。

五、暴露问题

油色谱在线监测装置日常巡视维护及隐患评估有待进一步加强。目前，油色谱在线监测装置日常巡视维护基本每年开展一次，日常巡视时更多关注的是装置是否正常运行、油管是否漏油等这些比较直观的缺陷，对于沉降可能导致油管拉脱拉断这种潜在的隐患关注较少，隐患风险评估不足。

油色谱在线监测装置设计安装不合理，未充分考虑沉降可能带来的隐患。在初期设计安装时，油管预留的裕度不够，未考虑到沉降的影响。

六、经验及建议

（一）加强在线装置日常巡视维护

修编油色谱在线监测装置日常巡视维护作业指导书，增加油色谱在线监测装置及管路整体沉降情况、油管是否存在受力拉扯情况等巡视内容，并在班组内部做好宣贯培训。如现场巡视发现类似潜在的隐患，及时组织开展全面评估。

（二）改进安装设计

从油管油阀的连接方式、油管的敷设方式及镀锌钢管的布置等几个方面进行改进。

1. 油管油阀的连接方式

将原来的聚四氟乙烯形变密封固定方式改进为橡胶密封圈加紫铜环密封固定。该方式相比于之前更可靠更牢固，密封效果更好（见图 8-5）。

 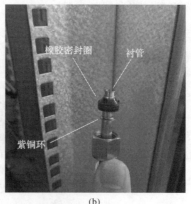

（a）　　　　　　　　　　　　　（b）

图 8-5　改进密封固定方式

（a）改进前；（b）改进后

2. 油管的敷设方式

考虑采用多次迂回的方式敷设油管，以确保油管有足够的裕度。在优先考虑安全性的前提下也适当兼顾美观性（见图 8 - 6）。

图 8 - 6　改进油管敷设方式

3. 镀锌钢管的敷设

从主变压器的情况来看，沉降主要导致镀锌钢管随碎石一起下移，从而拉扯油管。防止镀锌钢管下移，就能减少对油管的拉扯。因此，后续计划采用抱箍将镀锌钢管固定于主变压器基础上。

4. 考虑设计带有自动止油功能的阀门

目前该功能在水管领域应用较多，其原理是在管路内部增加一个带有密封功能的密封垫，该密封垫比管径小，正常供水下，水从密封垫四周流出，而当下方的水管脱落后，带动密封片将下方的出口封住，从而达到止水的目的。考虑到油压与水压等存在一些差异性，具体设计方案及实际效果需开展相关试验论证。

第二节　管道腐蚀案例

一、案例简介

2021 年 11 月 14 日，某站发现换流变压器 B 相主油箱油位显示为 11%，经现场检查与油位表机械指示值一致，查看趋势图显示某换流变压器 B 相主油箱油位下降幅度较大。运维人员对换流变压器阀门安装位置进行全面排查，发现该换流变压器油色谱在线监测装置油管路外防护金属波纹管进入放油池鹅卵石处有油迹。

对油管路外防护金属波纹管进行进一步破拆检查，发现油色谱在线监测装置与换流变压器本体连接油管锈蚀较为严重，腐蚀严重地方出现穿孔导致变压器油发生渗漏（见图8-7）。

图8-7　现场漏油情景及不锈钢油管道外部形貌

二、油色谱在线监测装置油管锈蚀穿孔原因分析

（一）腐蚀机理分析

本次腐蚀穿孔的油色谱在线监测装置油管道为不锈钢材质，从换流变压器取油阀门引出后，使用包塑金属波纹管作为外保护层，如图8-8所示。

图8-8　油管及外保护包塑金属波纹管

对更换下来的不锈钢油管全面开展检查，检查发现该穿孔油管道穿孔区域不锈钢保护膜破坏严重，管体表面泛黑且缺乏不锈钢光泽，不锈钢表面存在大量蚀坑与蚀孔，部分蚀孔较深，其中漏油处已腐蚀穿孔，蚀孔呈不规则形状，被腐蚀的整体不锈钢呈现出点蚀特征（见图8-9）。

图 8-9　腐蚀段不锈钢表面蚀坑及蚀孔

为进一步确定腐蚀种类及分析腐蚀机理，截取腐蚀段的不锈钢管材，对腐蚀界面及其周边区域开展 SEM 及 EDS 检测。同时将检测结果与未腐蚀区域正常不锈钢表面进行对比分析，SEM 及 EDS 检测结果及对比如图 8-10 所示。

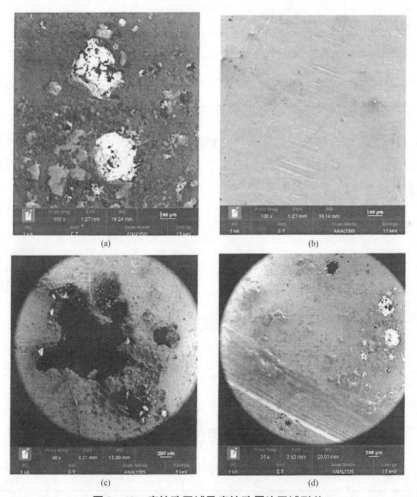

图 8-10　腐蚀孔区域及腐蚀孔周边区域形貌

（a）腐蚀穿孔处形貌；（b）腐蚀发生处外部形貌；（c）已腐蚀但未蚀穿处形貌；（d）未发生腐蚀不锈钢表面形貌

通过 EDS 检测手段，正常未发生腐蚀区域不含氯元素，而腐蚀界面及腐蚀坑内氯元素含量较高，其相对丰度最高可达 1.67%~3.98%（见表 8-1）。

表 8-1 金属管道 EDS 检测结果

未腐蚀区		正在腐蚀区		腐蚀穿孔区	
元素	质量百分比（%）	元素	质量百分比（%）	元素	质量百分比（%）
C	4.91	C	39.73	C	37.18
O	1.21	O	31.25	O	18.84
Si	0.52	Si	0.34	Si	0.68
V	0.16	S	0.14	S	0.48
Cr	17.65	Cl	3.45	Cl	1.67
Mn	1.08	K	0.19	Cr	14.95
Fe	66.65	Ca	0.46	Fe	23.95
Ni	7.81	Cr	4.91	Ni	2.24
—	—	Fe	17.81	—	—
—	—	Ni	1.58	—	—

此外，现场剖管检查时发现包塑金属波纹管底部管道内部存在严重积水问题，取水样进行分析检测，其离子色谱图如图 8-11 所示，检测数据见表 8-2，结果表明积水中氯离子含量高达 93mg/L。

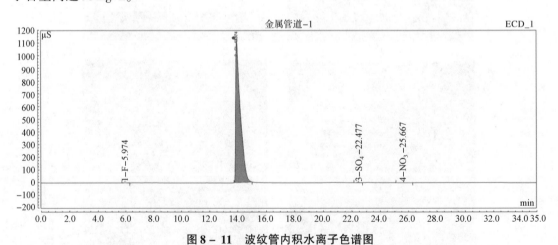

图 8-11 波纹管内积水离子色谱图

表 8-2 波纹管内积水离子检测数据

阴离子	F^-	Cl^-	SO_4^{2-}	NO_3	PO_4^{3-}
含量（mg/L）	0.0297	93.0519	0.0989	0.0989	未检出

结合上述不锈钢表面腐蚀形态分析结果、EDS 检测结果、积水中离子色谱检测结果，可确认本次换流变压器油色谱在线监测装置管道穿孔为不锈钢氯离子点蚀现象。

(二) 氯元素来源分析

为确认氯离子点蚀是否为特例，现场对换流站多台油色谱在线监测装置不锈钢管及外防护管开展剖管检查，发现多台油色谱在线监测装置不锈钢油管道普遍存在氯离子点蚀现象，管道腐蚀外貌如图 8－12 所示。

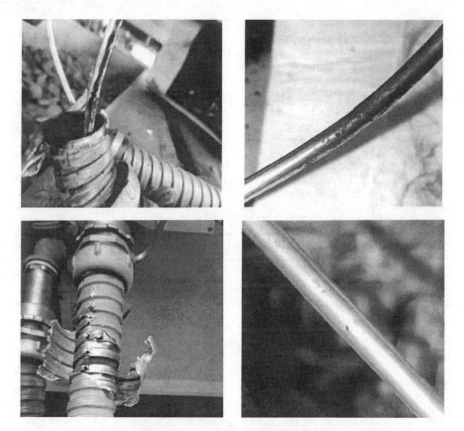

图 8－12　换流站多台油色谱在线监测装置的氯离子点蚀现象

造成此次油管腐蚀的氯元素可能有以下来源：

（1）换流站附近存在大型盐矿，含氯粉尘等物质带入氯离子可能性。

（2）换流变压器及油色谱在线监测装置安装施工阶段使用氯盐可能性。

（3）油色谱在线监测装置内使用了含氯元素材料。

经对换流站周边环境、换流变压器及在线监测装置安装运维历史调研分析，可排除上述（1）、（2）两点，可见造成换流变压器油色谱在线监测装置管道腐蚀的氯元素极有可能来源于在线监测装置所用某类材料。因此对现场剖管收集的包塑材料、波纹金属管、密封胶圈进行元素分析（EDS），检查上述材料是否含有氯元素，检查结果见表 8－3 ~ 表 8－5。

表 8 - 3 现场采集密封圈元素检测数据

014C 相装置采集波纹管密封圈		024C 相装置采集波纹管密封圈	
元素	质量百分比（%）	元素	质量百分比（%）
C	64.98	C	68.95
O	29.55	O	18.86
Na	0.6	Na	0.35
Mg	0.37	Mg	1.45
Si	0.74	Si	1.28
—	—	S	1.63
Cl	0.53	Cl	0.29
K	0.09	K	0.13
Ca	0.65	Ca	2.83
—	—	Ti	0.04
Fe	1.63	Fe	1.7
Zn	0.04	Zn	1.7
Br	0.81	Br	0.79

表 8 - 4 现场采集包塑材料元素检测数据

014C 相装置波纹管包塑（外侧）		024A 相装置波纹管包塑（外侧）	
元素	质量百分比（%）	元素	质量百分比（%）
C	48.27	C	45.79
O	17.33	O	22.64
Mg	0.18	Mg	0.32
Al	0.17	Al	0.71
Si	0.51	Si	1.07
Cl	22.06	Cl	19.74
Ca	10.48	K	0.2
Fe	0.72	Ca	5.75
Ba	0.29	Ti	0.74
—	—	Fe	3.05

表8-5　　　　　　　　　　　　现场采集金属波纹管元素检测数据

014C 相装置波纹管金属（内侧）		024A 相装置波纹管金属（内侧）	
元素	质量百分比（%）	元素	质量百分比（%）
C	10.82	C	7.95
O	28.34	O	34.25
—	—	Al	0.14
Cl	4.12	Cl	1.41
Ca	1.13	Ca	0.32
Fe	55.59	Mn	0.19
—	—	Fe	55.75

由上述密封胶圈、波纹管金属部分以及波纹管包塑部分 EDS 检测结果发现，氯元素主要来源于金属波纹管包塑塑料部分。为进一步确认其材质，对金属波纹管包塑塑料部分进行材质检测，其红外图谱如图 8-13 所示。

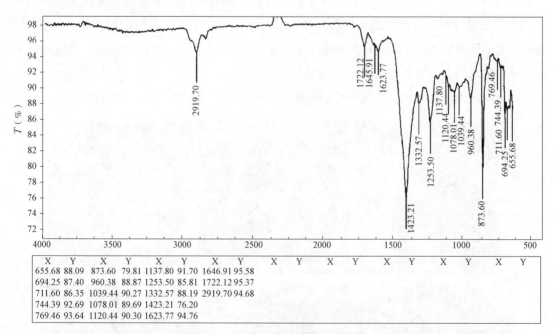

X	Y	X	Y	X	Y	X	Y
655.68	88.09	873.60	79.81	1137.80	91.70	1646.91	95.58
694.25	87.40	960.38	88.87	1253.50	85.81	1722.12	95.37
711.60	86.35	1039.44	90.27	1332.57	88.19	2919.70	94.68
744.39	92.69	1078.01	89.69	1423.21	76.20		
769.46	93.64	1120.44	90.30	1623.77	94.76		

图 8-13　外层包塑塑料红外图谱

将红外图谱与聚氯乙烯标准红外图谱对比发现，金属波纹管包塑塑料部分红外图谱在 $693\mathrm{cm}^{-1}$、$1334\mathrm{cm}^{-1}$、$1254\mathrm{cm}^{-1}$ 处均有 C-Cl 键的伸缩振动峰，确认所用材料应为聚氯乙烯（PVC）。

（三）油管腐蚀穿孔结论

本次造成不锈钢管道腐蚀穿孔的原因为油管外防护包塑金属波纹管使用了 PVC 材料，其对光和热稳定性较差，经长时间暴晒、光照及现场绝缘油渗透溶解后，易分解产生 HCl，该过程可进一步自催化分解产生更多 HCl。分解产生的 HCl 经防护管道内积水及凝结水携带富集于不锈钢管道表面，破坏不锈钢保护膜，进一步腐蚀造成不锈钢管道氯离子点蚀穿孔。

三、同类隐患排查

为防范同类腐蚀问题发生，对各站点各品牌油色谱在线监测装置开展油管腐蚀情况检查。因油色谱在线监测装置品牌众多，安装总数量达 700 余台，全面开挖检查管道工作量巨大，因此采用以下抽检方式开展油管剖管开挖检查，同时开挖后采集油管外防护材料送检，确定材料材质。具体抽检原则如下：

（1）每个站每个品牌抽查 1~2 台，确定是否存在管道腐蚀现象。

（2）对缺陷产品品牌油色谱在线监测装置，尤其是运行年限较长的在线监测装置，进行大面积开挖，检查管道腐蚀情况。

23 个站点累计开挖油色谱在线监测装置 60 台，覆盖在运装置的各品牌，其中 57 台装置油管未发现腐蚀现象，两个变电站共 3 台装置油管存在腐蚀现象，管道腐蚀发生率 5%。57 台装置管道开挖后，油管虽未出现腐蚀，但部分外防护用镀锌管腐蚀积水严重，腐蚀产物附着于油管表面。3 台装置油管腐蚀后失去金属光泽，存在明显的腐蚀痕迹，但并未出现点明显蚀坑及蚀洞，暂无腐蚀穿孔风险。

各站点油色谱在线监测装置开挖检查的具体情况如图 8-14~图 8-16 所示。

图 8-14 部分站点油色谱在线监测装置开挖情况

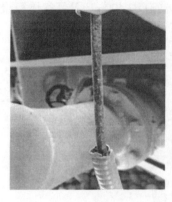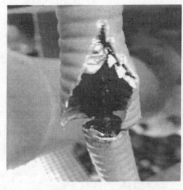

图 8 – 15 变电站油色谱在线监测装置油管腐蚀情况 　　　图 8 – 16 某站换流站油色谱
在线监测装置腐蚀情况

为进一步确认现场使用材料材质，对现场开挖采集的 14 份金属波纹管包塑层材料，1 份塑料波纹管，4 份硬塑料保护管，3 份海绵保护软管，1 份封堵泥共计 23 份防护材料进行材质检测。

经检测，有 14 份金属波纹管包塑材料为聚氯乙烯（PVC）材质，其余 9 份为尼龙、聚乙烯、聚丙烯、丁腈橡胶、硅胶等材质。使用含聚氯乙烯（PVC）材质的油色谱在线监测装置长期运行后，存在油管腐蚀穿孔的可能性。

第三节　油管路密封薄弱案例

一、案例简介

2024 年 12 月 4 日 4 时 28 分 51 秒，某特高压站高压电抗器 B 相本体轻瓦斯动作，开关三相跳闸；无负荷损失；现场无作业、无操作，电网无扰动，天气晴。

（一）基本信息

某高压电抗器 2024 年 2 月出厂，2024 年 11 月投运。高压电抗器油色谱在线监测装置为气相色谱原理，单套配置，2024 年 2 月出厂，2024 年 11 月投运。

（二）现场检查情况

1. 高压电抗器本体

高压电抗器三相本体外观无渗漏油，压力释放阀无动作，储油柜油位正常，呼吸器正常呼吸。三相线路避雷器未动作。高压电抗器 B 相气体继电器有约 400mL 无色气体积聚，正确动作；A、C 相气体继电器正常，如图 8－17 所示。

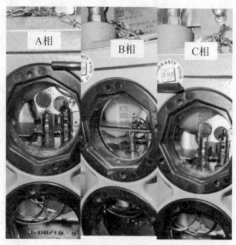

图 8－17　高压电抗器气体继电器检查情况

经气体成分分析与离线绝缘油试验，气体继电器内气体为空气，本体绝缘油色谱各组分含量及含气量无明显增长，结果未见异常。

2. 油色谱在线监测装置

高压电抗器 B 相油色谱在线监测装置投运以来色谱数据无异常，至 2024 年 12 月 3 日装置运行无异常，取样设置为每日 0 时起，取样周期为 4h。

调阅监控记录及装置日志，投运以来装置告警 1 次，为 2024 年 12 月 4 日 4 时 26 分（跳闸前 2min）监控后台发“排油异常”报警，装置日志记录故障码 3“自排油异常”，如图 8－18 所示。

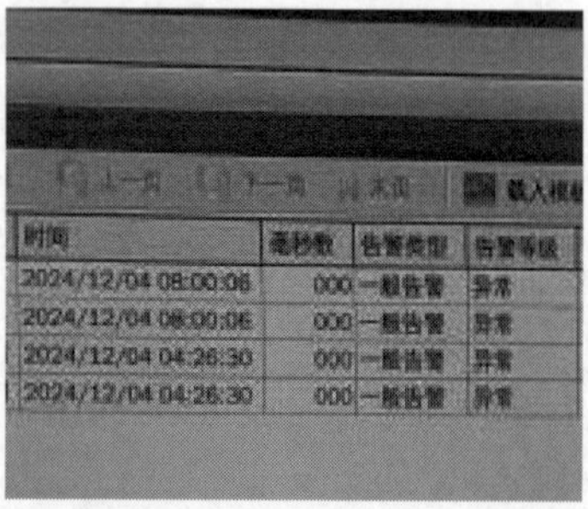

软件版本 V1.0　　硬件版本 V1.0
2024-12-04 04:00:09　　正常日志 Status[1]:自检A
2024-12-04 04:04:15　　正常日志 Status[3]:油循环
2024-12-04 04:26:30　　正常日志 Status[0]:待机2024-12-04 04:26:30　　错误日志 Error[3]:自排油异常

图 8－18　告警异常记录

检查发现柜内进油管路存在米粒状油珠渗油痕迹，如图 8－19 所示。

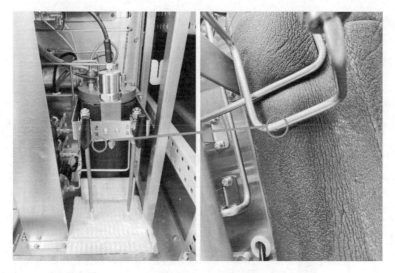

图 8 – 19　现场检查油色谱在线监测装置

3. 智巡系统

检查高压电抗器 B 相本体气体继电器外观巡视点位，12 月 1～3 日智能巡视每日 8 时 5 分固定回传照片均显示无明显异常，12 月 4 日 7 时 6 分手动抓拍本体气体继电器外观照片，观察窗有明显的油气分离面。

4. 二次设备

线路配置电气量保护，高压电抗器配置电气量保护，非电量保护。

非电量保护动作，B 相本体气体继电器跳闸。非电量保护启动线路保护远跳跳开对侧开关。其他保护未动作，保护动作行为正确。

对高压电抗器气体继电器、二次回路绝缘开展检查，气体继电器接线盒密封圈完好、内部干燥，气体继电器跳闸回路对地绝缘良好，1000V 下检查正、负回路分别为 7.88GΩ、5.81GΩ（见图 8 – 20）。

图 8 – 20　气体继电器回路绝缘检查

二、故障分析与复现

（一）油色谱在线监测装置工作原理及流程

1. 正常情况下工作流程

油色谱装置主要分为油气分离、气体分离、气体检测三个功能模块，油气分离模块与主变压器（高压电抗器）直接连接，如图 8 – 21 所示。

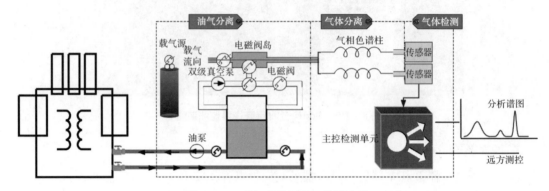

图 8 – 21　油色谱装置功能模块连接

油色谱装置工作流程分为如下阶段：待机（至启动取样分析流程)→第 1 阶段自检（约 4min）→第 2 阶段油循环（约 5min）→第 3 阶段进油及静置（约 11min）→第 4 阶段脱气（约 16min）→第 5 阶段采样及清色谱柱（约 37min）→待机（至下一次启动取样分析流程)。

2. 防止过度排油的三层保护措施

在排油阶段，设置三层防止过排的保护，依次如下（见图 8 – 22）：

（1）低液位开关 LS2 动作停止排油。油位随排油过程到达低液位开关以下时，下浮球落下，触发低液位开关 LS2 动作，正常停止排油。

（2）智能排油压力告警停止排油。排油步骤中，油位持续下降，罐中气体量保持恒定，随体积增大压力持续下降。当压力传感器检测到罐中压力下降至智能排油压力告警值时发故障码 6 "排油压力异常"，停止排油。先通过理论计算得到脱气罐内油位在低液位开关处对应的罐内气压，为避免频繁误报，乘以一个调整值，即装置参数 "智能排油压力调整值（％）"（该参数可由厂家技术人员查看与修改，未向运检人员开放）。

（3）排油超时告警停止排油。排油流程达到装置参数 "排油超时时间"（该参数可由厂家技术人员查看与修改，未向运检人员开放）时，发故障码 3 "自排油异常"，同时排油过程中止。

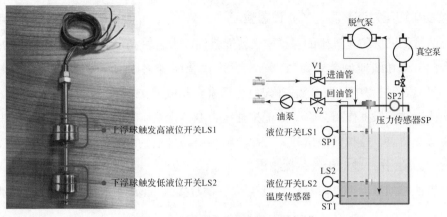

图 8 - 22　浮球式液位开关及脱气罐

（二）故障复现

1. 复现案例

在厂内通过控制变量法多次模拟试验，成功复现故障工况。复现情况如下：

（1）在进油管路接口处模拟进油管路密封薄弱点，同时进油过程中短接低液位开关 LS2 节点，模拟低液位开关 LS2 故障。

（2）启动取样分析流程，进入第二阶段油循环后：①抽真空，因密封存在薄弱点，抽真空时间由正常的约 1min 延长至约 8min；②真空注油，因气密性不足，真空注油时间由正常的约 2min 延长至约 4min；③破真空，正常进行，约 5s；④排油，无法正常结束，持续排油6min（装置参数"排油超时时间"设置为 6min）后发故障码 3"自排油异常"，停止工作。

本次试验中，油循环持续约 18min，排油口共收集到约 450mL 的气体，与现场检查情况（22min，气体继电器 400mL 气体）基本相符，如图 8 - 23 所示。

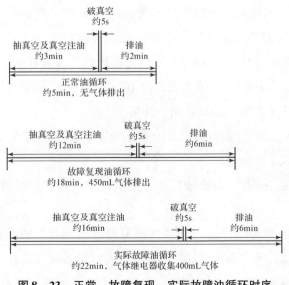

图 8 - 23　正常、故障复现、实际故障油循环时序

2. 智能排油压力调整值（%）设置验证

在排油阶段三层防止过排的保护中，智能排油压力告警在故障及复现过程中均未动作。分析该台油色谱在线监测装置参数设置，发现"智能排油压力调整参数%"被设置为10（运行及返厂试验过程中，该参数未修改），厂家推荐值为92。

为验证该参数保护作用，将"智能排油压力调整参数%"设为92，进油过程中短接低液位开关 LS2 节点，模拟低液位开关 LS2 故障。启动排油约 2.5min 后发故障码 6 "排油压力异常"，停止工作。此时无气体被排出。

将"智能排油压力调整参数%"设为92，正常接入低液位开关 LS2 节点，排油可正常结束。

"智能排油压力调整参数%"设为92时，可在不影响装置正常工作的情况下有效防止低液位开关 LS2 故障后空气被注入高压电抗器本体。

（三）结论

根据返厂故障复现，分析本次故障原因为：进油管路密封出现薄弱点，进入第 2 阶段油循环后，装置耗时约 16min 完成第一步抽真空及第二步真空注油。正常完成第三步破真空，进入第四步排油。密封下液位开关 LS2 故障，排油无法正常结束，叠加"智能排油压力调整值（%）"设置不当，油泵持续工作，向高压电抗器本体注入空气。排油持续 6min 后，在线监测装置发故障码 3 "自排油异常"，停止工作。注入高压电抗器本体的空气持续向气体继电器汇集，导致气体继电器动作跳闸。

三、隐患排查与预防

（1）全面排查在线监测装置参数配置文件，重点核查"智能排油压力调整值（%）"等参数是否正确设置，与厂家推荐值不一致的，及时完成整改。

经排查，站内共有 18 台同厂家同型号油色谱在线监测装置在运，其中某高压电抗器 A 相、某高压电抗器 B 相装用的 2 套装置设置为 10（已立查立改为 92），其余 16 套（含 12 月 8 日替换故障装置的某高压电抗器 B 相）均为 92。

（2）全面排查在线监测装置后台信号，重点关注排油异常等涉及油回路的告警信号，如有相关信号要求厂家尽快整改。

（3）对在线监测装置开展一轮全面检查，重点检查是否有渗漏油痕迹，发现异常及时处置。

（4）要求厂家开展加装缓冲罐（在脱气罐后增加缓冲罐，收集偶发情况下误排的气体，避免进入设备本体）等方案的论证，尽快完成在运设备整改，避免误跳事件再度发生。

（5）利用智能巡视系统提高主变压器、高压电抗器气体继电器观察窗巡视频次，加强设备运行状态监测。

（6）加强油色谱在线监测装置原理学习，提高日常巡视和维护力度，确保在线监测装置运行良好。

第四节　管路接地故障案例

一、案例简介

2021 年 8 月 14 日某变电站 2 号主变压器差动保护动作、本体重瓦斯保护动作，跳开 220kV 侧 202 断路器、110kV 侧 102 断路器、10kV 侧 002 断路器，10kV Ⅱ 段母线失压。

初步分析原因是，在线油色谱监测装置端子箱穿缆盖板、防护镀锌钢管接地不良，地网存在故障，在发生线路接地等故障时输油管道与穿缆盖板、防护镀锌钢管间产生电位差放电，造成管道熔融破口，引起变压器漏油。当油位降低至套管升高座以下，套管内无绝缘油运行，处于类真空状态，B 相套管均压环与升高座外壳间绝缘距离击穿放电，造成 B 相短路接地。故障电流造成变压器内部产生大量气体，引发重瓦斯动作进而导致主变压器故障跳闸。

为了分析该变电站发生线路接地等故障时输油管道与穿缆盖板、防护镀锌钢管间产生电位差放电，造成管道熔融破口的原因，建立了短路故障时的计算模型，分析了线路短路故障时取油管与防护钢管之间的电位差和间隙击穿后的电流，并排除了雷击变电站 2 号主变压器构架的雷电流引起的地电位分布不均和地铁运行时的杂散电流与环境腐蚀等原因造成该变电站 2 号主变压器在线油色谱监测装置取油管穿孔的可能。

二、在线油色谱监测装置取油管道破损及线路故障统计情况

（一）在线油色谱监测装置取油管道破损情况

2 号主变压器在线油色谱监测装置的油管共 2 根，其中造成漏油的油管为取油管。取油管共有 3 个破孔，距端子箱侧阀门管口 135mm 处有一处破孔，距端子箱侧阀门管口 970mm 处有 2 处破孔。出油管与进油管并列布置，距端子箱侧阀门管口约 135mm 处，有一个疑似熔化点，呈现熔融损伤，但未出现破口，端子箱电缆盖板边缘有 2 处熔化状的缺口，放电点位置如图 8－24 所示，取油管道穿孔情况如图 8－25 所示。

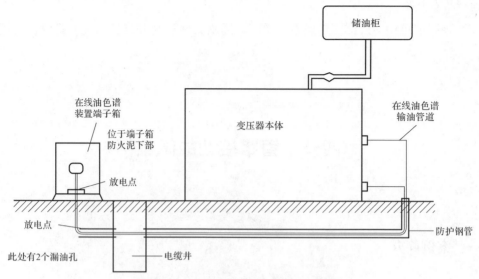

图 8 – 24　在线油色谱取油管道破损位置

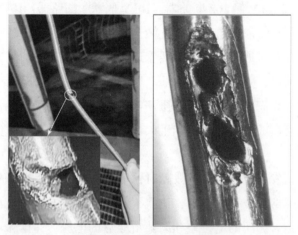

图 8 – 25　取油管道穿孔图片

判断破损原因为在线油色谱监测装置取油样管道与防护管道、端子箱内穿缆盖板之间存在电位差,在距离最近处击穿放电,导致管道受热熔融破损。

(二) 线路短路故障统计

2 号主变压器在线油色谱装置于 2018 年 8 月安装调试合格运行至本次故障,共计发生线路接地短路故障 7 次。

最近的一次单相接地故障为单相永久接地故障。由于两相短路故障电流基本不流过大地,也就是在接地网和大地间产生的电位差很小,而且最近一次两相短路时间为 2021 年 1 月 9 日,时间较长,不会在取油样管道与防护管道、端子箱内穿缆盖板之间产生较大电位差,不会因放电导致取油管道受热熔融破损。

三、取油管道穿孔原因分析

根据上述分析，主变压器油色谱监测装置输油管道取油管道穿孔的原因可能有以下三种：

（1）线路短路故障电流，可能性最大。

（2）雷击变电站 2 号主变压器构架的雷电流，可能性较小。

（3）地铁运行时的杂散电流与腐蚀，可能性较小。

（一）线路短路故障电流

以下根据发生的单相永久接地故障进行仿真分析，计算取油样管道与防护管道的电位差和间隙击穿后的电流。

1. 仿真模型建立与计算结果

根据资料显示：

（1）110kV 线路短路点在 9 号、10 号杆塔之间，离线路约 20m 处，短路电流10.212kA，计算频率取为 50Hz。

（2）线路长度 18.663km，共 85 基杆塔，为了简化计算，取前 19 基杆塔计算杆塔接地电阻，暂取为 13Ω 左右。两根避雷线分别为 OPGW 和良导体，逐基接地。

（3）故障时 110kV 侧运行方式为 1 号主变压器 110kV 侧供 110kV Ⅰ 段母线负荷，3 号主变压器 110kV 侧供 110kV Ⅰ 段母线负荷，2 号主变压器 110kV 侧供 110kV Ⅱ 段母线负荷，110kV Ⅰ 、Ⅱ段母线并列运行，母联 112 断路器合闸位置。2 号主变压器高压侧中性点接地开关、中压侧接地开关运行。1 号主变压器高压侧中性点接地开关、中压侧接地开关运行。3 号主变压器高压侧中性点接地开关、中压侧接地开关拉开位置，110kV 线路运行在 110kV Ⅱ母。

（4）并联运行的 1 号主变压器和 2 号主变压器的 110kV 侧 A 相短路阻抗基本相当，取线路短路时 1 号主变压器和 2 号主变压器 110kV 侧中性点电流均为 5.106kA。

（5）变压器附近接地网及 2 号主变压器和油色谱取油管道计算模型如图 8-26 所示。油色谱取油管道外径 6.35mm，内径 4.59mm，厚度 0.88mm。防护钢管为镀锌钢管，外径 24mm，内径 21mm，厚度 1.5mm。主接地网长 238.9m，宽为 173.9m，材料为 25mm×4mm 的扁钢，埋深 0.6m。

（6）土壤电阻率取为 807Ω·m。外引接地长约 150m，宽约 10m，埋深不少于 1m。外引接地的水塘已经填平。

（7）根据资料，地面空气的电阻率约为 $3×10^{13}Ω·m$，变压器池中空，采用高电阻率的土壤块来模拟，电阻率取空气电阻率。变压器池长 14.1m，宽 9.1m，深度 0.78m。

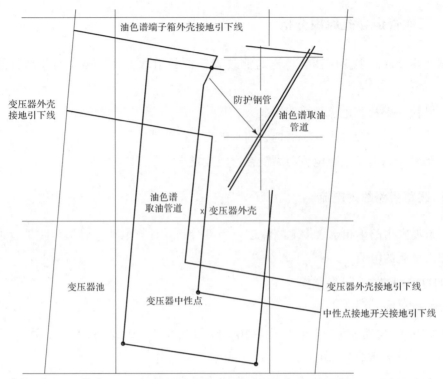

图 8 – 26　2 号主变压器和油色谱取油管道计算模型

防护钢管截断，防护管道悬空，长约 1.01m，2 号主变压器油色谱取油样管道与变压器池内悬空的防护管道（变压器池外接触土壤）之间的工频电位差达到 3.93kV，击穿后忽略电弧电阻，工频电流达到 35.77A。

若考虑线路接地故障发展经历较高频率的暂态过渡过程，计算频率取 5kHz，2 号主变压器油色谱取油样管道与变压器池内悬空的防护管道间的电位差达到 9.45kV，击穿后忽略电弧电阻，电流为 14.46A。

线路发生单相永久接地时，2 号主变压器油色谱取油样管道与防护管道之间存在较大的电位差，放电后电流较大，能引起油色谱取油样管道受热熔融破损。

其他时段线路也发生过单相永久接地故障，故障电流也达到 10.5816kA，仿真模型计算原理类似。该故障也可能已使得取油管与防护钢管间间隙击穿放电，造成 2 号主变压器油色谱取油管受损。

2. 不同防护管道长度计算分析

通过仿真计算可知：

（1）工频下，随着悬空防护钢管长度的增加，取油样管道与防护管道的电位差逐渐减小，间隙击穿后电流逐渐增大。

（2）高频下，随着悬空防护钢管长度的增加，取油样管道与防护管道的电位差逐渐增大，间隙击穿后电流也逐渐增大。

（3）相同条件下，随着频率的增加，取油样管道与防护管道的电位差逐渐增大，间隙击穿后电流逐渐减小。

防护钢管两端接地，取油样管道与防护管道的电位差大幅度降低，能有效地避免取油样管道与防护管道间间隙击穿放电的风险。

（二）雷击变电站 2 号主变压器构架的雷电流

2 号主变压器构架为水泥支架，如图 8 - 27 所示。构架未直接接地，塔顶的冲击阻抗较大，小的雷电流即可引起构架顶部的绝缘子闪络。而该变电站没有雷击记录，因此排除雷击变电站 2 号主变压器构架引起油色谱取油样管道与防护管道、端子箱内穿缆盖板之间放电的可能。

图 8 - 27 2 号主变压器构架

（三）地铁运行时的杂散电流与腐蚀

地铁列车运行时，直流牵引电流经轨道最终流回牵引所负极母排，由于轨道对大地不可能完全绝缘，部分回流电流经轨道流入大地，这一部分流入大地的电流就称为杂散电流。杂散电流通过地铁接地网和大地流回牵引供电系统。

由于该变电站主变压器没有较大的噪声，油温变化等直流偏磁现象，中性点没有较大的杂散电流，判断该变电站 2 号主变压器不会受到较大直流杂散电流的影响，排除杂散电流引起 2 号主变压器油色谱取油样管道与防护管道、端子箱内穿缆盖板之间放电的可能。

由于不锈钢材料的进油管和输油管几乎放置在同一种环境下，如环境腐蚀影响产生点蚀，进油管和出油管会同样发生，而现场并没有进油管和出油管同样腐蚀的辅证，产生漏油的均为进油管，暂排除不锈钢腐蚀穿孔的可能。

（四）防护措施与建议

由以上分析可知，该变电站线路发生单相永久接地故障及防护钢管两端未接地是油色谱取油管道与防护钢管产生电位差的主要原因，雷击变电站 2 号主变压器构架的雷电流引起的地电位分布不均和地铁运行时的杂散电流与环境腐蚀等原因，引起该变电站 2 号主变压器在线油色谱监测装置取油管穿孔的可能性较小。

针对均压不良引起的转移电位差和间隙放电，从两方面提出反措：

（1）增加绝缘。在输油管和防护钢管之间增加绝缘层，消除间隙放电风险。

（2）做好均压。除了完善接地网均压之外，输油管道的防护钢管两端就近接地，降低转移电位差的风险。

建议及时组织排查变电站在技术标准落实、运维巡视、在线监测装置管理等方面的风险，及时消除相关隐患。

加强对变电站接地网的运维工作，定期或必要时对重要和老旧变电站接地网进行状态评估，跟踪分析站外接地网由于外部环境引起的状态变化，降低接地网老化、腐蚀、受损等风险，及时发现接地网的缺陷，消除事故风险源头。

加强油色谱在线监测装置等在线监测（监视）设备的安装、验收、运维管理，完善油色谱在线监测装置等设备的设计、施工、验收相关标准技术要求，重点管控与电网主设备相连接的电路、油路、气路、网络、机械回路等可能直接影响主设备安全的风险。

第五节　齿轮泵异常运行案例

一、案例简介

2024 年 2 月 1 日 13 时，某站开展例行油色谱检测，发现与 1 月 15 日季度检测结果相比，4 号主变压器 C 相调压补偿变压器结果异常，下部取样口油样中乙炔、乙烯、甲烷、乙烷、氢气均出现明显增长，乙炔含量达 8.08μL/L（见表 8-6）。现场立即开展复测（同时取样的双样），复测各组分含量与第一次基本一致，乙炔 7.55μL/L，两次色谱结果三比值为 102，对应故障类型电弧放电。

表 8-6　　　4 号主变压器 C 相调压补偿变压器 2 月 1 日下部取油口色谱检测结果　　μL/L

检测时间	取样口	H_2	CO	CO_2	CH_4	C_2H_4	C_2H_6	C_2H_2
1 月 15 日	下部	13.1	237.6	517	2.1	0.3	0.3	<0.1

续表

检测时间	取样口	H₂	CO	CO₂	CH₄	C₂H₄	C₂H₆	C₂H₂
2月1日13时29分	下部	27.3	280.03	712.44	10.31	14.4	1.71	8.08
2月1日13时54分	下部	31.1	256.16	647.06	9.48	13.48	1.61	7.55

二、色谱复测情况

2月1日下午发现色谱异常后，开展三次取油复测，乙炔、乙烯、甲烷、乙烷、氢气均显著降低，最后一次结果恢复至与1月15日持平（见表8-7），怀疑色谱异常非设备本体内部故障导致。

表8-7　　　　　4号主变压器C相调压补偿变压器2月1日下部取油口色谱检测结果　　　　μL/L

检测时间	取样口	H₂	CO	CO₂	CH₄	C₂H₄	C₂H₆	C₂H₂
1月15日	下部	13.1	237.6	517	2.1	0.3	0.3	<0.1
2月1日13时29分	下部	27.3	280.03	712.44	10.31	14.4	1.71	8.08
2月1日13时54分	下部	31.1	256.16	647.06	9.48	13.48	1.61	7.55
2月1日16时49分	下部	11.93	280.98	681.43	2.57	0.69	0.35	0.27
2月1日17时16分	下部	13.74	281.38	676.14	2.49	0.55	0.35	0.2
2月1日18时10分	下部	11.57	278.86	672.3	2.36	0.35	0.31	0.06

2月2日上午，从下部取样口不排残油取油3次、排油1L后再从下部取样口取油2次，上部取样口取油1次。下部取样口乙炔含量7.13、3.36、1.64μL/L，依次降低，放油1L后降至0.1μL/L、0.06μL/L，其他烃类气体及氢气也均与2月1日变化趋势一致，见表8-8；上部油样结果与1月份比未见明显增长，进一步锁定了下部取油口区域存在异常导致了色谱异常。

表8-8　　　　　4号主变压器C相调压补偿变压器2月2日取油口色谱检测结果　　　　μL/L

检测时间	取样口	H₂	CO	CO₂	CH₄	C₂H₄	C₂H₆	C₂H₂
2月2日9时51分	下部不排死油1	19.53	238.01	579.76	9.22	12.79	1.50	7.13
2月2日10时17分	下部不排死油2	12.66	259.67	611.25	5.60	6.18	0.88	3.36
2月2日11时2分	下部排油1L后1	5.06	270.12	638.89	2.32	0.39	0.30	0.1
2月2日13时7分	上部	1.63	226.34	653.79	2.05	0.27	0.27	0.06

三、现场检查情况

（一）调压补偿变压器取油口及在线监测装置管道布置

该调压补偿变压器侧面自上而下分别设置 3 个取油口，其中，中部取油口、下部取油口分别通过油管道与在线监测装置相连，如图 8 - 28 所示。

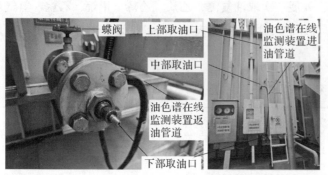

图 8 - 28　变压器取油口及在线监测装置管道布置

中部取油样口连接在线监测装置进油管道（变压器油从中部取油样口流向在线监测装置）；下部取油口设置蝶阀，蝶阀外侧连接管在线监测装置返油管道（变压器油从在线监测装置流回下部取油样口）。

（二）进油、返油管道及出油口取油检测分析

2 月 2 日，结合检测结果组织专家分析研判，推测在线监测装置运行时产生乙炔的可能性较大。为验证该推论，2 月 3 日下午把在线监测装置侧进油、返油管道拆除，进行进一步取油验证分析。

在线监测装置返油管道取油样 3 管，检测乙炔含量分别为 10.88、4.52、1.59μL/L，乙烯含量分别为 19.29、7.9、3.12μL/L，且其他烃类、氢气含量均与下部取油口死油区规律相同，且高于死油区油样，初步判断为在线监测装置运行时异常产气，回油后部分含有特征气体的油样未全部进入本体，残留在下部取样口附近。在线监测装置进油管道取油样 3 管，各气体组分含量无异常，乙炔含量均为 0.06μL/L（见表 8 - 9）。

表 8 - 9　　　　4 号主变压器 C 相调压补偿变压器 2 月 3 日取样口色谱检测结果　　　　μL/L

检测时间	取样口	H_2	CO	CO_2	CH_4	C_2H_4	C_2H_6	C_2H_2
15 时 41 分	返油管油 1	32.9	256.38	606.2	12.97	19.29	2.16	10.88

检测时间	取样口	H_2	CO	CO_2	CH_4	C_2H_4	C_2H_6	C_2H_2
16时5分	返油管油2	17.36	265.75	633.6	6.71	7.9	1.03	4.52
16时26分	返油管油3	15.01	271.38	633.84	3.76	3.12	0.59	1.59
17时8分	进油管油1	14.64	272.92	632.16	2.29	0.32	0.32	0.06
17时30分	进油管油2	11.21	273.73	636.48	2.27	0.31	0.3	0.06
15时41分	进油管油3	5.6	271.07	639.13	2.27	0.3	0.3	0.06

保持在线监测装置进油口与进油管道连接，将在线监测装置出油口直接接入注射器，启动在线监测装置做两次正常分析流程，第一次取到2管油样（每管80mL），检测乙炔分别为12.28、9.12μL/L，乙烯分别为21.81、16.63μL/L；第二次取到1管油样（80mL），检测乙炔4.27μL/L、乙烯8.41μL/L，再次印证在线监测装置运行时异常产气。

（三）在线监测装置停运后复测

2月3日20时，将变压器下部取油口和在线监测装置各放油500mL，冲洗干净，确保无被污染油样残留（各取1管油样，检测下部取样口乙炔0.12μL/L、装置返油管乙炔0.08μL/L）。随即关闭下部取油口阀门和装置电源（油路电磁阀为常闭），保持静置状态，2月4日上午取下部取油口死油区油样进行进一步验证，两管油样经检测烃类、氢气均恢复正常，确认在线监测装置停止运行后未有异常气体产生。

结合以上取油检测结果，确定本体油色谱异常为在线监测装置运行异常产气造成。

四、实验室解体分析

（一）检测模块排查

用1mL玻璃注射器先后取空气（两次）、七组分色谱标准气（五次），直接注入检测模块进行检测，两次空气均未检测出任何气体组分，五次标准气的检测结果始终保持一致，说明检测模块无异常产气现象，见表8-10。

表8-10   排查检测结果

取样	H_2	CO	CO_2	CH_4	C_2H_4	C_2H_6	C_2H_2
空气第一次	0	0	0	0	0	0	0
空气第二次	0	0	0	0	0	0	0
标准气第一次	3.21	1.65	10.39	0.42	1.23	1.06	0.36

取样	H_2	CO	CO_2	CH_4	C_2H_4	C_2H_6	C_2H_2
标准气第二次	2.97	1.53	11.98	0.45	1.27	1.11	0.33
标准气第三次	3.15	1.69	10.79	0.45	1.21	1.07	0.43
标准气第四次	3.08	1.61	12.28	0.46	1.30	1.16	0.32
标准气第五次	3.18	1.70	13.03	0.49	1.35	1.17	0.39

(二) 脱气模块排查

脱气模块主要包括齿轮泵、储油罐、气缸、电磁阀、齿轮泵调速器及油气管路。

进、返油循环：在线监测装置启动做样之前，油缸中 0 位处存有前一次脱气用的残油；启动做样时，油缸内的直线电动机将拉杆位置从 0 位处拉至 1 位处，然后同时打开两个 J1 进油阀、两个 J2 返油阀、齿轮泵，变压器油样从进油阀进入油缸，并在齿轮泵的作用下经过返油阀再回到变压器，开始循环，油样循环结束后，拉杆从 1 位处推回至 0 位处，如图 8 – 29 所示。

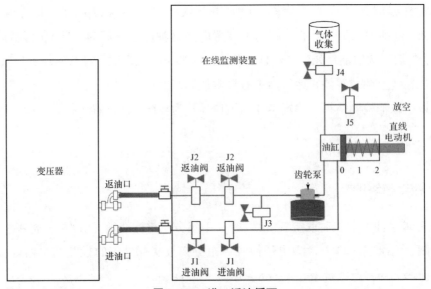

图 8 – 29　进、返油循环

油样定量：油缸内的直线电动机将拉杆位置从 0 位处拉至 1 位处；打开 J3 循环阀、J5 放空阀和齿轮泵，直线电动机再将拉杆位置从 1 位处推至 0 位处，排除可能存在的空气及多余的油，同时完成油定量，关闭所有阀门。

油气分离：油缸内的直线电动机将拉杆位置从 0 位处拉至 2 位处，形成真空；打开 J3 循环阀、J4 电磁阀和齿轮泵，进行真空状态油循环，开始油气分离，直到完成气体分离及收集。

将脱气模块中旧齿轮泵进、回油口断开，外接一个小油缸与齿轮泵形成回路，如图8－30所示。用新变压器油对齿轮泵、油缸及连接管路进行充分清洗，确保没有气体组分残留。

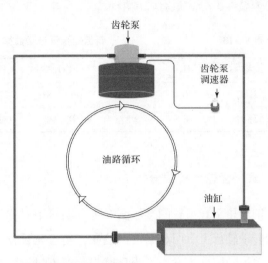

图8－30 旧齿轮泵产气排查图

保持齿轮泵调速器不变，让齿轮泵按原转速循环20min，运行过程中，齿轮泵有明显异响，手摸连接管路能感觉出明显的温升，说明该泵已经处于非正常运行状态。

关闭电源，从油缸中取样进行色谱分析，油中所有气体组分含量均出现明显增长，见表8－11。

表8－11　　　　　　　旧齿轮泵原速带油循环前后油色谱检测结果　　　　　　　μL/L

取样	H_2	CO	CO_2	CH_4	C_2H_4	C_2H_6	C_2H_2
循环前	0	0.68	31.01	0.16	0	0	0
循环后	8.67	14.89	137.35	3.53	16.89	0.91	3.65

将脱气模块中的原齿轮泵更换为一个全新未使用过的齿轮泵，重复上述操作步骤，让新齿轮泵同样按原转速带油循环20min，关闭电源，从油缸中取样进行色谱分析，见表8－12。油中除 H_2、CO 的其余组分含量出现了增长，但增长幅度明显小于脱气模块中已使用过的旧齿轮泵。

表8－12　　　　　　　新齿轮泵原速带油循环前后油色谱检测结果　　　　　　　μL/L

取样	H_2	CO	CO_2	CH_4	C_2H_4	C_2H_6	C_2H_2
循环前	0	0.68	31.01	0.16	0	0	0
循环后	0	0.65	197.39	0.77	0.28	0.10	0.08

调节齿轮泵调速器，将新齿轮泵的转速降低至出口油样能呈小股流出。重复上述操作步骤，让新齿轮泵在低转速下带油循环 20min，关闭电源。从油缸中取样进行色谱分析，油中气体烃类组分含量有轻微增长，见表 8 – 13。

表 8 – 13　　　　　　　　新齿轮泵低速带油循环前后油色谱检测结果　　　　　　　μL/L

取样	H_2	CO	CO_2	CH_4	C_2H_4	C_2H_6	C_2H_2
循环前	0	0.68	111.18	0.25	0.10	0	0.02
循环后	0	0.73	103.18	0.35	0.13	0.05	0.03

（三）齿轮泵拆解分析

旧齿轮泵在齿轮的接触面发现有明显不对称的摩擦痕迹，新齿轮泵光滑平整；旧齿轮泵的转动轴承上有明显的发黑迹象，新齿轮泵较为有光泽。可见在较高转速长期运行中旧齿轮泵齿轮因摩擦发生了明显磨损，摩擦过程中易发生高温过热，且转动轴承因过热导致了发黑，如图 8 – 31 所示。

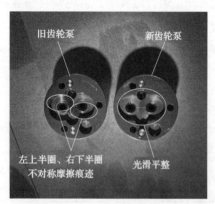

图 8 – 31　新旧齿轮泵对比

（四）解体结果

（1）4 号主变压器调压补偿变压器本体油色谱异常原因为在线监测装置异常产气，产气来源为在线监测装置内用于油循环的齿轮泵，且齿轮泵已处于非正常运行状态。

（2）金属材质齿轮泵非正常运行状态下易发生局部过热，油流经过热点时会分解产生乙炔、甲烷、乙烷、乙烯及氢气等特征气体，且齿轮泵转速的快慢影响产气量的多少，其他外在条件一致时转速越快、产气量越大。

（3）金属材质齿轮泵在较快转速下，长期运行后齿轮与金属面摩擦易造成接触面的明显磨损，磨损后加剧快速转动过程中的局部过热，从而使得油流产气量进一步增大。

第六节　水滤光片转动偏差案例

一、案例简介

2023 年 2 月 4 日 13 时，某站在线监测平台发声光告警，在线油色谱乙炔含量由 0.36μL/L（投运后即产生并缓慢下降）突增至 5.6μL/L，达到停运值。相关单位立即启动应急处置流程，组织专家团队开展研判分析，确认各特征气体组分含量均呈升高趋势，符合油中放电特征，逐级汇报并做好紧急拉停准备。由表 8-14 可知，14 时，乙炔在线复测值为 5.1μL/L，达到紧急拉停条件；14 时 10 分，现场紧急拉停。

表 8-14　　　　　　　　　　　　　　光声光谱检测结果　　　　　　　　　　　　μL/L

组分		H_2	CH_4	C_2H_6	C_2H_4	C_2H_2	总烃	CO	CO_2
时间	16：00	15.2	2.51	3.95	1.94	4.22	12.64	145.33	1123.5
	15：00	16.88	2.79	4.39	2.15	4.64	13.99	145.48	1123.79
	14：00	18.76	3.1	4.88	2.39	5.1	15.49	145.19	1121.3
	13：00	20.58	3.45	5.43	2.66	5.61	17.15	153.55	1201.53
	12：00	5.83	2.31	0.59	0.76	0.36	4.03	137.23	1081.39

某换流变压器油色谱在线监测装置采用光声光谱原理，采样周期为 1h，2019 年 8 月投运，2023 年 1 月结合年检开展现场化校验，满足 A1 级标准。

停运前，直流双极四阀组大地回线全压方式运行，输送功率 1672MW；紧急拉停后，极 1 高端单换流器、极 2 双换流器大地回线全压方式运行，无功率损失。

停电后开展多部位、多轮次、不同测试仪器的离线油色谱检测，乙炔值最大为 0.32μL/L，其他组分也未见增长，判定换流变压器本体无异常。2 月 5 日 2 时 21 分，极 1 低端换流器正常解锁，直流恢复双极全压方式运行。

连夜组织厂家调用备品开展异常装置更换及新装置安装，并开展现场化校验，并通过每小时 1 次的周期开展离线油色谱跟踪，见表 8-15。2 月 7 日 0 时 55 分，新安装油色谱在线监测装置通过现场化校验（A1），正式投入运行。

表 8 – 15   油色谱检测结果   μL/L

	组分	H_2	CH_4	C_2H_6	C_2H_4	C_2H_2	总烃	CO	CO_2
离线数据	本体下部	3.43	2.41	0.63	0.9	0.28	4.22	113.61	887.18
	本体上部	3.28	2.38	0.57	0.53	0.26	3.74	107.2	902.25
	网侧高压升高座	3.32	2.4	0.49	0.6	0.27	3.76	110.81	876.09
	中性点升高座	3.5	2.39	0.48	0.47	0.32	3.66	110.97	836.08
	阀侧升高座首端	3.29	2.31	0.46	0.50	0.25	3.52	105.19	799.79
	阀侧升高座尾端	3.45	2.55	0.61	0.43	0.14	3.73	115.69	852.08
	装置进油口	3.24	2.31	0.44	0.49	0.25	3.49	105.11	855.90
	装置回油口	3.65	1.83	0.50	0.43	0.19	2.95	53.00	753.87

二、异常原因分析

（一）装置基本信息

    光声光谱在线监测系统主要由电动气泵、脱气模块、冷凝模块、光声光谱模块、控制模块等部件组成，如图 8 – 32 所示。H_2 检测采用氧化锡半导体传感器，其他烃类、CO、CO_2 及水分通过光声光谱原理检测，其中水分主要用于各特征气体浓度的交叉补偿。

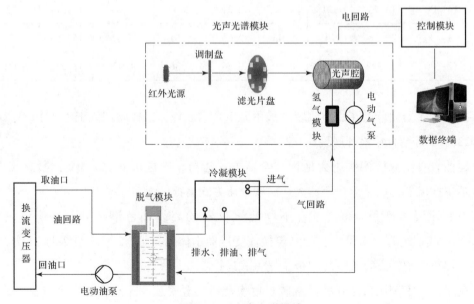

图 8 – 32   光声光谱模块

（二）装置运行记录

查看一体化在线监测系统，显示 2 月 4 日 12 时前监测数据无异常，13 时数据发生突变，此后连续复测结果呈规律性缓慢下降。

调阅在线监测装置控制模块当日运行记录，发现 2 月 4 日 13 时在线监测运行记录出现 1 次"［ERROR］E55"（水分滤光片位置偏移故障代码）和 1 次"［ERROR］E55"+"［INFO］E062"（水分测量值异常偏低提示）；14～16 时装置未再出现故障代码信息，如图 8-33、图 8-34 所示。

序号	监测时间	一氧化碳浓度	乙炔浓度	乙烯浓度	乙烷浓度	二氧化碳浓度	微水含量浓度	总烃浓度	氢气含量	甲烷含量
5	2023-02-04 16:57:40	146.37 μL/L	3.85 μL/L	1.75 μL/L	3.56 μL/L	1123.14 μL/L	2.91 μL/L	11.48 μL/L	13.68 μL/L	2.32 μL/L
6	2023-02-04 15:57:20	145.34 μL/L	4.23 μL/L	1.94 μL/L	3.96 μL/L	1123.50 μL/L	3.23 μL/L	12.64 μL/L	15.20 μL/L	2.51 μL/L
7	2023-02-04 14:57:20	145.49 μL/L	4.64 μL/L	2.16 μL/L	4.40 μL/L	1123.79 μL/L	3.59 μL/L	13.99 μL/L	16.89 μL/L	2.79 μL/L
8	2023-02-04 13:57:40	145.19 μL/L	5.10 μL/L	2.40 μL/L	4.89 μL/L	1121.31 μL/L	3.99 μL/L	15.49 μL/L	18.77 μL/L	3.10 μL/L
9	2023-02-04 12:59:40	153.55 μL/L	5.61 μL/L	2.66 μL/L	5.43 μL/L	1201.54 μL/L	2.63 μL/L	17.15 μL/L	20.85 μL/L	3.45 μL/L
10	2023-02-04 11:57:20	137.24 μL/L	0.36 μL/L	0.77 μL/L	0.59 μL/L	1081.39 μL/L	2.92 μL/L	4.04 μL/L	5.83 μL/L	2.31 μL/L
11	2023-02-04 10:57:20	123.64 μL/L	0.40 μL/L	0.70 μL/L	0.61 μL/L	965.53 μL/L	2.65 μL/L	3.81 μL/L	5.80 μL/L	2.10 μL/L
12	2023-02-04 10:00:00	111.38 μL/L	0.44 μL/L	0.64 μL/L	0.60 μL/L	862.08 μL/L	2.95 μL/L	3.59 μL/L	6.00 μL/L	1.91 μL/L
13	2023-02-04 09:00:00	2023-02-04 10:00:00	0.46 μL/L	0.71 μL/L	0.61 μL/L	985.23 μL/L	2.68 μL/L	3.79 μL/L	5.94 μL/L	2.01 μL/L
14	2023-02-04 07:57:40	145.48 μL/L	0.37 μL/L	0.78 μL/L	0.60 μL/L	1125.98 μL/L	2.98 μL/L	3.99 μL/L	5.88 μL/L	2.24 μL/L
15	2023-02-04 06:57:20	145.49 μL/L	0.37 μL/L	0.79 μL/L	0.62 μL/L	1121.85 μL/L	2.71 μL/L	4.02 μL/L	5.85 μL/L	2.24 μL/L

图 8-33　监测数据异常

```
{[2023-02-04 12:39:49]}[ERROR]E55
{[2023-02-04 12:41:04]}[ERROR]E55
{[2023-02-04 12:41:04]}[INFO]E062
{[2023-02-04 12:41:04]}[ERROR]NO W:18.664600
{[2023-02-04 12:41:10]}[INFO]温度31.22 37.8 1.19403
{[2023-02-04 12:41:49]}[INFO]Change Gas PRESS 95.0
{[2023-02-04 12:42:06]}[INFO]Change Gas PRESS 95.0
{[2023-02-04 12:44:07]}[INFO]102.5161    23.6921    29.1749    30.6315    150.5374 96.5927    272.6725 140.4330 272.6725 0.000000
{[2023-02-04 12:44:12]}[INFO]温度31.39 39.5 1.19760
{[2023-02-04 12:44:16]}[INFO]CO2:751.1    8.523    5.416    12.037    10.635    CO:188.3    1238.1
{[2023-02-04 12:44:19]}[INFO]PAS测试成功
```

图 8-34　故障代码

（三）程序逻辑算法及异常回溯

情况回溯如图 8-35 所示。

（四）光声光谱模块试验

由上述分析可知，水滤光片转动偏差导致水分检测异常是首次数据突变的主要原因。在实验室搭建平台开展近 500 次不同模式下的运行测试。在以最快速度针对滤光片盘连续开展 174 轮检测后，出现 1 次水分滤光片转动不到位情况，运行测试程序如图 8-36 所示。

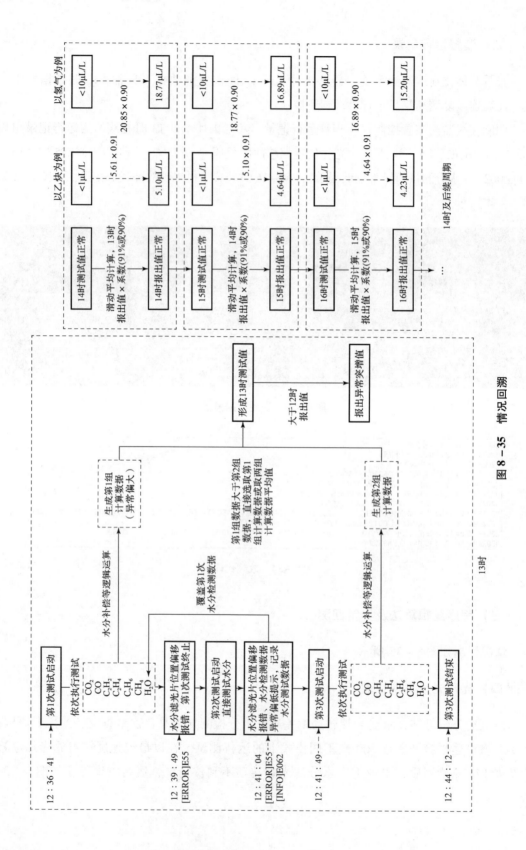

图8-35 情况回溯

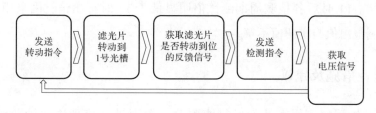

图 8 - 36　运行测试程序

（五）解体检查

进一步对异常装置光谱分析模块进行拆解，与同型号新模块进行比对，发现滤光片盘与光声池温度传感器护线套接触，转盘和护线套接触部位存在明显磨损痕迹，装置底部有黑色粉末状异物，如图 8 - 37 所示。

图 8 - 37　光谱分析模块拆解

（六）原因分析

综合运行记录、程序逻辑算法、试验检测及解体检查情况，分析认为本次油中溶解气体在线监测装置异常原因为：装置滤光片盘因与光声池温度传感器护线套接触，导致滤光盘转动阻力变大，13 时出现 1 次水分滤光片转动位置偏差，自动复位补测时转动位置仍存在偏差，因此造成水分测试数据偏低，补偿后引起各特征组分浓度值明显增大，导致 13 时在线监测值突增。14 时后各检测周期测试值明显低于 13 时报出值，因采用"滑动平均"策略，导致复测报出值与实测值不符。

三、针对性措施及建议

（1）开展装置程序逻辑算法问题排查整改。全面排查梳理本次油色谱在线监测装置异常事件所暴露的算法及逻辑判断问题，杜绝单次偶发性异常导致连续突变数据的产生。

（2）开展装置滤光片转盘阻塞问题排查整改。针对性开展开箱检查，重点关注滤光片转动盘表面及相邻引线护套等部位；开展装置内部各元器件、引线布局优化设计。

（3）提升装置检验检测能力。优化集中检测及现场化校验方式，进一步开展装置程序算法检测检验研究，规范软件版本变更管理。

（4）优化装置运行日志记录及应用。装置检测过程中各类故障异常、关键状态量等检测信息数据应保存完整，并具备调阅查看及自检告警功能，以便异常排查和数据溯源。

（5）考核追责。加强装置误报、漏报问题的考核追责。

第七节　SF$_6$ 作业气体外漏案例

一、案例简介

2023 年 11 月 24 日至 12 月 7 日，某特高压变电站变压器（高压电抗器）油色谱在线监测装置误告警共 2 台次。

2023 年 12 月 1 日，该站 I 线电抗器 B 相总烃气体含量 354.44μL/L，周增量 344.46μL/L，相对增长速率 3451.79%；复测总烃气体含量 69.11μL/L，周增量 59.13μL/L，相对增长速率 592.63%。

2023 年 12 月 2 日，该站 I 线电抗器 B 相乙炔单次增量 > 0.3μL/L，周增量 3.58μL/L，超停运值；氢气气体含量 31.95μL/L，周增量 11.3μL/L，超注意值 1；总烃气体含量 92.74μL/L，周增量 82.77μL/L，相对增长速率 830.19%。

误告警原因：站内在做 SF$_6$ 气体回收工作，可能因泄漏导致环境因素改变致使多台装置误报。以往也出现过因为 SF$_6$ 气体泄漏导致误报，后离线取油样检测无异常。

二、高压电抗器总烃异常情况分析

高压电抗器乙烯气体监测浓度如图 8 – 38、图 8 – 39 所示。

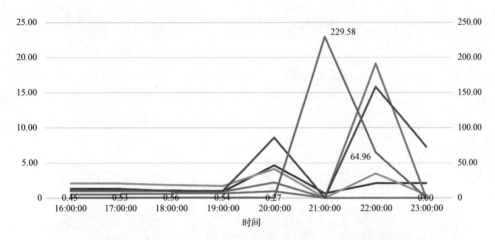

图 8 – 38 12 月 1 日 I 、II 线 6 台高压电抗器乙烯气体浓度

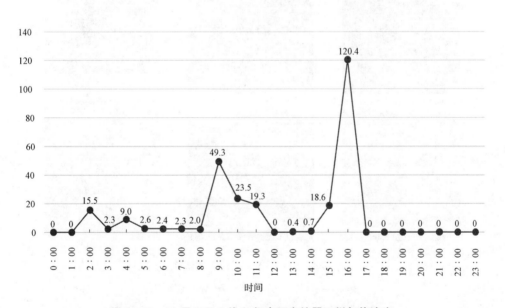

图 8 – 39 12 月 2 日 I 线 B 相高压电抗器乙烯气体浓度

如图 8 – 40 所示，SF_6 红外吸收光谱，波峰 947.9cm^{-1}，强度 809% T，C_2H_4 红外吸收光谱，波峰 949.7cm^{-1}，强度 40% T 左右，C_2H_4 全谱段红外吸收光谱，800 ~ 1200、1350 ~ 1500、2900 ~ 3200 均有吸收谱峰。

某公司某站同型号产品曾发生同类型异常，现场开展了酒精、油漆、SF_6 等挥发性气体干扰测试，如图 8 – 41 所示。干扰试验数据见表 8 – 16。

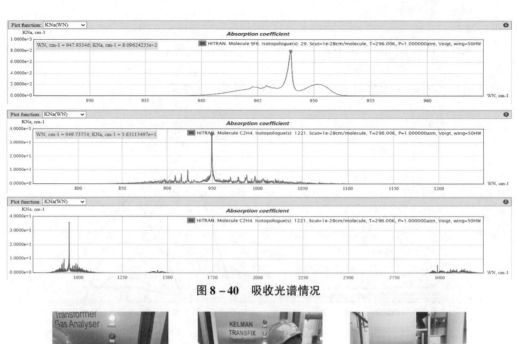

图 8-40　吸收光谱情况

(a)　　　　　　　　　　　(b)　　　　　　　　　　　(c)

图 8-41　柜内、柜外干扰试验

(a) 酒精挥发；(b) 喷涂油漆；(c) 释放 SF₆

表 8-16　　　　　　　　　　　　　　　　干扰试验数据

序号	类型	干扰物	甲烷	乙烷	乙烯	乙炔	氢气	一氧化碳	二氧化碳
1	柜内环境干扰试验	无干扰物（初始）	2.5	1.3	0.4	0	1.2	44.1	187.3
2		油漆挥发	4.9	7.1	0.7	0	1.1	44.8	193.2
3		保持原喷涂油漆	2.9	1.9	0.5	0	0.8	44.7	189.9
4		酒精挥发	13.3	0	10.2	0	0.5	38.8	190.0
5		取出酒精液体	2.42	0.9	0.06	0	0.7	45.17	205.4

序号	类型	干扰物	甲烷	乙烷	乙烯	乙炔	氢气	一氧化碳	二氧化碳
6	柜外环境 干扰试验	释放 SF_6 气体	3.86	1.06	2.33	0	0.9	43.3	190.6
7		SF_6 气体消除	2.14	1.4	0.4	0	0.9	44.1	187.8
8		无干扰物（初始）	2.5	1.8	0.6	0	1.0	43.7	188.9
9		喷涂油漆（10min）	2.3	4.6	0.7	0	0.9	43.8	187.7
10		油漆消散	2	1.6	0.7	0	0.9	43.9	201.6
11		喷涂酒精（10min）	5.30	30.28	3.97	0	0.75	43.46	190.12
12		柜外酒精消散	1.9	1.8	0.7	0	0.9	44	195.8
13		释放 SF_6 气体	3.86	1.49	2.8	0	0.94	43.9	189.0
14		SF_6 气体消散	2.62	0	1.46	0	0.90	43.46	196.34
15	紊乱恢复 （需 25 次测试）	无干扰物	0	0	0	0	0.92	43.58	187.81
16		无干扰物	0	0	0	0	0.94	43.46	188.18
17		无干扰物	0.8	2.2	0.9	0	0.6	41.6	196.5

三、高压电抗器乙炔、氢气、总烃异常情况分析

12 月 2 日 I 线 B 相高压电抗器气体监测记录见表 8 - 17。

表 8 - 17　　　　　　　12 月 2 日 I 线 B 相高压电抗器气体监测记录　　　　单位：μL/L

时间	氢气	乙炔	总烃	甲烷	乙烯	乙烷	一氧化碳	二氧化碳
0：00	19.93	0.00	0.00	0.00	0.00	0.00	138.70	673.16
1：00	29.07	0.00	25.30	0.00	0.00	25.30	48.84	474.40
2：00	31.96	3.59	92.75	19.53	15.45	54.18	63.24	317.76
3：00	19.57	0.00	9.97	4.80	2.31	2.85	136.37	800.91
4：00	19.75	0.00	21.84	6.19	8.99	6.67	137.30	686.86
5：00	19.95	0.00	12.08	6.41	2.57	3.10	137.96	685.68
8：00	20.06	0.00	11.00	5.94	1.99	3.07	137.32	687.64
9：00	20.43	0.00	60.41	4.06	49.34	7.02	138.22	678.28
10：00	20.16	0.00	77.91	48.67	23.47	5.78	137.13	680.78
11：00	29.37	0.00	50.87	31.58	19.30	0.00	40.16	0.00
12：00	0.00	0.00	0.00	0.00	0.00	0.00	0.00	0.00
13：00	20.04	0.00	8.12	5.67	0.40	2.05	133.00	625.28
14：00	20.29	0.00	8.98	6.05	0.74	2.19	138.61	673.71

时间	氢气	乙炔	总烃	甲烷	乙烯	乙烷	一氧化碳	二氧化碳
15：00	20.04	0.00	29.19	8.69	18.59	1.91	136.82	682.06
16：00	20.39	0.00	177.03	44.74	120.41	11.89	135.90	673.37

12 月 3 日，厂家现场检查装置气路、温度、背景噪声等参数，发现背景噪声和微音器测试出现波动，如图 8 – 42 所示。

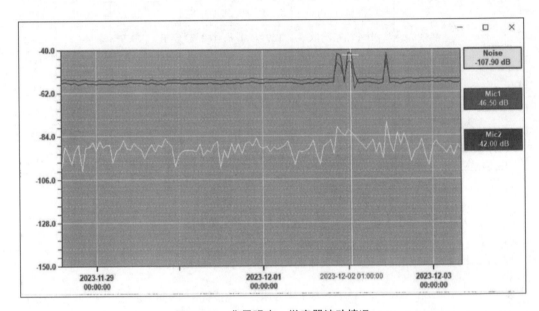

图 8 – 42　背景噪声、微音器波动情况

此外，湿度在 12 月 2 日凌晨出现增长，气路压力泄漏值在 2 日中午出现异常，如图 8 – 43、图 8 – 44 所示。

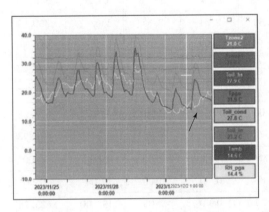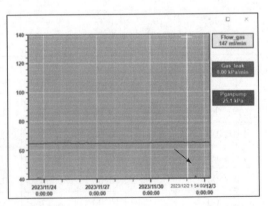

图 8 – 43　湿度变动情况

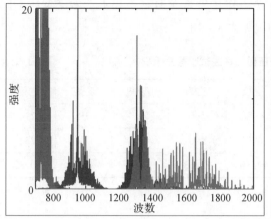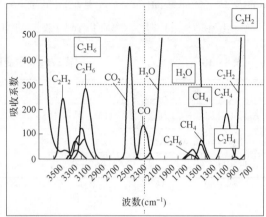

图 8 - 44 气路压力泄漏值变动情况

四、总结

(1) 12 月 1 日，该站 I 线、II 线 6 台高压电抗器总烃异常。该起异常主要为现场 SF₆ 作业气体外漏引起光声光谱装置总烃气体异常（以乙烯为主）。

(2) 12 月 2 日，该站 I 线 B 相高压电抗器乙炔、氢气、总烃异常。推测该起异常为前期异常造成的装置微音器等器件稳定性下降，同时受环境湿度变化影响（或气体干燥、密封异常）导致乙炔、氢气和总烃气体的同步检测异常。

总结：该在线监测装置以环境空气为载气，在测试中多次测试背景气体。气体检测器通过微音器采集信号，气体湿度将直接影响光声信号频率特性和微音器检测灵敏度，导致待测气体检测信号幅值出现异常波动，解调的气体组分出现漂移。同时，乙炔基数小，检测精度及灵敏度要求高，检测误差放大。

第八节 色谱在线监测装置性能下降引发的漏报案例

一、案例简介

某 220kV 主变压器色谱在线监测装置于 2006 年 11 月安装投运，运行时间约 8 年。2014 年 6 月 4 日开展定期离线试验，发现在线监测数据与离线试验结果存在重大的偏差，离线检测油中乙炔含量为 62μL/L，而在线监测显示油中乙炔含量为 0。6 月 5 日进行离线取样复测，变压器油中乙炔含量继续呈增长趋势，由于处置及时，避免了一起主变压器匝间绝缘击穿故障的发生。离在线试验数据的情况见表 8 – 18。

表 8 – 18 　　　　　　　　　某 220kV 主变压器离在线试验数据情况 　　　　　　μL/L

数据	氢气	一氧化碳	甲烷	乙烯	乙炔	乙烷	总烃
6 月 4 日离线试验数据	71	115	35	100	62	19	216
6 月 5 日离线试验数据	80	208	47	100	66	21	234
6 月 4 日在线监测数据	59.96	149.91	17.19	22.63	0.0	0.0	39.82

二、缺陷原因及分析

查看主变压器色谱在线监测装置 2014 年 5 月 1 日起的历史数据（见表 8 – 19），发现 5 月 9 日之前只有前三组分有数据，5 月 9 日开始测到了乙烯但没有乙炔，到 5 月 13 日数据基本稳定，因此初步判断一次设备内部故障时间大概是在 5 月 8、9 日之间。

表 8 – 19 　　　　　　　　某 220kV 主变压器油色谱在线监测数据情况 　　　　　　μL/L

监测时间	设备状态	氢气	一氧化碳	甲烷	乙烯	乙炔	乙烷	总烃
2014 年 6 月 4 日	装置正常	59.96	149.91	17.19	22.63	0.0	0.0	39.82
2014 年 6 月 3 日	装置正常	60.47	150.44	17.16	22.51	0.0	0.0	39.67
2014 年 6 月 2 日	装置正常	62.64	153.24	17.35	24.91	0.0	0.0	42.26
2014 年 6 月 1 日	装置正常	61.44	153.21	17.16	23.09	0.0	0.0	40.25
2014 年 5 月 31 日	装置正常	67.3	156.57	17.23	24.83	0.0	0.0	42.06
2014 年 5 月 30 日	装置正常	62.08	152.61	17.12	25.37	0.0	0.0	42.49
2014 年 5 月 29 日	装置正常	60.0	149.47	17.05	25.5	0.0	0.0	42.55
2014 年 5 月 28 日	装置正常	58.73	148.91	17.01	25.65	0.0	0.0	42.66
2014 年 5 月 27 日	装置正常	63.29	153.14	16.94	25.6	0.0	0.0	42.54
2014 年 5 月 26 日	装置正常	59.05	149.59	16.84	25.84	0.0	0.0	42.68
2014 年 5 月 25 日	装置正常	60.07	151.92	16.92	26.13	0.0	0.0	43.05
2014 年 5 月 24 日	装置正常	68.22	158.97	17.0	25.95	0.0	0.0	42.95
2014 年 5 月 23 日	装置正常	70.58	160.59	17.07	26.13	0.0	0.0	43.2
2014 年 5 月 22 日	装置正常	72.12	160.46	17.25	26.64	0.0	0.0	43.89
2014 年 5 月 21 日	装置正常	61.67	153.85	16.9	27.4	0.0	0.0	44.3

监测时间	设备状态	氢气	一氧化碳	甲烷	乙烯	乙炔	乙烷	总烃
2014 年 5 月 20 日	装置正常	67.52	159.61	16.94	27.18	0.0	0.0	44.12
2014 年 5 月 19 日	装置正常	66.98	156.92	16.87	27.4	0.0	0.0	44.27
2014 年 5 月 18 日	装置正常	65.87	157.35	16.84	27.8	0.0	0.0	44.64
2014 年 5 月 17 日	装置正常	69.83	159.63	16.84	25.92	0.0	0.0	42.76
2014 年 5 月 16 日	装置正常	69.42	160.2	16.81	26.36	0.0	0.0	43.17
2014 年 5 月 15 日	装置正常	58.18	149.99	16.72	27.19	0.0	0.0	43.91
2014 年 5 月 14 日	装置正常	66.5	156.88	16.95	29.79	0.0	0.0	46.74
2014 年 5 月 13 日	装置正常	64.84	145.46	16.09	27.49	0.0	0.0	43.58
2014 年 5 月 12 日	装置正常	52.9	141.73	14.48	28.12	0.0	0.0	42.6
2014 年 5 月 11 日	装置正常	52.34	157.97	10.26	17.14	0.0	0.0	27.4
2014 年 5 月 10 日	装置正常	46.22	146.98	8.54	12.74	0.0	0.0	21.28
2014 年 5 月 9 日	装置正常	23.32	152.29	4.99	8.21	0.0	0.0	13.2
2014 年 5 月 8 日	装置正常	6.89	176.06	2.41	0.0	0.0	0.0	2.41
2014 年 5 月 7 日	装置正常	6.41	175.24	2.37	0.0	0.0	0.0	2.37
2014 年 5 月 6 日	装置正常	6.48	173.72	2.32	0.0	0.0	0.0	2.32
2014 年 5 月 5 日	装置正常	5.9	168.42	2.34	0.0	0.0	0.0	2.34
2014 年 5 月 4 日	装置正常	5.79	169.48	2.36	0.0	0.0	0.0	2.36
2014 年 5 月 3 日	装置正常	5.79	168.21	2.37	0.0	0.0	0.0	2.37
2014 年 5 月 2 日	装置正常	5.93	169.18	2.34	0.0	0.0	0.0	2.34
2014 年 5 月 1 日	装置正常	6.14	170.69	2.32	0.0	0.0	0.0	2.32

　　检查 6 月 4 日在线监测谱图数据（经过优化处理，见图 8-45）未发现明显的谱图畸变问题，但只有 4 个组分峰，进一步核对原始谱图（未经过优化处理，见图 8-46），发现存在 5 个组分峰。

　　进一步用标准气进行检测，从谱图（见图 8-47）上可以清楚看出，乙烯气体组分的保留时间大幅提前且超过系统预设的定性时间窗，因此乙烯组分未被系统识别。另外，乙烯和乙烷峰型叠加，且同样存在保留时间大幅提前，并落到了原乙烯组分的定性时间窗内，被识别为乙烯组分进行定量，从而导致系统烃类气体只有乙烯数据，无乙烷和乙炔检测数据。

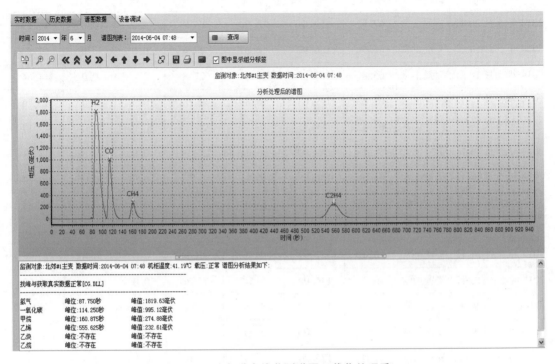

图 8 - 45 油色谱在线监测谱图（优化处理后）

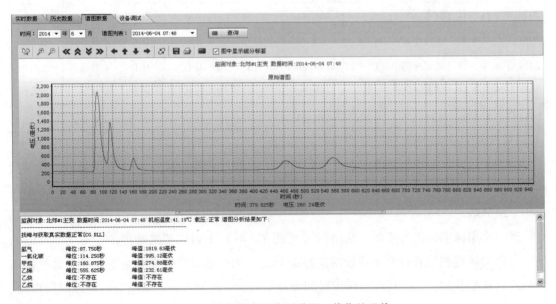

图 8 - 46 油色谱在线监测谱图（优化处理前）

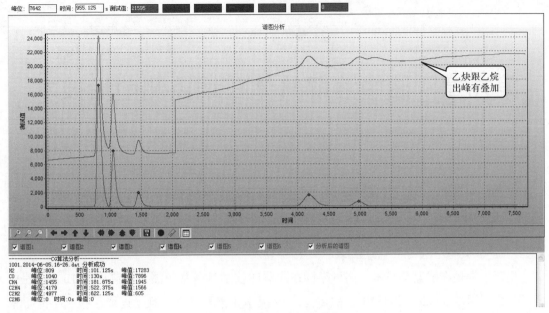

图 8-47 标准气 2 谱图

从标准气测定结果可以看出主变压器油色谱在线监测装置存在色谱柱性能严重劣化、分离度降低、检测器性能降低、保留时间大幅提前等问题。导致本次漏报事件的原因主要有：

（1）主变压器色谱在线监测装置于 2006 年 11 月安装投运，运行时间约 8 年，运行时间较长，色谱柱性能已严重劣化，导致分离度降低，无法对乙烷和乙炔进行有效分离。

（2）系统载气柱前压力过大，导致出峰保留时间大量提前导致烃类组分定性错误。

（3）检测器性能也严重降低导致各组分测量精度失准，监测数据与实际数据偏差较大（明显偏低）。

三、处理措施

为避免类似问题的发生，针对性提出了以下改进措施：

（1）对同型号装置开展筛查，并开展现场校验比对。

（2）加强对所有色谱在线监测装置出峰时间变化的核查比对，对发现的问题第一时间安排现场维护。

（3）对所有色谱在线监测装置开展定期检测校验工作，每年进行一次数据离在线比对工作，之后每三年必须安排一次现场标准油标定校验工作。

第九章 油中溶解气体在线监测前沿技术

第一节 高可靠变压器油中溶解气体在线监测技术

相较于常规在线监测技术，高可靠性在线监测技术具备常规测量检测周期 1h、快速模式乙炔检测周期 30min、测量精度 A1 级、年误报率小于万分之一且无连续误报、年漏报率为零、装置使用寿命不小于 10 年的优势。其主要应用场景为特高压等级的交直流站。

一、装置组成

高可靠变压器油中溶解气体在线监测装置结构采用模块化设计，分为进（回）油模块、脱气模块、检测模块、信号处理模块、通信模块等，各模块即插即用，维护更换及调试简单快捷，各模块有明确的指标要求。

二、功能特点

与常规在线监测技术相比，高可靠变压器油中溶解气体在线监测装置具有如下新功能。

（一）装置状态监控功能

具备自我诊断、内部故障报警信息等上送后台功能，定量显示进油量体积、核心模块温度、关键节点压力，具备载气剩余压力值上送及低压提醒功能，具体见表 9 – 1。自检信息可通过 DL/T 860 协议上传至监控后台或一体化监测平台。

表 9 – 1 装置状态监控功能

序号	状态信息	备注
1	主控模块与传感器通信异常	—
2	监测装置运行异常	任何油路、气路、电路、通信等环节出现问题均应报警

序号	状态信息	备注
3	装置运行状态	装置非空闲状态下，触发此遥信
4	油样取样异常报警	包括进油超时、油路压力异常、油罐液位异常、液位杆故障、油泵速度异常等报警
5	排油异常报警	包括排油超时、油路压力异常等报警
6	控制模块异常报警	包括通信异常、控制板故障、电源板故障等报警
7	气源压力报警	包括载气、空气等欠压，色谱柱柱前压力异常报警
8	脱气异常报警	包括压力越限、油气分离失败、脱气超时、脱气控制失效、油罐压力传感器异常等报警
9	油气模块气压异常报警	包括抽真空异常等报警
10	油气模块温控异常报警	包括脱气温度与设定值偏差过大等报警
11	色谱模块温控异常报警	包括柱箱温度与设定值偏差过大等报警
12	气体检测器异常报警	包括气相色谱型、光声光谱型、激光光谱型、红外吸收光谱型等检测器异常报警
13	光谱器件工作异常报警	除光谱型检测器外，其他光谱器件异常报警，包括滤光盘、斩波器、光源、氢气传感器等
14	电路异常报警	包括传感器、电机、油泵等电流、电压异常报警
15	基线异常报警	基线漂移过大时报警
16	谱图异常报警	包括气相色谱谱图异常、光谱响应值异常等报警
17	背景异常报警	包括水分、电平值、噪声（系统噪声、斩波器噪声、机械杂质影响）等异常报警
18	装置日志识别异常报警	装置读取日志发现的自身异常或不在上述报警位中的其他装置异常报警

（二）分析功能

（1）具备色谱峰漂移自动跟踪、识别并修正功能。

（2）具备声光报警功能。

（3）具备正确告警和处置策略信息推送。

三、性能要求

(一) 检测范围与测量误差

检测范围与测量误差具有如下突出的性能特点：常规测量精度 A1 级；快速模式下乙炔精度 A1 级，其他组分有示值，测量误差要求见表 9 - 2。

表 9 - 2　　　　　　高可靠性自主化变压器油中溶解气体在线监测装置 A1 级测量误差要求

检测参量	检测范围（μL/L）	测量误差限值
H_2	5 ~ 20*	±5μL/L 或 ±30%
	20 ~ 1000	±30%
C_2H_2	0.2 ~ 5*	±0.2μL/L 或 ±30%
	5 ~ 10	±30%
	10 ~ 50	±20%
CH_4、C_2H_6、C_2H_4	0.5 ~ 10*	±0.5μL/L 或 ±30%
	10 ~ 150	±30%
CO	25 ~ 100*	±25μL/L 或 ±30%
	100 ~ 1500	±30%
CO_2	50 ~ 200*	±50μL/L 或 ±30%
	200 ~ 7500	±30%
总烃（$C_1 + C_2$）	2 ~ 10*	±2μL/L 或 ±30%
	10 ~ 150	±30%
	150 ~ 500	±20%

*　在各气体组分的低浓度范围内，测量误差限值取两者较大值。

(二) 最小检测浓度

装置测量油中 C_2H_2 最小检测浓度不大于 0.2μL/L，油中 H_2 最小检测浓度不大于 5μL/L。

(三) 测量重复性

装置常规测量下的测量重复性不大于 3%，装置快速模式（C_2H_2）测量重复性不大于 5%。实验室检验和交接检验时常规模式下测量重复性不大于 1.5%。

（四）最小检测周期

装置的最小检测周期不大于 1h，快速模式（乙炔）检测周期不大于 30min。

（五）响应时间

对于油中 H_2 和总烃，装置的响应时间不大于 1h，快速模式下 C_2H_2 的响应时间不大于 30min。

（六）交叉敏感性

CO 含量 >1000μL/L、H_2 含量 <50μL/L 时，H_2 检测误差符合表 9 – 2 的要求。C_2H_6 含量 >150μL/L、CO_2 含量 >5000μL/L、其他烃类含量 <10μL/L 时，CH_4、C_2H_6、C_2H_4、C_2H_2 检测误差符合表 9 – 2 的要求。

（七）可靠性

年误报率小于万分之一且无连续误报，年漏报率为零，装置使用寿命不小于 10 年。

（八）组部件选型要求

组部件选型明确了各组部件关键参数及详细的指标要求，见表 9 – 3。

表 9 – 3　　　　　　　　　　　　装置组部件选型要求

组部件名称	关键参数	合格指标
不锈钢机柜	环境条件	箱体厚度不小于 2mm。若采用双层设计，其单层厚度不小于 1mm
真空泵	使用寿命	不少于 1 万 h
	气密性	泄漏率低于 6×10^{-3} mL/s
电磁阀	气密性	泄漏率低于 3×10^{-3} mL/s
	开关次数	不少于 800 万次
油泵（不宜使用齿轮泵）	最大压差	不小于 800kPa
油管	316L 不锈钢无缝管、铜管	管路耐压不小于 1×10^3 kPa
气管	316L 不锈钢无缝管、铜管	管路耐压不小于 1×10^3 kPa

组部件名称	关键参数	合格指标
法兰密封件	材质要求	氟硅橡胶
工业空调	使用寿命	不少于90000h
温度、液位、压力等传感器	使用寿命及精度	使用5年性能衰减不大于5%
激光光源	使用寿命	不少于10年
可调谐半导体激光器（激光光源）	波长稳定性	不大于0.2pm/min
红外光源	使用寿命	不少于10年
滤光片转动机构	平均无故障工作次数	不小于43800个检测周期
脱气模块	脱气率重复性	常规模式脱气时间小于25min；快速模式脱气时间小于10min，误差低于±5%
	气密性	泄漏率低于$2 \times 10^{-3} mL/s$
推杆直线电机	平均无故障工作时间	不少于50000h
气缸—活塞机构	平均连续无故障动作次数	不少于43800个检测周期
检测模块（光谱）	使用寿命及精度	不少于10年，误差低于±5%
色谱柱	使用寿命	不少于9000个检测周期
载气发生器	使用寿命	不少于10年
工业空调	使用寿命	不少于10年

第二节　变压器油中单乙炔快速检测技术

随着变压器油中溶解气体监测及光学传感技术的快速发展，变压器油中乙炔快速检测技术是近年来推出的新型监测和检测技术，具有快速、可靠和高灵敏的特点。变压器油中乙炔快速检测装置（简称单乙炔装置）内置冗余配置的采样检测模块及控制保护功能，可与保护联动，已应用于大型充油设备的状态监测，市场需求量大，应用前景广阔。

一、装置组成

单乙炔装置包括油样采集与油气分离部分、乙炔检测部分、数据采集与控制部分、通信部分和辅助部分。装置包含冗余配置的采样检测模块，每套采样检测模块包括油气分离单元、乙炔检测单元及数据采集与控制单元，各自能够单独进行工作，相互之间不存在干扰，可输出三路及以上的乙炔检测数据，以满足三重保护相互完全独立的要求。装置与变压器、控保系统的关系如图 9 - 1 所示，典型装置内部模块组成如图 9 - 2 所示。

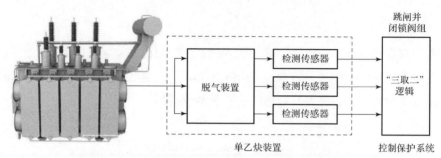

图 9 - 1　单乙炔装置与变压器、控制保护系统的关系

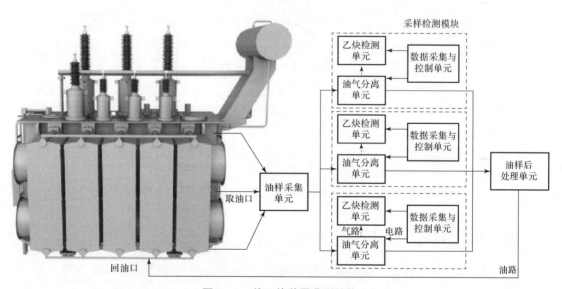

图 9 - 2　单乙炔装置典型结构

（一）油样采集与油气分离部分

油样采集与油气分离部分包括油样采集单元及冗余配置的油气分离单元。油样采集单元可与被监测变压器的上、中、下取油口相连，可根据需要进行分别检测或混油后检测。油气分离部分实现油中溶解气体与变压器油的分离，包括动态顶空脱气、真空脱气等方法。

（二）乙炔检测部分

乙炔检测部分包括相互冗余的乙炔检测单元，每套乙炔检测单元应独立完成油气分离后的乙炔气体含量检测。

（三）数据采集与控制部分

完成信号采集与数据处理，实现分析过程的自动控制等。

（四）通信部分

完成装置与直流控制保护系统、站控层等的通信，包含图 9 - 3 中所示的通信接口。单乙炔装置中每套采样检测模块具有独立的 IEC 60044 - 8 端口，用于上传乙炔含量测量值、装置状态和数据品质。装置设置与站控层配合的数据总线。

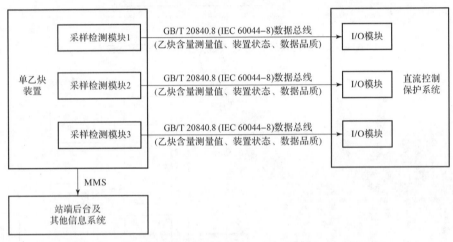

图 9 - 3　单乙炔装置与直流控制保护系统、站控层的通信接口

（五）辅助部分

包括用于保证装置正常工作的其他相关部件，如恒温控制、后处理单元、管路等。

二、功能特点

与常规在线监测技术相比，单乙炔装置具有如下独特功能特点。

（一）接口配置功能

（1）快速检测装置与直流控制保护单元之间应用光纤传输系统通信，支持 GB/T 20840.8（IEC 60044 - 8）协议。每套采样检测模块具备独立的数据总线接口。

（2）快速检测装置与站控层等上级设备之间通过 MMS 进行通信，具备装置信息、检测数据的上送功能。

（3）装置的模拟量输出数据具有连续性，控制保护单元持续采集快速检测装置输出的乙炔测量值。

（4）每套采样检测模块具备通信中断、异常等状态的自检和告警功能。

（二）装置状态监控功能

（1）快速检测装置与服务器具有心跳包发送与处理功能，发送间隔不大于 3min。

（2）具有自我诊断、内部故障报警信息等上送后台功能，进油量体积、核心单元温度值定量显示。

（三）控制保护功能

（1）控制保护按三重化原则冗余配置，采用"三取二"跳闸逻辑，保证可靠性，并杜绝出现保护误动和保护拒动的可能性。每套控制保护装置配置独立的软、硬件，包括专用电源、主机、输入输出回路和控制保护软件等。结构设计应避免因单一元件的故障而引起直流控制保护误动或跳闸。

（2）控保系统具备完善、全面的自检功能，自检到主机、板卡、总线、测量等故障时可根据故障级别进行报警、退出运行等操作，且给出准确的故障信息。检测到测量异常时可靠退出相应保护功能，测量恢复正常后确保保护出口复归再投入相关保护功能，防止保护不正确动作。

（四）快速检测装置与控制保护系统的接口数据

单乙炔装置的乙炔含量检测值信息具备自描述功能，并包含数据品质及装置故障状态，数据发送速率为 0.1Hz，即每 10s 发送 1 帧数据，传输协议符合运行单位的相关要求。

三、性能要求

（一）检测范围与测量误差

单乙炔装置具有高灵敏度的特点。若要实现高灵敏度检测，需要极高的准确性，装置的检测范围与测量误差应符合表 9-4 的要求。

表 9 – 4   单乙炔装置测量误差要求

检测参量	检测范围（μL/L）	测量误差限值
C_2H_2	0.2 ~ 5（含 5）	±0.1μL/L 或 ±10%
	5 ~ 10（含 10）	±0.5μL/L
	10 ~ 50	±10%

（二）最小检测浓度

单乙炔装置的最小检测浓度不大于 0.2μL/L。

（三）测量重复性

单乙炔装置的测量重复性应不大于 3%。

（四）测量一致性

装置各模块之间的测量一致性不大于 0.5μL/L 或平均值的 ±10%。

（五）最小检测周期

单乙炔装置的最小检测周期不大于 30min。

（六）响应时间

单乙炔装置的响应时间不大于 30min。

（七）交叉敏感性

单乙炔装置应具备抗干扰性能，当油中 C_2H_6 含量 >150μL/L、CH_4 含量 >150μL/L、CO_2 含量 >5000μL/L、C_2H_2 含量 <2μL/L 时，检测应满足测量误差要求。

（八）使用寿命

单乙炔装置的使用寿命应不小于 10 年。光源有效使用寿命不小于 10 年，并且光源应采用模块化设计，便于更换。

（九）其他要求

单乙炔装置具有自校准功能，装置各部分采用模块化设计，备品备件简单，便于更换。应用此装置时应尽可能减少现场运维工作量和后期运维成本，优先推荐免维护设计方案。

第三节　变压器油中氢气快速检测技术

氢气是变压器内部故障（如放电、过热、氧化和电弧等）最早、最容易产生的特征气体之一。通过实时监测氢气含量，可以及时发现变压器内部的潜在问题，从而预防故障和延长设备寿命。

变压器油中氢气快速检测装置是一种安装在油浸式电力变压器（或电抗器）、套管、互感器等设备上，可对变压器油中溶解氢气含量进行连续或周期性自动监测，无需脱气模块且能够对溶解氢气实现快速响应的装置。

一、装置组成

变压器油中溶解氢气快速检测装置主要由油中溶解氢气传感器、控制与数据采集、通信及辅助模块、安装接口等部分组成，如图 9－4 所示。

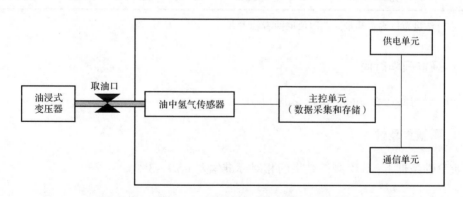

图 9－4　变压器油中溶解氢气快速检测装置组成

二、功能特点

（一）无需脱气模块

该装置可以直接测量油中溶解氢气，无需额外的油气分离过程，简化了监测流程。

（二）快速响应

该装置能够对变压器油中溶解氢气含量进行连续或周期性自动监测，实现快速响应，

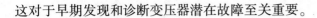

这对于早期发现和诊断变压器潜在故障至关重要。

（三）高灵敏度和选择性

高灵敏度氢气传感器能够在低浓度下快速、准确地检测到氢气的存在，对微小的氢气浓度变化具有极高响应能力。同时，对氢气有很强的特异性，能有效区分氢气与其他可能存在的气体，减少交叉干扰，确保测量结果的准确性。

三、性能要求

（一）检测范围与测量误差

油温 $-40 \sim 100℃$ 变化下，变压器油中氢气快速检测装置的检测范围、测量误差应满足表 9 – 5 要求，必要时可增加油温 120℃ 条件下的氢气测量误差。

表 9 – 5 油中溶解氢气快速检测装置误差要求

检测参量	检测范围（μL/L）	测量误差限值		
		A 级	B 级	C 级
H_2	5 ~ 150	±5μL/L 或 ±20%*	±10μL/L 或 ±25%	±15μL/L 或 ±30%
	150 ~ 5000	±20%	±25%	±30%

* 在低浓度范围内，测量误差限值取两者较大者。

（二）采样间隔时间

采样间隔时间应在 3min ~ 24h 之间可调。

（三）测量重复性

在重复性条件下，6 次测试结果的相对标准偏差 $RSD \leqslant 3\%$。

（四）响应时间

响应时间（$T90$）$\leqslant 30min$。

（五）交叉敏感性

CO 含量 $> 500μL/L$、CO_2 含量 $> 10000μL/L$，总烃含量 $> 100μL/L$，H_2 含量 $< 50μL/L$ 时，H_2 检测误差符合测量误差要求。

附录 A 变压器油中溶解气体
在线监测装置故障编码

变压器油中溶解气体在线监测装置故障编码反映装置故障情况，MONT 下 LPHD 逻辑节点的 Health 对象用于上送装置故障编码，同时对应的装置异常状态遥信量置为报警。例如，装置进油堵塞时发送进油压力低的故障编码，Health 对象置为 0x002，同时 OilTakAlm 置为 1，MoDevRun 置为 1；在装置故障均消除后，Health 对象恢复为 0x000，同时 OilTakAlm 恢复为 0，MoDevRun 恢复为 0。变压器油中溶解气体在线监测装置故障编码应符合表 A-1 的规定。

表 A-1 油色谱装置故障编码

装置异常状态报警	故障编码	中文语义	备注
监测装置运行正常 （MoDevRun = 0）	0x000	装置运行正常	监测装置无故障
油样取样异常报警 （OilTakAlm）	0x001	进油压力高	包括油泵抽油等导致的油压过高
	0x002	进油压力低	包括进油堵塞、进油少、进油阀不动作等导致的油压过低
	0x003	油泵异常	包括泵后压力异常、油泵计数错误、油泵泵速异常、油循环超时、油泵未运行等
	0x004	取样液位异常	通过压力、液位等传感器发现的取样环节的液位异常
	0x005	进油混入气体	包括漏气、进油管脱落等混入气体情况
	0x006 ~ 0x00F	预留	—

装置异常状态报警	故障编码	中文语义	备注
回油异常报警 （OilOutAlm）	0x010	回油压力高	包括回油堵塞、回油阀件不动作等导致的回油压力过高
	0x011	回油压力低	包括回油泄漏、回油阀件不动作等导致的回油压力过低
	0x012	油泵异常	—
	0x013	回油混入气体	回油环节异常情况导致的混入气体
	0x014	回油液位异常	—
	0x015	油桶满告警	针对装置不回油方式
	0x016～0x01F	预留	—
气源压力报警 （GasPresAlm）	0x020	空气发生器故障	—
	0x021	空气发生器压力低	—
	0x022	气瓶型载气压力低	气瓶型载气不足
	0x023	气路压力不稳	载气气路的稳压阀故障
	0x024	标准气压力低	标准气气量不足
	0x025～0x02F	预留	—
脱气异常报警 （DegasAlm）	0x030	脱气器异常	包括脱气器停机、故障，脱气超时，脱气板异常，主控板与脱气板通信异常，脱气控制失败，脱气率低等
	0x031	脱气环节气压异常	包括前限位开关故障、气路堵塞、气路泄漏、脱气压力传感器故障、气泵压力异常等
	0x032	脱气油压异常	包括油路堵塞等
	0x033	油路泄漏	管路漏油可能会将设备本体中的油泄漏，需要引起重视，立刻处理
	0x034～0x03F	预留	—

续表

装置异常状态报警	故障编码	中文语义	备注
油气分离模块异常报警（OilGasPrsAlm）	0x040	真空泵故障	—
	0x041	电动机故障	用于活塞式脱气的电动机故障
	0x042 ~ 0x04F	预留	—
油气分离模块温控异常报警（OilGasCtrlAlm）	0x050	油温低	包括伴热带故障等引起的油温过低
	0x051	油温高	包括变压器运行温度高等导致的油温过高。该异常会影响脱气，需要采取降温措施
	0x052	脱气腔温度异常	—
	0x053	储油罐温度异常	—
	0x054 ~ 0x05F	预留	—
色谱模块异常报警（ChrCtrlAlm）	0x060	柱箱温度异常	—
	0x061	色谱模块温度异常	—
	0x062	热导检测器异常	—
	0x063	气敏检测器异常	包括氢气传感器
	0x064	色谱柱寿命不足	提示需要维护色谱柱
	0x065 ~ 0x06F	预留	—
光谱模块异常报警（SpecDevAlm）	0x070	光源异常	包括红外光源超出范围、激光器异常等
	0x071	斩波异常	—
	0x072	微音器异常	对应光声光谱原理的装置，包括微音器测试失败等
	0x073	光谱信号检测器异常	对应非光声光谱的其他原理装置异常
	0x074	气体中水分检测器异常	—
	0x075	光谱锁相异常	—
	0x076	滤光片定位异常	—
	0x077 ~ 0x07F	预留	—

续表

装置异常状态报警	故障编码	中文语义	备注
气体检测器异常报警 （GasDetcAlm）	0x080	氢气测量异常	包括分离后检测氢气，以及油中氢气检测异常
	0x081	甲烷测量异常	—
	0x082	乙烷测量异常	—
	0x083	乙烯测量异常	—
	0x084	乙炔测量异常	—
	0x085	一氧化碳测量异常	—
	0x086	二氧化碳测量异常	—
	0x087	氧气测量异常	—
	0x088	油微水检测测量异常	—
	0x089～0x08F	预留	—
基线异常报警 （BaseLineAlm）	0x090	基线漂移大	针对色谱原理装置
	0x091	基线波动大	针对色谱原理装置
	0x092	基线调整未完成	针对色谱原理装置
	0x093～0x09F	预留	针对色谱原理装置
谱图异常报警 （SpecAlm）	0x0A0	色谱柱污染	包括油柱较低等
	0x0A1	峰形异常	包括不对称、鼓包、拖尾等
	0x0A2	峰识别错误	—
	0x0A3	杂峰干扰	—
	0x0A4～0x0AF	预留	—
背景异常报警 （BackAlm）	0x0B0	系统噪声、斩波器噪声、机械杂质影响	针对光谱原理的装置
	0x0B1	背景振幅高	针对光谱原理的装置。装置安装不当等导致的装置振动影响
	0x0B2	光谱信号识别异常	针对光谱原理的装置。干扰气体影响等导致
	0x0B3～0x0BF	预留	针对光谱原理的装置

续表

装置异常状态报警	故障编码	中文语义	备注
控制模块异常报警 （CtrlModAlm）	0x0C0	通信模块异常	包括通信中断、数据丢失、重复等
	0x0C1	主板故障	—
	0x0C2	控制板故障	—
	0x0C3	存储异常	—
	0x0C4	时钟异常	包括授时出错等时钟问题
	0x0C5	软件异常	—
	0x0C6～0x0CF	预留	—
电路异常报警 （CirAlm）	0x0D0	电源模块故障	—
	0x0D1	温度传感器异常	包括各部位的温度传感器电路异常、故障等
	0x0D2	湿度传感器异常	包括各部位的湿度传感器电路异常、故障等
	0x0D3	压力传感器异常	包括各部位的压力传感器电路异常、故障等
	0x0D4	空调故障	—
	0x0D5～0x0DF	预留	—
装置日志识别 异常报警 （DevLogAlm）	0x0E0	调试	—
	0x0E1	日志详细内容（通过装置自检发现的不在上述归类内的其他异常）	—
	0x0E2～0x0EF	预留	—

附录 B 变压器油中溶解气体在线监测使用导则

B.1 在线监测装置选型原则（电网）

换流站、750kV 及以上变电站在线监测装置应满足 A1 级要求；500kV 变电站在线监测装置应满足 A2 级要求，330kV 及以下变电站在线监测装置应满足 B 级要求。

B.2 监测信息分类分级原则

B.2.1 设备状态信息分类。根据装置所监测的状态量的幅值大小或变化趋势，将设备状态信息分为正常信息、注意信息和告警信息三类。

本导则适用于新投运设备，在运设备可根据实际情况对阈值进行差异化设置。

B.2.2 正常值。表示设备状态量稳定，设备对应状态正常。

B.2.3 注意值。表示设备状态量变化趋势朝告警值方向发展，但未超过告警值。设备可能存在隐患，需加强监视。注意值 1 和注意值 2 一般设置在装置的两段式告警值中。

B.2.4 告警值。表示设备状态量超过相关标准限值，或变化趋势明显。设备可能存在缺陷，并有可能发展为故障，需采取相应措施。

B.2.5 装置自检信息。装置通过自检，对自身故障如电源不足、传感器损坏、通信中断等给出警示，提醒处理。

B.3 监测信息设定规则

B.3.1 特高压站（含 ±800kV 及以上换流站）变压器（电抗器）油中溶解气体在线监测装置阈值分注意值 1、注意值 2 和告警值三种，包括乙炔、氢气和总烃等特征气体含量、绝对增量和相对增长速率三部分，特高压变压器（电抗器）装置阈值具体要求参见表 B–1。

表 B-1　　　　　　　特高压变压器（电抗器）油中溶解气体在线监测装置阈值

监测项目		正常范围	注意值1	注意值2	告警值
乙炔（μL/L）		<0.5	≥0.5	≥1.0	≥3
氢气[①]（μL/L）		<75	≥75	≥150	—
总烃（μL/L）		<75	≥75	≥150	—
绝对增量[②] [μL/（L·周）]	乙炔	<0.3	"从无到有" 或增量≥0.3	≥0.6	≥1.2
	氢气	<10	≥10	≥20	
	总烃	<5	≥5	≥10	
相对增长速率[③] （%/周）	总烃	<10	≥10	≥20	

①　综合考虑在运特高压变压器（电抗器）特征气体含量、总油量和历史故障异常案例，注意值1参照 DL/T 722—2014《油中溶解气体分析和判断导则》规定离线注意值的50%选取，即75μL/L；影响 油中氢气含量的因素较多，为避免引发处置歧义，氢气含量不单独设置告警值。

②　即与参比值的差值，参比值的取值参见 B.4.3，计算见式（B-1）。特征气体的绝对增量参照历史 故障异常案例讨论确定，通过严格乙炔绝对增量判断标准，合理设置氢气、总烃绝对增量判断标 准，降低漏判、误判概率。

③　即与参比值之间的变化率，参比值的取值参见 B.4.3，计算见式（B-2），总烃含量小于30μL/L不计算 相对增长速率。

B.3.2　330kV 及以上（不含特高压）的变压器和电抗器油中溶解气体乙炔、氢气、总 烃的在线监测量的阈值具体要求见表 B-2。

表 B-2　330kV 及以上（不含特高压）的变压器（电抗器）油中溶解气体在线监测阈值设定[①]

监测项目		正常范围	注意值1	注意值2	告警值
乙炔（μL/L）		<0.8	≥0.8	≥1.0	≥5
氢气（μL/L）		<120	≥120	≥150	—
总烃（μL/L）		<120	≥120	≥150	—
周绝对增量[②] （μL/L）	乙炔	<0.5	"从无到有" 或增量≥0.5	≥1.0	≥2
	氢气	<10	≥10	≥20	
	总烃	<10	≥10	≥20	
相对增长速率[③] （%/周）	总烃	<30	≥30	≥60	

①　本表阈值适用范围：乙炔含量≤5μL/L；氢气含量≤150μL/L；总烃含量≤150μL/L，对超过范围的宜 调整使用。

②　即与参比值的差值，参比值的取值参见 B.4.3，计算见式（B-1），注意值1、注意值2和告警值是 参照历史故障异常案例和在线监测数据波动水平确定的。运行单位可根据本单位在线监测装置的波 动性和对监测量越限触发频次的接受度适当增减阈值。

③　即与参比值之间的变化率，参比值的取值参见 B.4.3，计算见式（B-2），总烃含量小于30μL/L不计算 相对增长速率。

B.3.3　220kV 及以下的变压器和电抗器油中溶解气体乙炔、氢气、总烃的在线监测量的幅值、绝对增量及相对增长速率的注意值和告警值要求见表 B–3。

表 B–3　　　　　220kV 及以下的变压器（电抗器）油中溶解气体在线监测阈值设定①

监测项目		正常范围	注意值 1	注意值 2	告警值
乙炔（μL/L）		<1.0	≥1.0	≥5.0	≥8
氢气（μL/L）		<120	≥120	≥150	—
监测项目		正常范围	注意值 1	注意值 2	告警值
总烃（μL/L）		<120	≥120	≥150	—
周绝对增量② （μL/L）	乙炔	<1.0	"从无到有" 或增量≥1.0	≥2.0	≥4
	氢气	<15	≥15	≥30	—
	总烃	<15	≥15	≥30	—
相对增长速率③ （%/周）	总烃	<30	≥30	≥60	—

① 本表阈值适用范围：乙炔含量≤10μL/L；氢气含量≤150μL/L；总烃含量≤150μL/L。

② 即与参比值的差值，参比值的取值参见 B.4.3，计算见式（B–1）。注意值 1、注意值 2 和告警值是参照历史故障异常案例和在线监测数据波动水平确定的。运行单位可根据本单位在线监测装置的波动性和对监测量越限触发频次的接受度适当增减阈值。

③ 即与参比值之间的变化率，参比值的取值参见 B.4.3，计算见式（B–2），总烃含量小于 30μL/L 不计算相对增长速率。

B.4　阈值计算及处置策略

B.4.1　数据采集周期。特高压变压器（电抗器）油中溶解气体在线监测装置数据采集周期应不大于 4h，330kV 及以上电压等级（不含特高压）的采集周期应不大于 8h，220kV 及以下电压等级的采集周期应不大于 12h。当监测数据出现异常增长或判断设备内部存在缺陷时，宜将装置数据采集周期缩短至最小检测周期。

B.4.2　油中溶解气体在线监测装置特征气体的绝对增量和相对增长速率分别按式（B–1）和式（B–2）计算：

（1）绝对增量，即每运行周产生某种特征气体 i 的差值，按式（B–1）计算。

$$\Delta C_{\mathrm{w}} = C_{i,2} - C_{i,1} \qquad\qquad (B-1)$$

式中　ΔC_{w}——绝对增量，μL/（L·周）；

$C_{i,2}$——装置对应特征气体的实时测量数据，μL/L；

$C_{i,1}$——装置对应特征气体参比值，按 B.4.3 计算。

（2）相对增长速率，即每运行周某种特征气体 i 含量增加值相对于原有值的百分数，按式（B-2）计算。

$$\Delta C_r = \frac{C_{i,2} - C_{i,1}}{C_{i,1}} \times 100\% \qquad (B-2)$$

式中 ΔC_r——相对增长速率，%/周；

$\quad C_{i,2}$——装置对应特征气体的实时测量数据，$\mu L/L$；

$\quad C_{i,1}$——装置对应特征气体参比值，按 B.4.3 计算。

B.4.3 参比值取值原则

绝对增量 γ_B 和相对增长速率 γ_r 中参比值 $C_{i,1}$ 指通过计算得到的装置对应特征气体含量，按以下原则取值：

（1）正常情况下，参比值取装置前 14 天～前 7 天之内测量数据的算术平均值，且计算前应先剔除测量数据中的奇异值。

（2）装置新投运或校准、检修后恢复运行的，如投运或恢复运行不满 14 天，参比值取 7 天前实际运行天数测量数据的算术平均值；如投运或恢复运行不满 7 天，参比值取第 1 天测量数据的算术平均值，且计算相对增长速率时不折算至周。

参 考 文 献

[1] 郭红兵, 杨玥, 郑璐. 电力变压器故障诊断技术 [M]. 北京: 中国水利水电出版社, 2022.

[2] 李光茂, 莫文雄, 乔胜亚. 变压器老化检测与诊断技术 [M]. 重庆: 重庆大学出版社, 2022.

[3] 郭红兵, 杨玥, 孟建英. 电力变压器典型故障案例分析 [M]. 北京: 中国水利水电出版社, 2019.

[4] 王辉. 变压器油纸绝缘局部放电 [M]. 北京: 中国水利水电出版社, 2013.

[5] 单文培, 王兵, 齐玲. 电气设备试验及故障处理实例 [M]. 北京: 中国水利水电出版社, 2012.

[6] 陈蕾. 电气设备故障检测诊断方法及实例 [M]. 北京: 中国水利水电出版社, 2012.

[7] 方大千. 变压器速查速算手册 [M]. 北京: 中国水利水电出版社, 2004.

[8] 钱旭耀. 变压器油及相关故障诊断处理技术 [M]. 北京: 中国电力出版社, 2006.

[9] 李孟超. 变压器油气相色谱分析实用技术 [M]. 北京: 中国电力出版社, 2010.

[10] 华北电力科学研究院公司. 变压器油色谱分析与故障诊断案例 [M]. 北京: 中国电力出版社, 2021.

[11] 操敦奎. 变压器油色谱分析与故障诊断 [M]. 北京: 中国电力出版社, 2010.

[12] 周秀. 变压器油纸绝缘尖端缺陷的局部放电特性及其应用 [M]. 北京: 中国电力出版社, 2021.

[13] 李德志. 电力变压器油色谱分析及故障诊断技术 [M]. 北京: 中国电力出版社, 2013.

[14] 赵常威. 常见变电在线监测装置运维技术 [M]. 合肥: 合肥工业大学出版社, 2022.

[15] 王风雷,. 电力设备状态监测新技术应用案例精选 [M]. 北京: 中国电力出版社, 2009.

[16] 全国电气化学标准化技术委员会 (SAC/TC 322). 绝缘油中溶解气体组分含量的气相色谱测定法: GB/T 17623—2017 [S]. 北京: 中国标准出版社, 2017.

[17] 全国电气化学标准化技术委员会 (SAC/TC 322). 变压器油中溶解气体分析和判断导则: DL/T 722—2000 [S]. 北京: 中国电力出版社, 2000.

[18] 全国电力设备状态维修与在线监测标准化技术委员会. 变电设备在线监测装置检验规范 第 1 部分: 通用检验规范: DL/T 1432. 1—2015 [S]. 北京: 中国电力出版社, 2015.

[19] 全国电力设备状态维修与在线监测标准化技术委员会. 变电设备在线监测装置检验规范 第 2 部分: 变压器油中溶解气体在线监测装置: DL/T 1432. 2—2016 [S]. 北京: 中国电力出版社, 2016.

[20] 全国电力设备状态维修与在线监测标准化技术委员会. 变电设备在线监测装置技术规范 第 1 部分: 通则: DL/T 1498. 1—2016 [S]. 北京: 中国电力出版社, 2016.

[21] 全国电力设备状态维修与在线监测标准化技术委员会. 变电设备在线监测装置技术规范 第 2 部分: 变压器油中溶解气体在线监测装置: DL/T 1498. 2—2016 [S]. 北京: 中国电力出版社, 2016.

[22] H. K M . Photoacoustic IR Spectroscopy: Instrumentation, Applications and Data Analysis [M]. Wiley - VCH Verlag GmbH & Co. KGaA, 2010.

［23］ H．K M ．Photoacoustic Infrared Spectroscopy ［M］．John Wiley & Sons，Inc.，2003.

［24］ 陈伟根. 电气设备油中溶解气体光声光谱检测技术 ［M］. 北京：科学出版社，2024.

［25］ Apostolov，A. IEC 61850：Digitizing the Electric Power Grid ［M］，Artech，2022.

［26］ 小威尔逊. 分子振动：红外和拉曼振动光谱理论 ［M］. 北京：科学出版社，1985.

［27］ 杨序纲. 拉曼光谱的分析与应用 ［M］. 北京：国防工业出版社，2008.

［28］ 张树霖. 拉曼光谱仪的科技基础及其构建和应用 ［M］. 北京：北京大学出版社，2020.

［29］ 史密斯. 现代拉曼光谱：a practical approach ［M］. 北京：化学工业出版社，2023.

［30］ 杨序纲. 应用拉曼光谱学 ［M］. 北京：科学出版社，2022.

［31］ 陈允魁. 红外吸收光谱法及其应用 ［M］. 上海：上海交通大学出版社，1993.

［32］ 许国旺. 分析化学手册：5 气相色谱分析 ［M］. 第 3 版. 北京：化学工业出版社，2016.